"十二五"职业教育国家规划教材

新世纪高职高专电子商务类课程规划教材

U0133897

（第三版）

网络技术及应用

WANGLUO JISHU JI YINGYONG

新世纪高职高专教材编审委员会 组编

主　编　田中玉　陆玉阳　杨文斌

副主编　姬建新　夏春莉　王　鹏

主　审　陈祥章

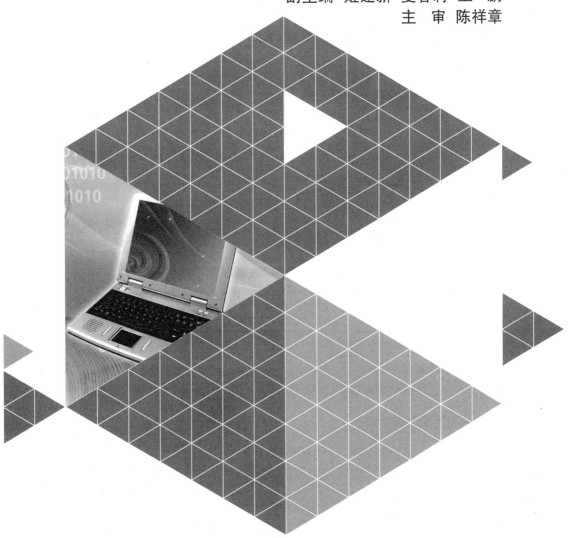

 大连理工大学出版社

图书在版编目(CIP)数据

网络技术及应用 / 田中玉，陆玉阳，杨文斌主编
. — 3 版. — 大连 ：大连理工大学出版社，2014.6
新世纪高职高专电子商务类课程规划教材
ISBN 978-7-5611-8510-0

Ⅰ. ①网… Ⅱ. ①田… ②陆… ③杨… Ⅲ. ①计算机
网络－高等职业教育－教材 Ⅳ. ①TP393

中国版本图书馆 CIP 数据核字(2014)第 016478 号

大连理工大学出版社出版
地址:大连市软件园路 80 号　邮政编码:116023
发行:0411-84708842　邮购:0411-84703636　传真:0411-84701466
E-mail:dutp@dutp.cn　URL:http://www.dutp.cn
大连美跃彩色印刷有限公司印刷　　大连理工大学出版社发行

幅面尺寸:185mm×260mm　　印张:18　　字数:416 千字
2008 年 1 月第 1 版　　　　2014 年 6 月第 3 版
2014 年 6 月第 1 次印刷

责任编辑:张剑宇　　　　　　　　责任校对:王钰文
封面设计:张　莹

ISBN 978-7-5611-8510-0　　　　　　定　价:38.00 元

总　序

我们已经进入了一个新的充满机遇与挑战的时代,我们已经跨入了21世纪的门槛。

20世纪与21世纪之交的中国,高等教育体制正经历着一场缓慢而深刻的革命,我们正在对传统的普通高等教育的培养目标与社会发展的现实需要不相适应的现状作历史性的反思与变革的尝试。

20世纪最后的几年里,高等职业教育的迅速崛起,是影响高等教育体制变革的一件大事。在短短的几年时间里,普通中专教育、普通高专教育全面转轨,以高等职业教育为主导的各种形式的培养应用型人才的教育发展到与普通高等教育等量齐观的地步,其来势之迅猛,发人深思。

无论是正在缓慢变革着的普通高等教育,还是迅速推进着的培养应用型人才的高等职业教育,都向我们提出了一个同样的严肃问题:中国的高等教育为谁服务,是为教育发展自身,还是为包括教育在内的大千社会?答案肯定而且唯一,那就是教育也置身其中的现实社会。

由此又引发出高等教育的目的问题。既然教育必须服务于社会,它就必须按照不同领域的社会需要来完成自己的教育过程。换言之,教育资源必须按照社会划分的各个专业(行业)领域(岗位群)的需要实施配置,这就是我们长期以来明乎其理而疏于力行的学以致用问题,这就是我们长期以来未能给予足够关注的教育目的问题。

众所周知,整个社会由其发展所需要的不同部门构成,包括公共管理部门如国家机构、基础建设部门如教育研究机构和各种实业部门如工业部门、商业部门,等等。每一个部门又可作更为具体的划分,直至同它所需要的各种专门人才相对应。教育如果不能按照实际需要完成各种专门人才培养的目标,就不能很好地完成社会分工所赋予它的使命,而教育作为社会分工的一种独立存在就应受到质疑(在市场经济条件下尤其如此)。可以断言,按照社会的各种不同需要培养各种直接有用人才,是教育体制变革的终极目的。

1

随着教育体制变革的进一步深入,高等院校的设置是否会同社会对人才类型的不同需要一一对应,我们姑且不论,但高等教育走应用型人才培养的道路和走研究型(也是一种特殊应用)人才培养的道路,学生们根据自己的偏好各取所需,始终是一个理性运行的社会状态下高等教育正常发展的途径。

高等职业教育的崛起,既是高等教育体制变革的结果,也是高等教育体制变革的一个阶段性表征。它的进一步发展,必将极大地推进中国教育体制变革的进程。作为一种应用型人才培养的教育,它从专科层次起步,进而应用本科教育、应用硕士教育、应用博士教育……当应用型人才培养的渠道贯通之时,也许就是我们迎接中国教育体制变革的成功之日。从这一意义上说,高等职业教育的崛起,正是在为必然会取得最后成功的教育体制变革奠基。

高等职业教育还刚刚开始自己发展道路的探索过程,它要全面达到应用型人才培养的正常理性发展状态,直至可以和现存的(同时也正处在变革分化过程中的)研究型人才培养的教育并驾齐驱,还需要假以时日;还需要政府教育主管部门的大力推进,需要人才需求市场的进一步完善发育,尤其需要高职高专教学单位及其直接相关部门肯于做长期的坚忍不拔的努力。新世纪高职高专教材编审委员会就是由全国100余所高职高专院校和出版单位组成的旨在以推动高职高专教材建设来推进高等职业教育这一变革过程的联盟共同体。

在宏观层面上,这个联盟始终会以推动高职高专教材的特色建设为己任,始终会从高职高专教学单位的实际教学需要出发,以其对高等职业教育发展的前瞻性的总体把握,以其纵览全国高职高专教材市场需求的广阔视野,以其创新的理念与创新的运作模式,通过不断深化的教材建设过程,总结高职高专教学成果,探索高职高专教材建设规律。

在微观层面上,我们将充分依托众多高职高专院校联盟的互补优势和丰裕的人才资源优势,从每一个专业领域、每一种教材入手,突破传统的片面追求理论体系严整性的意识限制,努力凸现高等职业教育职业能力培养的本质特征,在不断构建特色教材建设体系的过程中,逐步形成自己的品牌优势。

新世纪高职高专教材编审委员会在推进高职高专教材建设事业的过程中,始终得到了各级教育主管部门以及各相关院校相关部门的热忱支持和积极参与,对此我们谨致深深谢意,也希望一切关注、参与高职教育发展的同道朋友,在共同推动高职教育发展、进而推动高等教育体制变革的进程中,和我们携手并肩,共同担负起这一具有开拓性挑战意义的历史重任。

新世纪高职高专教材编审委员会

2001 年 8 月 18 日

前 言

《网络技术及应用》(第三版)是"十二五"职业教育国家规划教材,也是新世纪高职高专教材编审委员会组编的电子商务类课程规划教材之一。

在高速发展的信息社会,计算机网络的应用已经渗入社会政治、经济、生活的方方面面,在政府部门、企业、学校、家庭中均发挥着重要作用。网络技术及应用不单是计算机专业学生的必修课,也是电子商务专业学生应该掌握的基础知识和应用技能。

目前关于网络技术及应用的相关教材不少,其中不乏优秀的书籍,但绝大部分教材仍存在一些不足:一是学科体系知识以陈述为主,没有把训练学生的职业技能作为重点;二是与电子商务专业职业能力要求有一定的距离,针对性比较差;三是有的教材虽有实训内容,但各个实训没有形成有机的整体,学生在学习过程中很难掌握实际技能,即使掌握了部分操作技能,也无法具备基本职业能力;四是没有体现"任务驱动"理念下的项目教学或任务教学等有效的教学模式。因此,本教材在此次修订过程中,突出对学生职业能力的培养,力求适合电子商务等经济管理类专业学生使用。

与其他同类教材相比,本教材具有如下特色:

1.在编写原则上,以培养学生职业能力为目标,采取"任务驱动"理念下的项目教学或任务教学方式和方法。

2.提高学生的实践意识,使学生由被动学习变为主动学习。

3.具有较强的系统性,内容全面翔实,新颖实用。

4.针对性强,专门针对电子商务专业计算机网络课程量身定制。

5.突出技能培养,使学生在实践中发现问题、提出问题并解决问题,加强对学生创造能力的培养。

本教材根据电子商务专业对学生所必须具备的职业能力的要求,把计算机网络技术基础知识和相关技能设计为 9 个项目,对课程内容进行了重构,分别为:双机互联;对等网络组建;交换式网络构建;网络服务器构建;Internet 接入;Internet 应用;无线网络组建;网络故障的诊断与排除;网络管理与网络安全。每个项目通过学生完成多个具体任务来实现,在这个过程中逐步培养和训练学生的职业技能。必要的理论知识是学生在完成任务过程中参考、查阅、学习的资讯,可采取灵活多样的方式和方法进行学习。

本教材的编写队伍由高职院校电子商务专业带头人、行业企业专家以及一线骨干教师组成。其中,徐州工业职业技术学院田中玉、陆玉阳以及西安理工大学高等技术学院杨文斌任主编,西安理工大学高等技术学院姬建新、夏春莉、王鹏任副主编。具体编写分工如下:王鹏编写项目 1;夏春莉编写项目 2;姬建新编写项目 3;杨文斌编写项目 4;陆玉阳编写项目 5~7;田中玉编写项目 8、9。江苏中友讯华信息科技有限公司王银燕为本教材的编写提供了必要的场景资料和实践环境,并提出了宝贵意见。全书由田中玉负责统稿,徐州工业职业技术学院陈祥章主审。

本教材在编写过程中参考和引用了众多专家和学者的相关资料,也得到了西安理工大学高等技术学院、徐州工业职业技术学院及大连理工大学出版社的支持,在此一并致谢!

尽管我们在教材特色的建设方面做出了许多努力,但限于编者水平,教材中仍可能有疏漏之处,敬请读者批评指正,以便进一步修订完善。

编 者
2014 年 6 月

所有意见和建议请发往:dutpgz@163.com
欢迎访问教材服务网站:http://www.dutpbook.com
联系电话:0411-84707424 84706676

目　录

项目 **1**
双机互联

项目描述

项目背景

　　双机互联组成的网络是最小的网络,双机互联网络具有所有完整网络组建所必须具有的网络组成部分:网络通信介质、网络终端和网络互联设备。交叉线一般用来连接同类型设备,如两台 PC 互联需要使用交叉线。

项目目标

　　两台计算机的直接连接可以使用网卡和双绞线的连接方式,也可以通过串口使用电缆直接连接,以组成一个最小的网络,并能进行相互通信(传输资料等功能)。

任务 1　制作双绞线

➡ 任务描述

制作一条交叉线,使用测线仪测试连通性。

➡ 任务目标

熟悉网络中的传输介质;掌握交叉线的制作方法。

➡ 工作过程

【步骤 1】准备材料和工具

一根至少 2 m 长的 5 类 UTP 双绞线、两个 RJ-45 连接头和护套、一把压线钳、剥线器、斜口钳和一台多功能网络电缆测试仪。

【步骤2】剥线

用斜口钳将 5 类 UTP 双绞线的线头剪齐,将其一端插入剥线器的刀口,长度约为 2 cm。然后,握紧双绞线慢慢旋转剥线器,让剥线器刀口划开双绞线的保护外皮。最后, 剥掉保护外皮,露出 8 根有色电缆。剥线时注意不要将电缆外皮切破或将电缆内的铜线 切断。

【步骤3】理线

5 类 UTP 双绞线由 8 根有色线缆两两绞合而成,按照 TIA/EIA 568A 和 TIA/EIA 568B 标准的规定将不同颜色的线缆并行排列。整理完毕后,用斜口钳将 8 根线缆的长 度修齐。

【步骤4】插线

将 RJ-45 连接头无弹片的一侧正对自己,握住双绞线,稍稍用力,将排列好的线缆平 行插入 RJ-45 连接头内的线槽中,8 根线缆的顶端应插入 RJ-45 线槽的顶端,如图 1-1 和 图 1-2 所示。

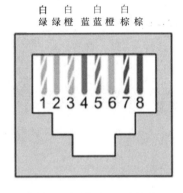

图 1-1　TIA/EIA 568A 标准

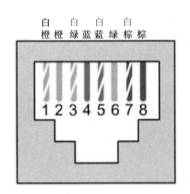

图 1-2　TIA/EIA 568B 标准

【步骤5】压线

将 RJ-45 连接头插入压线器的线槽中,用力压下,使得 RJ-45 连接头上的金属触点与 UTP 电缆中的各根线缆紧密接触。

【步骤6】测试

选择一台多功能网络电缆测试仪(图 1-3),将制作好的双 绞线和该测试仪的主测试器和远程测试器相连。打开测试仪 的电源开关,该测试仪将对 8 根双绞线以逐根自动扫描方式 快速测试其连通性,其上指示灯的闪亮顺序是:

主测试器:1—2—3—4—5—6—7—8;

远程测试器:3—6—1—4—5—2—7—8。

如果指示灯的闪亮顺序与上述不符,则说明线缆制作有 问题,必须重新制作。

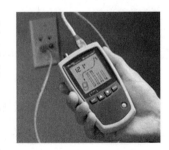

图 1-3　多功能网络电缆测试仪

任务2　配置 TCP/IP 协议

➡ 任务描述

TCP/IP 的配置安装实例。

➡ 任务目标

了解计算机网络和 IP 的概念；熟悉 TCP/IP 的参考模型及其工作原理；掌握 TCP/IP 的配置安装和网络连接状态检测过程。

➡ 工作过程

1. TCP/IP 的配置安装

【步骤1】安装好 Windows XP，在"网络连接"中创建一个"本地连接"图标，如图1-4 所示。

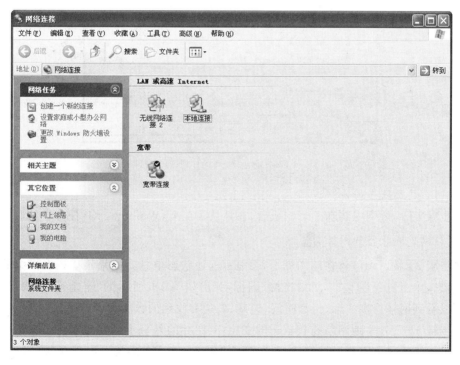

图1-4　"网络连接"窗口中的"本地连接"图标

【步骤2】每次计算机启动时，Windows XP 会自动检测网卡并启动本地连接。当 Windows XP 首次检索到网卡时，系统自动安装 TCP/IP 协议，并将其设置为默认的网络协议。在默认情况下，本地局域网连接是自动创建并且已被激活。

【步骤3】对于由2台计算机组成的本地工作组网络，TCP/IP 协议的配置非常简单，只需分别配置2台机器中的2个参数：IP 地址和子网掩码。假设2台计算机的 IP 地址分别是 192.168.15.2 和 192.168.15.3,子网掩码都是 255.255.255.0,则 TCP/IP 协议的配置方法可参照 IP 协议进行。配置完成后,"Internet 协议(TCP/IP)属性"对话框如图 1-5 所示。单击"确定"按钮,所配置的静态 IP 地址即生效。

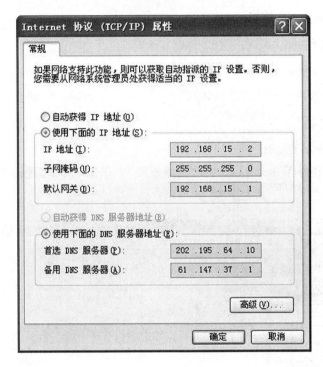

图 1-5 "Internet 协议(TCP/IP)属性"对话框

2. 网络连接状态的检测过程

【步骤 1】局域网安装和配置完成后,在默认情况下,Windows XP 任务栏的右端显示一个局域网连通状态的图标 。

【步骤 2】将鼠标停留在该图标上,会显示连通状态信息。如果希望查看详细的连接状态信息,单击任务栏上的"网络连接"图标,弹出如图 1-6 所示的"本地连接 状态"对话框,可以看到网络连接状态、持续时间、速度、发送和收到的数据量等信息。

【步骤 3】随着本地网络连接状态的变化,其图标的外观也会发生变化。在默认方式下,如果计算机检测不到局域网适配器,那么"本地连接"图标就不出现在"网络连接"窗口中。

注意: 在不同情况下,"本地连接"图标呈现不同的状态:

(1) 图标显示在"网络连接"窗口中,说明本地连接处于正常工作状态。

(2) 图标显示在"网络连接"窗口中,说明本地连接处于非正常状态,可能是网线未插好。

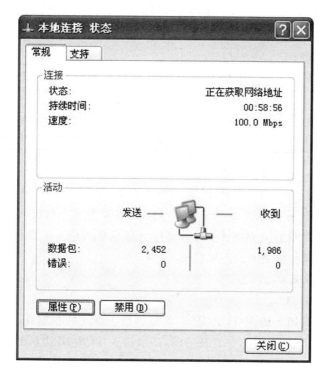

图1-6 "本地连接 状态"对话框

任务3 测试 ping 命令

⇨ 任务描述

利用 ping 命令检查网络是否通畅及网络连接速度。

⇨ 任务目标

学习 ping 相关语法和命令;掌握使用 ping 命令进行连通性测试的方法。

⇨ 工作过程

1. ping 相关语法(参数)和命令

(1)ping(Packet Internet Grope,Internet 数据包探测器)是用于测试网络连接量的程序。它是指端对端连通,通常用于可用性检查。由于某些计算机病毒会强行大量远程执行 ping 命令并抢占用户的网络资源,导致用户系统变慢,网速变慢,因此大多数防火墙把严禁 ping 入侵作为一项基本功能提供给用户进行选择。通常情况下,用户如果不进行服务器或者网络测试,就可以放心地选择此项功能,以保护计算机。

(2)ping 是通过发送一个 ICMP 回声请求消息给目的地并报告是否收到所希望的 ICMP 回声应答来检查网络是否通畅或网络连接速度的命令。

(3)语法:ping [-t] [-n count] [-l length]

(4)参数的意义(表1-1)

表 1-1   ping 参数的意义

-t	当有-t这个参数时,用户 ping 本子网上其他主机,系统就会不停地运行 ping 命令,直到用户按下"Ctrl+C"键
-n count	定义用来测试所发出的数据包的数量,缺省值为 4。通过这个命令用户可以自己定义发送的数据包数量
-l length	定义所发送缓冲区的数据包的大小。在默认的情况下发送的数据包大小为 32 B,用户也可以自己定义,但是最大限度是 65 500 B。超过该限度时,对方就很有可能因接收的数据包太大而死机

2. 利用 ping 命令进行连通性测试

TCP/IP 配置完成后,可以使用 ping 命令来确认配置了 TCP/IP 的计算机能否正常工作。如果在一台计算机中发出 ping 命令后,能够收到另一台计算机发来的响应,则 ping 命令将在本机显示响应的统计信息。该统计信息包括用了多长时间才收到响应,它可以用来判断 2 台计算机之间的连接状况。

常用的测试方法有:

(1)ping 127.0.0.1

ping 127.0.0.1 用于确定 TCP/IP 协议是否被正确安装和加载。如果执行 ping 命令失败,则说明 TCP/IP 协议的安装有错误,必须检查 TCP/IP 协议的安装。

(2)ping 本机的 IP 地址

ping 本机的 IP 地址用于确认 IP 地址是否被正确加载,并检查 IP 地址是否与网络中其他计算机发生冲突。如果执行命令失败,则表明 IP 地址加载不正确或本机配置的 IP 地址与网络中其他计算机的 IP 地址重复。

(3)ping 网络中另外一台计算机的 IP 地址

ping 网络中其他计算机的 IP 地址用于测试网络的连通状况。如果执行 ping 命令失败,则表明网络的连接有问题,需要检查硬件连接状况。ping 命令是一个测试和诊断 TCP/IP 协议的重要工具。

任务4   测试双机互联网络的连通性

➡ 任务描述

寝室有 2 台 PC,现在需要将二者互联,这样既可以用来传输资料,也可以联机打游戏,因此需要制作交叉线以实现双机互联,组成一个直连网络。同时,分别配置 2 台 PC 的 IP 地址,其拓扑结构如图 1-7 所示。

PC₁   PC₂

图 1-7   拓扑结构

➡ 任务目标

理解交叉线和直连线的区别；使用双绞线连接 2 台 PC，分别配置 2 台 PC 的 IP 地址为 192.168.1.1 和 192.168.1.2，子网掩码均为 255.255.255.0，组成直连网络，测试网络的连通性。

➡ 工作过程

【步骤 1】材料和工具准备

交叉线（1 根）、PC（2 台）、网卡（1 块）。

【步骤 2】制作并测试交叉线

使用测线仪测试制作好的交叉线的连通性。（可参照本项目"任务 1 制作双绞线"的内容。）

【步骤 3】安装网卡

（1）首先准备一块网卡，网卡因厂家或型号不同，外观样式也不一定相同，图 1-8 所示为 PCI 总线的网卡。

（2）断开电源，打开主机机箱，观察主板上 PCI 插槽，如图 1-9 所示。

图 1-8　PCI 总线的网卡　　　　　　　图 1-9　PCI 插槽

（3）将网卡插入一个空的 PCI 插槽中，如图 1-10 所示。

（4）旋紧螺丝，如图 1-11 所示。

（5）在主机背面插上网线，如图 1-12 所示。

图 1-10　将网卡插入 PCI 插槽　　　图 1-11　旋紧螺丝　　　图 1-12　安装网线

【步骤 4】安装网卡驱动程序

（1）在"我的电脑"图标处单击鼠标右键，在弹出的快捷菜单中单击"属性"，弹出"系统属性"对话框，选择"硬件"选项卡，如图 1-13 所示。

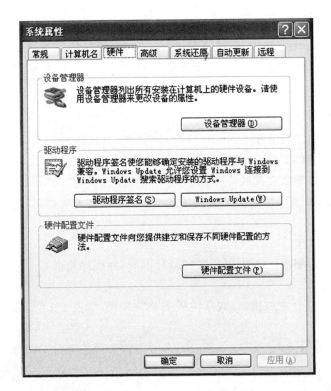

图 1-13　"系统属性"中的"硬件"选项卡

(2)单击"设备管理器"按钮,弹出"设备管理器"窗口,展开"网络适配器"会看到网卡驱动程序前有黄色叹号,如图 1-14 所示。

图 1-14　展开"网络适配器"

(3)在带有黄色叹号的网卡处单击鼠标右键,在弹出的快捷菜单中单击"属性",弹出网卡属性对话框,选择"驱动程序"选项卡,如图 1-15 所示。

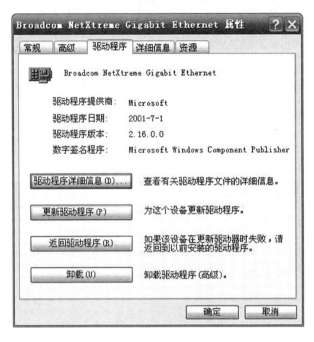

图 1-15 "驱动程序"选项卡

(4)单击"更新驱动程序"按钮,弹出"硬件更新向导"界面,选择"从列表或指定位置安装(高级)",然后单击"下一步"按钮,如图 1-16 所示。

图 1-16 "硬件更新向导"界面

9

(5)选择安装路径,单击"下一步"按钮,如图 1-17 所示。

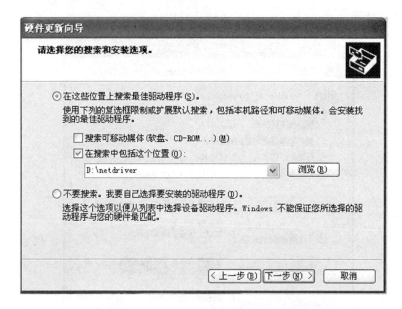

图 1-17　选择安装路径

(6)单击"完成"按钮,则驱动程序完成安装,如图 1-18 所示。

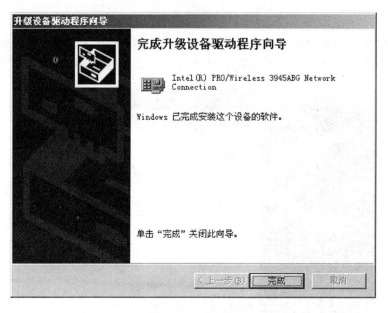

图 1-18　完成安装

【步骤 5】配置 IP 地址

(1)在桌面上的"网上邻居"图标处单击鼠标右键,在弹出的快捷菜单中单击"属性",如图 1-19 所示。

(2)在弹出的"网络连接"窗口中,在"本地连接"图标处单击鼠标右键,在弹出的快捷菜单中单击"属性",如图 1-20 所示。

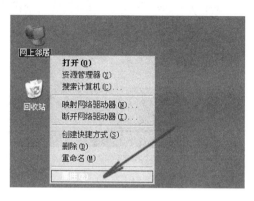

图 1-19　单击"网上邻居"→"属性"　　　　　图 1-20　单击"网上邻居"→"属性"

(3)在弹出的对话框中双击"Internet 协议(TCP/IP)",如图 1-21 所示。

(4)在弹出的对话框中选择"使用下面的 IP 地址",如图 1-22 所示。

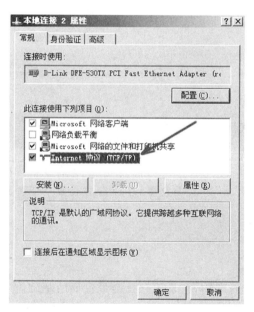

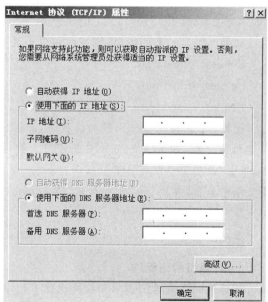

图 1-21　双击"Internet 协议(TCP/IP)"　　　　图 1-22　选择"使用下面的 IP 地址"

(5)按要求将子网的 IP 地址输入图 1-22 所示的对话框中,即"IP 地址"为"192.168.1.1","子网掩码"为"255.255.255.0"。

注释:另外一台计算机的"IP 地址"为"192.168.1.2","子网掩码"为"255.255.255.0"。

【步骤6】测试网络连通性

(1)接上网线,利用 ping 命令测试网络连通性。

（2）单击"开始"→"运行"，弹出"运行"对话框，输入"cmd"命令，如图 1-23 所示。

（3）按"确定"键，弹出命令提示符窗口，如图 1-24 所示。

图 1-23　在"运行"对话框输入"cmd"命令

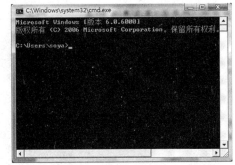

图 1-24　命令提示符窗口

（4）利用 ping 命令，测试 PC$_1$ 是否与 PC$_2$ 相连通。在 PC$_1$ 中输入"ping 192.168.1.2"，回车，如果屏幕显示下列信息，则表示 PC$_1$ 与 PC$_2$ 相连通：

Reply from 192.168.1.2：bytes＝32 time＜10ms TTL＝128

Reply from 192.168.1.2：bytes＝32 time＜10ms TTL＝128

Reply from 192.168.1.2：bytes＝32 time＜10ms TTL＝128

如果屏幕显示下列信息，则表示两机不通：

Request timed out.

Request timed out.

Request timed out.

注意： 在网络配置都正确的情况下，如果测试网络不通，则应查看对方计算机上的防火墙是否开启，如果开启将其关闭即可。关闭防火墙的步骤是：在 Windows 操作系统中，单击"开始"→"设备"→"网络连接"，在"网络连接"图标处单击鼠标右键，在弹出的快捷菜单中单击"属性"→"高级"，在"Windows 防火墙"中点击设置，在弹出的页面中即可关闭防火墙。

相关知识

一、计算机网络概述

计算机网络是通信技术和计算机技术相结合的产物，它是信息社会最重要的基础设施，并将构筑成人类社会的信息高速公路。

计算机网络就是将 2 台及以上分布在不同地理位置上的具有独立工作能力的计算机、终端及其附属设备，用通信设备和通信线路连接起来形成"计算机群"，并配置网络软件，以实现计算机资源共享的综合系统。除了打印机之外，硬盘、光盘、绘图仪、扫描仪以及各类软件、文本和信息资源等也都可以共享在网络上。在网络中共享资源既节省了大量的投资和开支，又便于集中管理。

从资源构成的角度讲，计算机网络是由硬件和软件组成的。硬件包括各种主机、终端等用户端设备以及交换机、路由器等通信控制处理设备;而软件则由各种系统程序和应用程序以及大量的数据资源组成。

从功能上可将计算机网络划分为资源子网和通信子网。其中,资源子网负责全网的数据处理业务,并向网络用户提供各种网络资源和网络服务,主要由主机、终端以及相应的I/O设备、各种软件资源和数据资源构成;通信子网主要由通信控制处理机、通信链路及其他设备(如调制解调器)组成,通信链路是用于传输信息的物理信道以及为达到有效、可靠的传输质量所必需的信道设备的总称。

根据计算机网络所覆盖的地理范围、信息的传递速率及其应用目的的不同,计算机网络通常被分为接入网、局域网、城域网和广域网。

二、网络中的传输介质

传输介质也称传输媒体,泛指计算机网络中用于连接各个计算机的物理媒体,特指用来连接各个通信处理设备的物理介质。传输介质是构成物理信道的重要组成部分,计算机网络中使用各种传输介质来组成物理信道。

传输介质包括有线传输介质和无线传输介质两大类。有线传输介质将信号约束在一个物理导体之内,如双绞线、同轴电缆和光纤等,故又称为有界介质;无线传输介质,如无线电波、红外线、激光等,由于不能将信号约束在某个空间范围之内,故又称为无界介质。究竟选择哪一种传输介质,必须考虑到价格、安装难易程度、容量、抗干扰能力、衰减等方面的因素,同时还要根据具体的运行环境全面考虑。

1.有线传输介质

有线传输介质有三种:双绞线、同轴电缆、光纤。其中,双绞线包括屏蔽双绞线(Shielded Twisted Pair,STP)和非屏蔽双绞线(Unshielded Twisted Pair,UTP)。有线传输介质如图1-25所示。

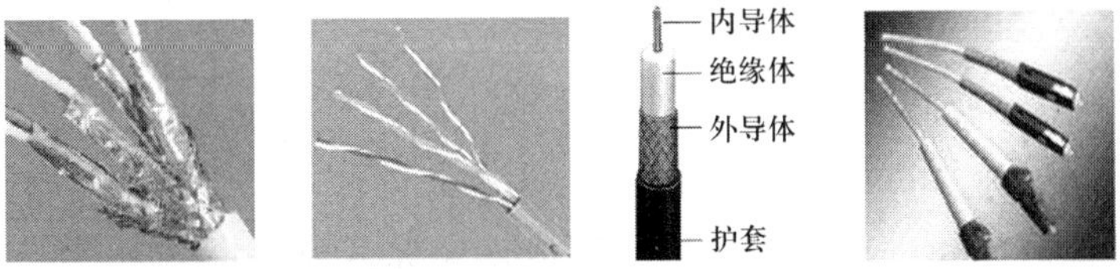

(a)屏蔽双绞线　　　(b)非屏蔽双绞线　　　(c)同轴电缆　　　(d)光纤

图1-25　有线传输介质

2.无线传输介质

无线传输介质包括微波、红外线、无线电波和激光。

3.线缆连接器

线缆要与计算机或其他网络设备连接起来,需要一个线缆连接器(图1-26)。不同的传输介质有不同的线缆连接器。双绞线常用RJ-11、RJ-45线缆连接器(俗称"水晶头")。电话线常用RJ-11,而RJ-45常用于网络设备的连接;同轴电缆上使用的是BNC连接器;光纤上使用的是光纤尾线接头。

(a)RJ-45   (b)BNC 连接器   (c) 光纤尾线接头

图 1-26　线缆连接器

4.非屏蔽双绞线线序标准

制作交叉连接的非屏蔽双绞线的关键是:一端的 RJ-45 连接头中的线序要按照 TIA/EIA 568A 标准连接,另一端则必须按照 TIA/EIA 568B 标准连接。这两种标准的线序见表 1-2。

表 1-2　　TIA/EIA 568A 标准和 TIA/EIA 568B 标准线序

序　号	TIA/EIA 568A 标准	TIA/EIA 568B 标准
1	绿白	橙白
2	绿	橙
3	橙白	绿白
4	蓝	蓝
5	蓝白	蓝白
6	橙	绿
7	棕白	棕白
8	棕	棕

注意:在实际连接中,关键要保证:"1、2"线对是一对;"3、6"线对是一对;"4、5"线对是一对;"7、8"线对是一对。

三、TCP/IP 协议

1.TCP/IP 概述

TCP/IP 模型是由美国国防部创建的,所以又称其为 DoD(Department of Defense) 模型,是发展至今最成功的通信协议之一,它被用于构筑目前最大的、开放的Internet 网络系统。TCP/IP 是一组通信协议的代名词,这组协议使任何具有网络设备的用户都能访问和共享 Internet 上的信息,其中最重要的是传输控制协议(TCP)和网际协议(IP)。TCP 和 IP 是两个独立且紧密结合的协议,负责管理和引导数据报文在 Internet 上的传输。二者使用专门的报文头定义每个报文的内容。TCP 负责和远程主机的连接,IP 负责寻址,使报文被送到其该去的地方。

TCP 是英文 Transport Control Protocol(传输控制协议)的缩写,规定了传输层连接的建立与拆除方式、数据传输格式、确认方式、目标应用进程的识别以及差错控制和流量控制机制等。与所有网络协议类似,TCP 将自己所要实现的功能集中体现在 TCP 协议的数据单元中。

IP是英文Internet Protocol（网络间互联协议）的缩写，中文简称为"网协"，是为计算机网络相互连接进行通信而设计的协议。它规定了计算机在Internet上进行通信时应当遵守的规则。任何厂家生产的计算机系统，只要遵守IP协议就可以与Internet互联互通。IP协议使相互连接起来的许多计算机网络能够相互通信。因此，TCP/IP体系中的网络层常被称为网际层（Internet Layer）或IP层。

TCP/IP分为不同的层次开发，每一层负责不同的通信功能。但TCP/IP协议简化了层次设备，它只有4层，由下而上分别为网络接口层、网络层、传输层和应用层。TCP/IP的参考模型如图1-27所示。

由图可知，TCP/IP是OSI/RM（Open System Interconnection，开放系统互联参考模型）7层模型的简化。TCP/IP模型将与物理网络联络的部分称为网络接口，它相当于OSI/RM的物理层和数据链路层；TCP/IP的应用层相当于OSI/RM的高层（应用层、表示层、会话层）。

应用层	高层
传输层	传输层
网络层	网络层
网络接口层	数据链路层
	物理层
TCP/IP	**OSI/RM**

图1-27 TCP/IP的参考模型

2.TCP/IP体系结构

TCP/IP的分层模型如图1-28所示。

在TCP/IP模型中，网络接口层是TCP/IP模型的最底层，负责接收从网络层传来的IP数据报并将IP数据报通过底层物理网络（网络硬件）发送出去，或者从底层物理网络上接收网络帧，抽出IP数据报，传递给网络层。网络接口层使采用不同技术和网络硬件的网络之间能够互联，它包括属于操作系统的设备驱动器和计算机网卡，以处理具体的硬件网络接口。

网络层负责独立地将分组从源主机送往目的主机，涉及为分组提供最佳路径的选择和交换功能，并使这一过程与它们所经过的路径和网络无关。

传输层的作用是在源节点和目的节点这两个对等实体间提供可靠的端到端数据通信。为保证数据传输的可靠性，传输层协议也提供了确认、差错控制和流量控制等机制。传输层从应用层接收数据，并且

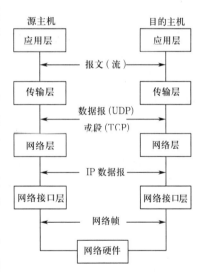

图1-28 TCP/IP的分层模型

在必要时把它分成较小的单元，传递给网络层，并确保到达对方的各段信息正确无误。

应用层为用户提供网络应用，并为这些应用提供网络支撑服务，把用户的数据发送到低层，为应用程序提供网络接口。由于TCP/IP将所有与应用相关的内容都归为一层，所以在应用层要处理高层协议、数据表达和对话控制等。

3. TCP/IP 各层主要协议

TCP/IP 事实上是一个协议系列或协议簇,目前包含了 100 多个协议,用来将各种计算机和数据通信设备组成实际的 TCP/IP 计算机网络。TCP/IP 模型各层的主要协议如图 1-29 所示。

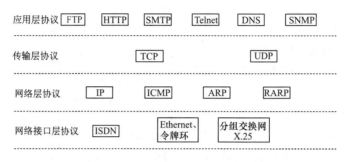

图 1-29　TCP/IP 模型各层的主要协议

（1）网络接口层协议

TCP/IP 的网络接口层协议中包括各种物理网络协议,例如,ISDN 协议、Ethernet 协议、令牌环协议和分组交换网 X.25 协议等。当各种物理网络被作为传送 IP 数据包的通道时,就可以认为是属于这一层的内容。

（2）网络层协议

网络层协议包括多个重要协议,其中主要有 4 个,即 IP、ICMP、ARP 和 RARP。

①IP 规定网络层数据分组的格式,是其中的核心协议。

②Internet 控制消息协议（Internet Control Message Protocol,ICMP）提供网络控制和消息传递功能。

③地址解释协议（Address Resolution Protocol,ARP）用来将逻辑地址解析成物理地址。

④反向地址解释协议（Reverse Address Resolution Protocol,RARP）通过 RARP 广播将物理地址解析成逻辑地址。

（3）传输层协议

传输层协议主要有 TCP 和 UDP。

①传输控制协议（Transport Control Protocol,TCP）是面向连接的协议,用 3 次握手和滑动窗口机制来保证传输的可靠性并进行流量控制。

②用户数据报协议（User Datagram Protocol,UDP）是面向无连接的不可靠传输层协议。

（4）应用层协议

应用层协议包括众多应用与应用支撑协议。常见的应用协议有:文件传输协议（FTP）、超文本传输协议（HTTP）、简单邮件传输协议（SMTP）、虚拟终端（Telnet）协议;常见的应用支撑协议包括域名服务（DNS）协议和简单网络管理协议（SNMP）等。

①FTP:建立在 TCP 上,用于实现文件传输的协议。用户通过 FTP 可以方便地连接

到远程服务器上,可以进行查看、删除、移动、复制、更改远程服务器上的文件内容等操作,并能进行上传文件和下载文件等操作。FTP工作时使用两个TCP连接,一个用于交换命令和应答,另一个用于移动文件。

②HTTP:用来在浏览器和WWW服务器之间传输超文本的协议。

③SMTP:简单邮件传输协议主要用于Internet上的电子邮件传输,它是网络中的一个标准协议,使用这个协议的通信软件可以自动收发电子邮件,并对收发过程中出现的错误进行相应的处理。

④Telnet协议:实现虚拟或仿真终端的服务,允许用户把自己的计算机当作远程主机上的一个终端。通过该协议用户可以登录远程主机并在远程主机上执行操作命令,控制和管理远程主机上的文件及其他资源。

⑤DNS协议:DNS协议是一种名称服务协议,它提供了主机域名到IP地址的转换。

⑥SNMP:简单网络管理协议在网络设备之间管理信息的交换。它使得网络管理员可以管理网络的性能,查找和解决网络问题以及规划网络的增长。它是一个标准的用于管理IP网络上节点的协议。

回顾与总结

在本项目中,我们完成了双绞线的制作和使用测线仪测试双绞线的连通性任务;掌握了TCP/IP配置、安装和网络连接状态检测过程;学会了利用ping命令进行连通性测试。

小试牛刀

互联的2台计算机,在一台计算机上建立共享文件夹,通过另一台计算机进行访问。

项目 ② 对等网络组建

项目描述

项目背景

对等网络又称为工作组,其中各台计算机具有相同的功能,无主从之分,任意一台计算机都既可以作为服务器设定共享资源,供网络中其他计算机使用,又可以作为工作站。对等网络没有专用的服务器,也没有专用的工作站,它是小型局域网常用的组网方式。

项目目标

利用普通交换机组建对等网络,实现现有网络资源的共享。

任务1　组建共享网络

➡ 任务描述

某单位办公室有10台计算机,需要把它们连接成网络,以便实现网络资源(文件、打印机)共享。

➡ 任务目标

配置本地计算机上的共享文件,开放资源给网络中的设备共享;访问网络上共享的资源信息。

➡ 工作过程

1. 确定网络结构

使用星型拓扑结构组建网络,并将各台计算机和局域网交换机上的各个接口用 RJ-

45 双绞线连接起来,构建好基本物理结构,该内容在项目1中已经讲述,此处不再赘述。

2.配置相关选项

Windows XP 系统的计算机配置步骤如下:

【步骤1】确认 TCP/IP 协议已安装,选择"Internet 协议(TCP/IP)",单击"属性"按钮,设置 IP 地址。

【步骤2】在"网络连接"窗口中单击"高级"→"网络标识",弹出"系统属性"对话框,单击"更改"按钮,选择"工作组",输入工作组名(如"DOMAIN"),然后单击"确定"按钮,如图 2-1 所示。

【步骤3】若成功加入工作组,则会出现"欢迎加入工作组 DOMAIN"的提示,单击"确定"按钮,完成设置。

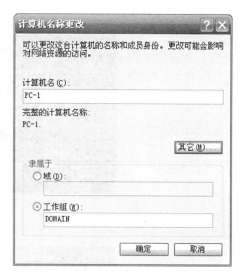

图 2-1 设置工作组

3.检测网络连通性及故障

TCP/IP 安装完成后,利用 ipconfig 与 ping 命令检查 TCP/IP 是否安装与设置正确。单击"开始"→"程序"→"附件"→"命令提示符",弹出命令提示符窗口,然后按以下步骤进行测试:

【步骤1】执行 ipconfig 命令,以便检查 TCP/IP 通信协议是否已经正常启动、IP 地址是否与其他主机相冲突,如图 2-2 所示。

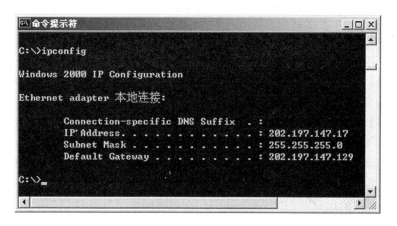

图 2-2 ipconfig 命令运行结果

注意:如果正常的话,界面上会出现用户的 IP 地址、子网掩码、默认网关等数据;如果提示 IP 地址和子网掩码都是"0.0.0.0",则表示 IP 地址与网络上其他主机相冲突;如果自动向 DHCP 服务器索取 IP 地址,但是却找不到 DHCP 服务器,则会自动得到一个 169.X.X.X 网段的专用 IP 地址。

【步骤2】测试 loop back 地址(127.0.0.1),验证网卡是否可以正常传送 TCP/IP 数据。输入"ping 127.0.0.1"命令进行循环测试,检查网卡与驱动程序是否正常运行,如图 2-3 和图 2-4 所示。

```
D:\>ping 127.0.0.1

Pinging 127.0.0.1 with 32 bytes of data:

Reply from 127.0.0.1: bytes=32 time<10ms TTL=128
Reply from 127.0.0.1: bytes=32 time<10ms TTL=128
Reply from 127.0.0.1: bytes=32 time<10ms TTL=128
Reply from 127.0.0.1: bytes=32 time<10ms TTL=128

Ping statistics for 127.0.0.1:
    Packets: Sent = 4, Received = 4, Lost = 0 (0% loss),
Approximate round trip times in milli-seconds:
    Minimum = 0ms, Maximum = 0ms, Average = 0ms
```

图 2-3 网卡与驱动程序运行正常

```
D:\>ping 192.168.0.100

Pinging 192.168.0.100 with 32 bytes of data:

Request timed out.
Request timed out.
Request timed out.
Request timed out.

Ping statistics for 192.168.0.100:
    Packets: Sent = 4, Received = 0, Lost = 4 (100% loss),
Approximate round trip times in milli-seconds:
    Minimum = 0ms, Maximum = 0ms, Average = 0ms
```

图 2-4 网卡与驱动程序运行不正常

【步骤 3】检查 IP 地址是否正常,即输入"ping 本主机的 IP 地址"命令,测试该地址是否与其他主机冲突。

【步骤 4】假设网络内有 IP 路由器,则输入"ping 默认网关的 IP 地址"命令来测试网络内 IP 路由器是否工作正常。

【步骤 5】输入"ping 其他主机的 IP 地址"命令,测试与其他主机是否连通。

事实上,只要步骤 5 成功了,就表明网络工作正常,步骤 1～4 都可以省略;如果步骤 5 失败了,则可以按上述步骤倒回,依序往前面的步骤测试,确定故障所在。

4. 共享网络资源

以事先存在的用户名(如 Administrator)和密码登录计算机,打开"我的电脑",在某个磁盘(如 C 盘)或某个文件夹图标处单击鼠标右键,在弹出的快捷菜单中单击"共享和安全",弹出"文件夹名 属性"对话框,如图 2-5 所示。

5. 访问共享资源

在另一台计算机上登录后,打开"网上邻居",显示"整个网络"以及同组的各计算机名。双击某个计算机名(如"Pc-1"),则显示该计算机的共享资源,双击该共享资源,即可浏览该计算机上共享的文件夹和文件,如图 2-6 所示。

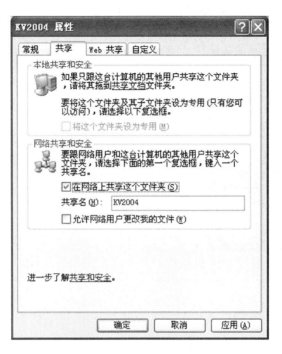

图 2-5 设置资源共享

图 2-6 访问共享资源

如果希望每次登录后都通过"我的电脑"访问共享资源,可以通过以下途径来映射网络驱动器:单击"开始"→"所有程序"→"附件"→"Windows 资源管理器"→"工具"→"映射网络驱动器",弹出"映射网络驱动器"对话框,如图 2-7 所示。

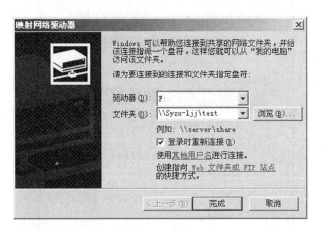

图 2-7　映射网络驱动器

6.共享打印机

【步骤 1】打印服务器的安装与配置

(1)配置网络打印机的要求

①打印服务器可以运行在以下任何一个操作系统上:Windows 2000 Server 系列、Windows Server 2003 系列或 Windows Server 2008 系列的操作系统。

②有足够的内存来处理文档。

③打印服务器上有足够的磁盘空间来存储文档。

(2)安装本地打印机

单击"开始"→"管理工具"→"管理您的服务器",弹出"管理您的服务器"对话框,单击"添加或删除角色",按向导提示进行安装。

【步骤 2】安装打印机

(1)打开"配置您的服务器向导"对话框,如图 2-8 所示选择"打印服务器",单击"下一步"按钮。

(2)如图 2-9 所示选择"所有 Windows 客户端",单击"下一步"按钮。

(3)在"本地或网络打印机"对话框中,如图 2-10 所示选择"连接到这台计算机的本地打印机",单击"下一步"按钮。

(4)如图 2-11 所示选择打印机端口,单击"下一步"按钮。

(5)如图 2-12 所示选择打印机型号,单击"下一步"按钮。

(6)如图 2-13 所示输入打印机名称,单击"下一步"按钮。

(7)如图 2-14 所示设置打印机共享,单击"下一步"按钮。

(8)如图 2-15 所示输入打印机所在的位置,单击"下一步"按钮。

(9)如图 2-16 所示选择"否",单击"下一步"按钮。

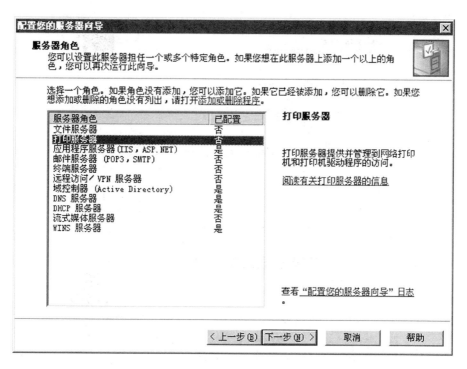

图 2-8 网络打印机安装过程(1)

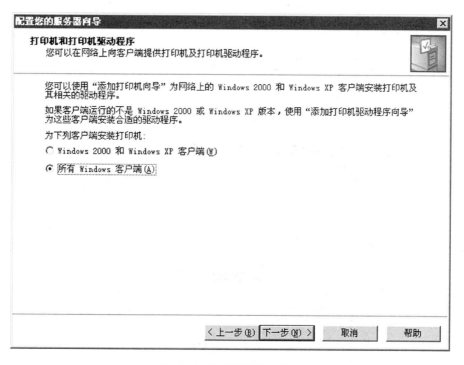

图 2-9 网络打印机安装过程(2)

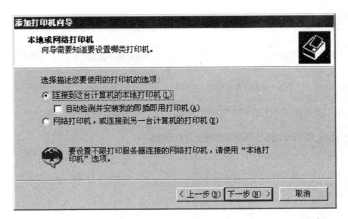

图 2-10　网络打印机安装过程(3)

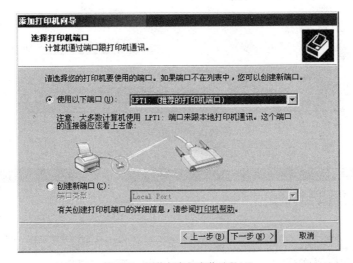

图 2-11　网络打印机安装过程(4)

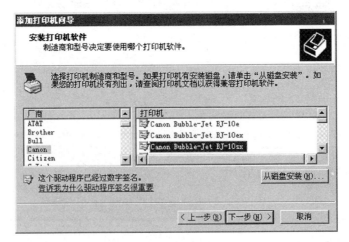

图 2-12　网络打印机安装过程(5)

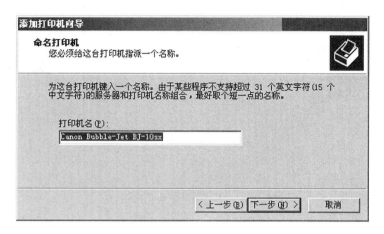

图 2-13　网络打印机安装过程(6)

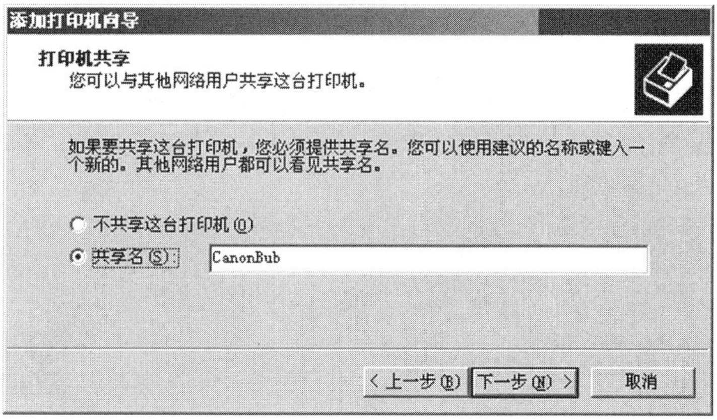

图 2-14　网络打印机安装过程(7)

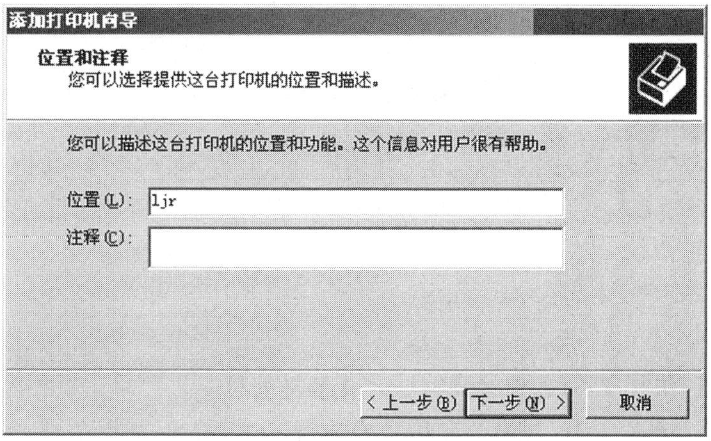

图 2-15　网络打印机安装过程(8)

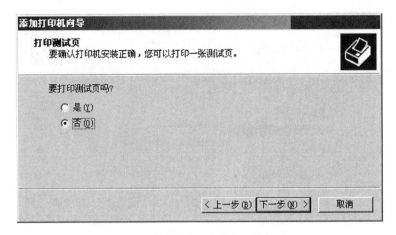

图 2-16　网络打印机安装过程(9)

(10)单击"完成"按钮。

【步骤3】将客户端连接到网络打印机

(1)在客户端单击"开始"→"打印机和传真",弹出"打印机和传真"对话框,单击"添加打印机",弹出"添加打印机向导"对话框,单击"下一步"按钮,弹出"本地或网络打印机"对话框,如图 2-17 所示。

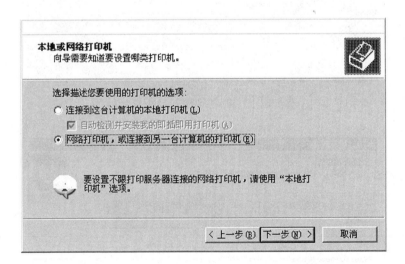

图 2-17　连接网络打印机

(2)选择"网络打印机,或连接到另一台计算机的打印机",单击"下一步"按钮,弹出"指定打印机"对话框,选择"浏览打印机",单击"下一步"按钮,如图 2-18 所示。

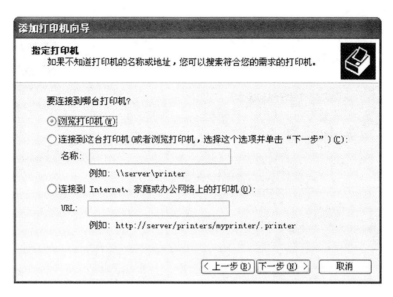

图 2-18　指定打印机

(3)在"浏览打印机"对话框中输入打印机名,找到共享的打印机,单击"下一步"按钮,如图 2-19 所示。

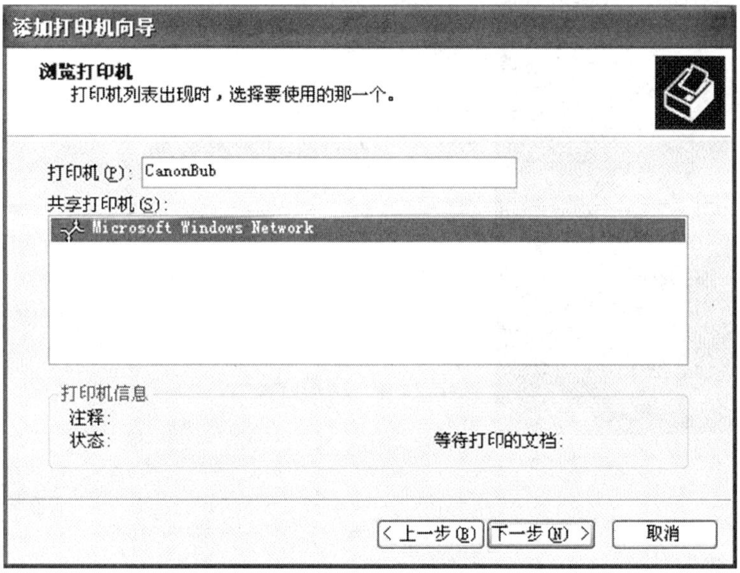

图 2-19　找到共享的打印机

(4)在"默认打印机"对话框中选择"是",单击"下一步"按钮,如图 2-20 所示。

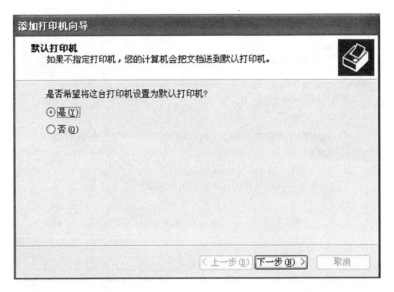

图 2-20　设置为默认打印机

（5）单击"完成"按钮，如图 2-21 所示。

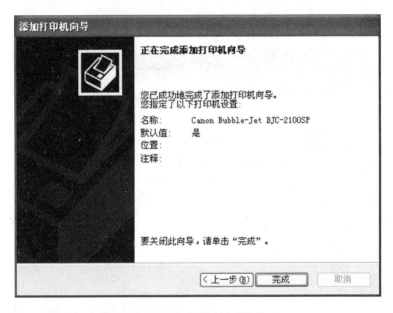

图 2-21　完成网络打印机设置

【步骤 4】配置并管理网络打印机

在打印服务器窗口，单击"开始"→"打印机和传真"，弹出"打印机和传真"对话框。在已经安装的共享打印机处单击鼠标右键，在弹出的快捷菜单中单击"属性"，弹出"打印机 属性"对话框，然后对打印机的共享权限进行设置，如图 2-22 所示。

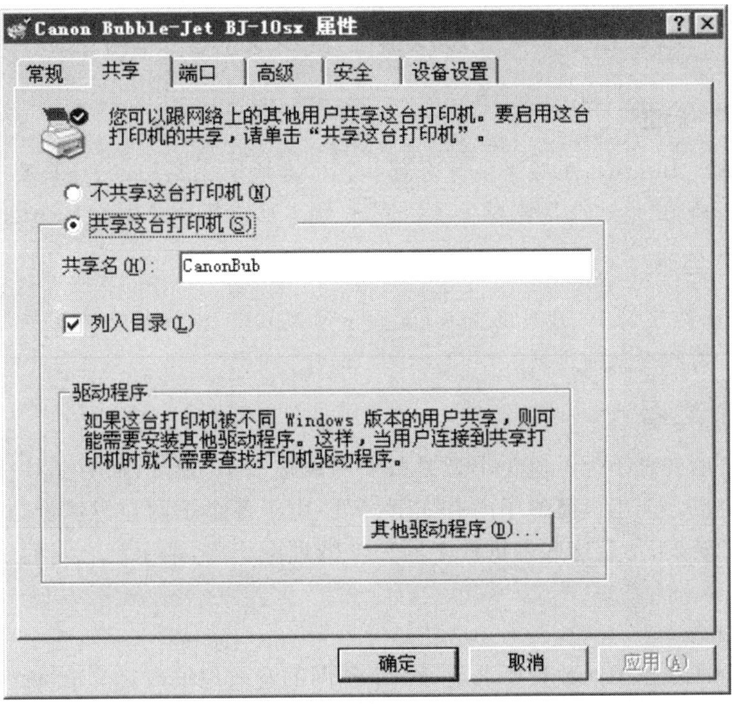

图框 (a):

Canon Bubble-Jet BJ-10sx 属性　　　? ✕

常规　| 共享 | 端口　| 高级　| 安全 | 设备设置 |

您可以跟网络上的其他用户共享这台打印机。要启用这台
打印机的共享，请单击"共享这台打印机"。

○ 不共享这台打印机 (N)

● 共享这台打印机 (S)

　共享名 (H)：　CanonBub

　☑ 列入目录 (L)

─ 驱动程序 ─
　如果这台打印机被不同 Windows 版本的用户共享，则可
　能需要安装其他驱动程序。这样，当用户连接到共享打
　印机时就不需要查找打印机驱动程序。

其他驱动程序 (D)...

确定　　　取消　　　应用 (A)

(a)

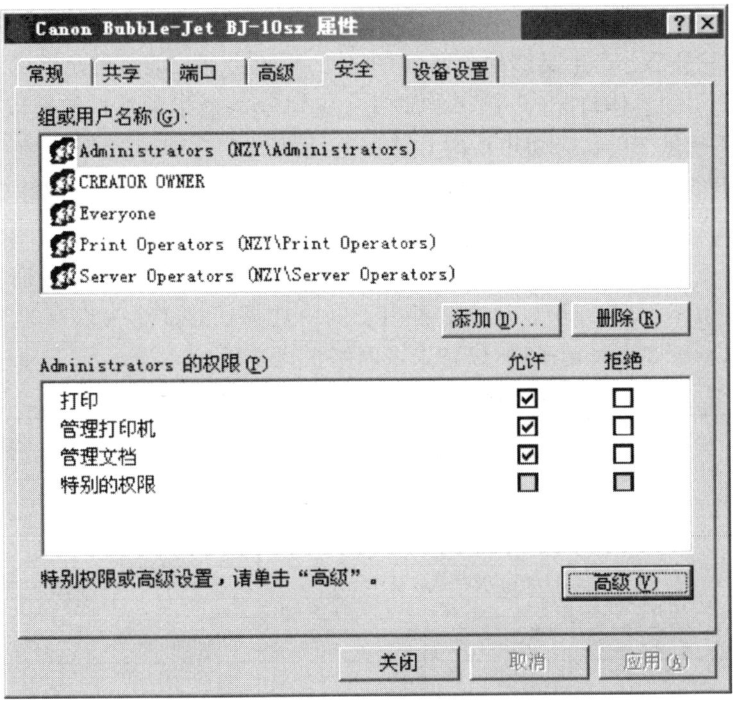

图框 (b):

Canon Bubble-Jet BJ-10sx 属性　　　? ✕

常规　| 共享 | 端口 | 高级 | 安全 | 设备设置 |

组或用户名称 (G)：

🛡 Administrators (NZY\Administrators)
🛡 CREATOR OWNER
🛡 Everyone
🛡 Print Operators (NZY\Print Operators)
🛡 Server Operators (NZY\Server Operators)

添加 (D)...　　删除 (R)

Administrators 的权限 (P)　　　　　允许　　拒绝

	允许	拒绝
打印	☑	☐
管理打印机	☑	☐
管理文档	☑	☐
特别的权限	☐	☐

特别权限或高级设置，请单击"高级"。　　　高级 (V)

关闭　　　取消　　　应用 (A)

(b)

图 2-22　配置网络打印机的共享权限

29

任务 2　规划网络及划分子网

⇨ 任务描述

某公司通过 Internet 服务提供商得到一个 C 类地址 211.81.192.0，要求其网络管理员对整个公司的 IP 地址进行规划并划分子网，将各部门的计算机接入 Internet。

⇨ 任务目标

理解 IP 协议与 MAC 地址的关系；掌握子网规划方法；掌握在内部局域网上划分逻辑子网以及应用和测试的方法。

⇨ 工作过程

子网划分的初衷是为了避免小型或微型网络浪费 IP 地址，而对于将一个大规模的物理网络划分成几个小规模的子网有如下好处：由于各个子网在逻辑上是独立的，所以没有路由器的转发，尽管这些主机处于同一个物理网络中，但子网之间的主机不能相互通信。

1. 子网划分

子网划分即根据子网数量要求及每一个子网的有效地址数量要求，确定借几位主机号作为子网号，然后写出借位后的子网数量、每一个子网的有效主机地址数量、每一个子网的子网地址、子网掩码和每一个子网的有效主机地址。在确定借几位主机号作为子网号时，应使子网号部分产生足够的子网，而剩余的主机号部分能容纳足够的主机。

根据该公司的具体情况（共有三个部门），应划分 3 个相对独立的网段，并且每个网段的主机数不超过 30 台，公司申请的 C 类网络地址为 211.81.192.0，则在子网划分时需要从主机位中借出其中的高 3 位作为子网位，这样一共可得 8 个子网，每个子网的相关信息参见表 2-1。其中，第 0 个子网因网络号与未进行子网划分前的原网络号 211.81.192.0 重复而不用，第 7 个子网因广播地址与未进行子网划分前的原广播地址 211.81.192.255 重复也不可用，即可以从 6 个可用子网中选择任意 3 个为现有的 3 个网段进行 IP 地址分配，留下 3 个可用子网，以备未来网络扩充之用。

表 2-1　　　　　将 C 类地址 211.81.192.0 划分为 8 个子网示例

子网编号	借来的子网位的二进制值	子网地址	子网广播地址	主机位可能的二进制值（范围）（5 位）	子网/主机十进制值的范围	是否可用
第 0 个子网	000	211.81.192.0	211.81.192.31	00000～11111	0～31	否
第 1 个子网	001	211.81.192.32	211.81.192.63	00000～11111	32～63	是
第 2 个子网	010	211.81.192.64	211.81.192.95	00000～11111	64～95	是
第 3 个子网	011	211.81.192.96	211.81.192.127	00000～11111	96～127	是
第 4 个子网	100	211.81.192.128	211.81.192.159	00000～11111	128～159	是
第 5 个子网	101	211.81.192.160	211.81.192.191	00000～11111	160～191	是
第 6 个子网	110	211.81.192.192	211.81.192.223	00000～11111	192～223	是
第 7 个子网	111	211.81.192.224	211.81.192.255	00000～11111	224～254	否

2.配置主机

在子网划分方案确定之后,就可以对相关计算机进行配置了,以图2-23所示方案为例说明具体过程。

图2-23 主机互联原理

【步骤1】根据划分方案,给2台不同子网内的计算机PC₁和PC₂分配主机地址和子网掩码。PC₁为211.81.192.33和255.255.255.224,PC₂为211.81.192.65和255.255.255.224。

【步骤2】将2台计算机的网卡分别连接到交换机的F0/1和F0/2接口。

【步骤3】使用ping命令测试网络连通性。

相关知识

一、局域网和 IEEE 802 标准

1.局域网概述

局域网(Local Area Network,LAN)是应用最为广泛的一类网络,它是将较小地理范围内的各种数据通信设备连接在一起的计算机网络,常常位于一个建筑物或一个园区内,也可以远到几千米的范围。局域网通常用来将单位办公室中的个人计算机等办公设备连接起来,以便共享资源和交换信息,它是专有网络。

局域网产生于20世纪70年代。微型计算机的发展和流行、计算机网络应用的不断深入和扩大以及人们对信息交流、资源共享和高带宽的需求,都推动着局域网的发展。局域网技术与应用是当前研究的热点问题之一。其中,以太网是局域网的典型代表。

2.局域网的特点

局域网是一个通信网络,它仅提供通信功能。从OSI参考模型的协议层角度看,它主要包含了较低的两层(物理层和数据链路层)的功能,所以连接到局域网的数据通信设备必须加上高层协议和网络软件才能组成计算机网络。

局域网连接的是数据通信设备,这里的数据通信设备是广义的,包括高档工作站,服务器,大、中、小型计算机,终端设备和各种计算机外围设备。局域网传输距离有限,网络覆盖范围小。

上述属性决定了局域网具有如下主要特点:

(1)覆盖范围小。局域网中各节点分布的地理范围较小,通常在几米到几十千米之间,例如一个工厂、学校、企事业单位、建筑物甚至一个房间内,用户可以在局部范围内移动,距离的改变一般不大。

（2）成本低。网络区域有限，所用通信线路短，网络设备相对较少，从而降低了网络成本，缩短了建网周期。

（3）传输速率高。由于局域网所用通信线路较短，故可选用高性能的介质作为通信线路，使线路有较宽的频带，这样就可以提高通信速率，缩短延迟时间。共享式局域网的传输速率通常为 $1 \sim 100$ Mbit/s，交换式局域网技术的传输速率为 $10 \sim 100$ Mbit/s，目前最高已达到 10 Gbit/s。

（4）传输延时小。一般在几毫秒到几十毫秒之间。

（5）误码率低，可靠性高。局域网通信线路短，出现差错的机会少，而且局域网多为专用网，噪声和其他干扰因素影响小，因而网络信息传输过程中出错的概率小，可靠性高。局域网的误码率可以达到 $1 \times 10^{-11} \sim 1 \times 10^{-8}$。

（6）介质适应性强。在局域网中可采用价格低廉的双绞线、同轴电缆或价格昂贵的光纤，也可采用微波信道。

（7）结构简单，易于实现。

（8）归属单一。局域网通常由一个单一组织维护、管理和扩建。

3. 局域网的体系结构

从本质上说，局域网是一种通信网络，其协议应该包括 OSI 协议较低的三层，即物理层、数据链路层和网络层，但由于局域网的网络结构比较简单，在 LAN 中没有路由问题，任何两点之间可用一条直接的链路，所以它不需要单独设置网络层，而将寻址、排序、流量控制和差错控制等功能在数据链路层中实现。

下面详细介绍局域网参考模型与 OSI 参考模型的关系。局域网参考模型只对应于 OSI 参考模型的物理层与数据链路层，它将数据链路层划分为两个子层：介质访问控制（Media Access Control，MAC）子层与逻辑链路控制（Logical Link Control，LLC）子层。

（1）物理层

物理层涉及通信时在信道上传输的原始比特流，它的主要作用是确保在一段物理链路上二进制比特信号的正确传输。物理层的主要功能包括信号的编码/解码、同步前导码的生成与去除、二进制比特信号的发送与接收。此外，为确保位流的正确传输，物理层还具有错误校验功能，以保证比特信息的正确发送与接收。因此，物理层必须保证在双方通信时，一方发送二进制"1"，另一方接收的也是"1"。

局域网物理层制定的标准、规范的主要内容包括：

①局域网所支持的传输介质与传输距离。

②传输速率。

③物理接口的机械特性、电气特性、功能特性和过程特性。

④传输信号的编码方案。局域网常用的编码方案有曼彻斯特编码、差分曼彻斯特编码、4B/5B 和 8B/10B 等。

⑤错误校验码及同步信号的产生与删除。

⑥拓扑结构。

（2）MAC 子层

MAC 子层构成数据链路层的下半部分，它直接与物理层相邻。MAC 子层是与传输介质有关的一个数据链路层的功能子层，它主要用于制定管理和分配信道的协议规范。

MAC 子层的主要功能是进行合理的信道分配，解决信道竞争问题。它在数据链路层中完成介质访问控制功能，为竞争用户分配信道使用权，并具有管理多链路的功能。MAC 子层为不同的物理介质定义了介质访问控制标准。目前，IEEE 802 已制定的介质访问控制标准有带有冲突检测功能的载波监听多路访问（CSMA/CD）、令牌环（Token Ring）和令牌总线（Token Bus）等。介质访问控制方法决定了局域网的主要性能，它对局域网的响应时间、吞吐量和带宽利用率等性能都有十分重大的影响。

MAC 子层的另一个主要功能是在发送数据时，将从上层接收的数据（PDU-LLC 协议数据单元）组装成附带 MAC 地址和差错检测字段的数据帧；在接收数据时拆帧，并完成地址识别和差错检测。

（3）LLC 子层

LLC 子层也是数据链路层的一个功能子层。它构成数据链路层的上半部分，与网络层和 MAC 子层相邻。LLC 子层在 MAC 子层的支持下向网络层提供服务。它可运行于所有 802 局域网和城域网的协议上。LLC 子层与传输介质无关，它独立于介质访问控制方法，隐藏了各种局域网技术之间的差异，向网络层提供一个统一的格式与接口。

LLC 子层的作用是在 MAC 子层提供的介质访问控制和物理层提供的比特服务的基础上，将不可靠的物理信道处理为单一的、可靠的逻辑信道，确保数据帧的正确传输。

LLC 子层的主要功能是建立、维持和释放数据链路，提供一个或多个服务访问点，为网络层提供面向连接和无连接服务。此外，为保证通过局域网的无差错传输，LLC 子层还提供差错控制、流量控制以及发送顺序控制等功能。

4. IEEE 802 标准

局域网标准化委员会即 IEEE 802 委员会（Institute of Electrical and Electronics Engineers INC，电器和电子工程师协会），成立于 1980 年 2 月。该委员会制定了一系列局域网标准，称为 IEEE 802 标准。该标准已被国际标准化组织（ISO）采纳并作为局域网的国际标准。IEEE 802 的体系结构如图 2-24 所示。

图 2-24　IEEE 802 的体系结构

目前,IEEE 802 标准主要有以下几种:

IEEE 802.1:局域网概述、体系结构、网络管理和网络互联。

IEEE 802.2:定义逻辑链路控制 LLC。

IEEE 802.3:CSMA/CD 访问方法和物理层规范,这是由以太网发展而来的。

IEEE 802.4:Token Bus(令牌总线)。

IEEE 802.5:Token Ring(令牌环)访问方法和物理层规范。

IEEE 802.6:城域网访问方法和物理层规范。

IEEE 802.7:宽带技术咨询和物理层课题与建议实施。

IEEE 802.8:光纤技术咨询和物理层课题。

IEEE 802.9:综合声音/数据服务的访问方法和物理规范。

IEEE 802.10:安全与加密访问方法和物理层规范。

IEEE 802.11:无线局域网访问方法和物理层规范,包括 IEEE 802.11a、IEEE 802.11b、IEEE 802.11c、IEEE 802.11d、IEEE 802.11g 和 IEEE 802.11n 等标准。

IEEE 802.12:100VG-AnyLAN 快速局域网访问方法和物理层规范。

二、常见的局域网拓扑结构

计算机网络的物理连接形式称为网络的物理拓扑结构。计算机网络中常用的拓扑结构有总线型、星型、环型等。

1.总线型拓扑结构

如图 2-25 所示,总线型拓扑结构是一种共享传输通路的物理结构。在这种结构中,总线具有信息双向传输功能,普遍用于局域网的连接。

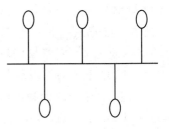

图 2-25　总线型拓扑结构

总线型拓扑结构的优点是:安装、扩充或删除一个节点很容易,无须停止网络的正常工作。由于各个节点共用一个总线作为数据通路,所以信道的利用率高。但总线型拓扑结构也有明显的缺点:由于信道共享,所以连接的节点不宜过多,并且总线自身故障可能导致系统崩溃。

2.星型拓扑结构

星型拓扑结构如图 2-26 所示,它是一种以中央节点为中心,把若干外围节点连接起来的辐射式互联结构。这种结构适用于局域网,特别是近年来组建的局域网大多采用这种连接方式。该方式以双绞线为传输介质。

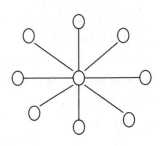

图 2-26　星型拓扑结构

星型拓扑结构的特点是:安装方便,结构简单,维护容易,费用较低。它通常以集线器(Hub)或交换机(Switch)作为中央节点。中央节点的正常运行对网络系统来说至关重要,一旦出现故障,将导致全网瘫痪。

3.环型拓扑结构

环型拓扑结构如图 2-27 所示,它将网络节点连接成闭合结构。信号沿着一个方向从一台设备传到另一台设备,每一台设备都配有一个收发器,信息在每台设备上的延时是固定的。这种结构特别适用于实时控制的局域网系统。

环型拓扑结构的优点是：安装容易，费用较低。有些网络系统为了提高通信效率和可靠性，采用了双环结构，即在原有的单环结构上再套一个环作为辅助环路，主环出现故障时辅环能自动接替主环的部分工作。环型拓扑结构的缺点是：当某个节点发生故障时，整个网络将不能正常工作。

4. 树型拓扑结构

树型拓扑结构如图 2-28 所示，它像一棵"根"朝上的树，与总线型拓扑结构的区别在于总线型拓扑结构中没有"根"。这种拓扑结构在目前的局域网中已被广泛采用。

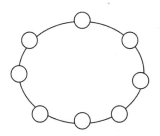

图 2-27　环型拓扑结构

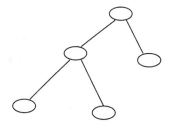

图 2-28　树型拓扑结构

树型拓扑结构的优点是：容易扩展、故障也容易分离处理。树型拓扑结构的缺点是：整个网络对"根"的依赖性很大，一旦网络的根节点发生故障，整个系统将无法正常工作。

三、网络互联设备

连接网络各层时需要解决的问题是不同的，其任务也不相同。因此，各种网络设备的工作原理和结构也是大不相同的。

一般说来，越是底层的网络互联设备，需要完成的任务越少，功能也越差，结构也越简单；越是高层的网络互联设备，需要完成的任务越多，功能也越强，结构也越复杂。目前，集线器、交换机、路由器、防火墙等网络设备都有着广泛的应用。

1. 物理层网络互联设备（中继器与集线器）

中继器是一种信号放大设备。集线器（Hub）是一种中继器，二者的区别仅在于集线器能够提供更多的端口服务。由此集线器又称多端口中继器。

集线器的主要功能是对接收到的信号进行再生整形放大，以扩大网络的传输距离，同时把所有节点集中在以它为中心的节点上。集线器工作于 OSI 参考模型第一层，即物理层。

依据总线带宽的不同，集线器可分为 10 M、100 M 和 10/100 M 自适应三种。

按配置形式的不同，集线器可分为独立型集线器、模块化集线器和堆叠式集线器三种。

根据管理方式的不同，集线器可分为智能型和非智能型集线器两种。

目前所使用的集线器基本是以上三种分类方式的组合,例如我们经常所讲的10/100 M自适应智能型堆叠式集线器等。

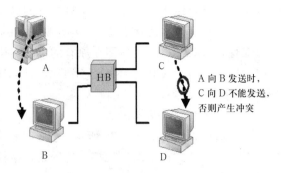

集线器的端口数目不同,主要有4端口、8端口、16端口和24端口等。图2-29所示为一个用4端口集线器实现主机互联的实例,集线器是共享设备,它只允许同一时间内一对主机之间传送信息,若同时有多对主机之间传送信息或多台主机向同一台主机发送信息,则会产生冲突。

图 2-29 用集线器实现主机互联

随着网络技术的发展,集线器的缺点越来越突出。后来发展起来的一种技术更先进的数据交换设备——交换机——逐渐取代了部分集线器的高端应用。

在物理层实现互联的网络要求数据链路层及以上各层次必须使用相同或兼容的协议。

2.数据链路层网络互联设备(网桥与二层交换机)

网桥是在数据链路层上实现网络互联的设备。二层交换机是一种多端口的网桥,主要用于交换式网络中。用于局域网之间互联的网桥一般具有以下特征:

(1)网桥能够互联两个采用不同数据链路层协议、不同传输介质、不同传输速率的网络。

(2)网桥通过存储转发和地址过滤方式实现互联网络之间的通信。

(3)用网桥互联的网络在数据链路层以上采用相同的协议。

满足上述特征的设备都可以称为网桥,其中最常见的一种是局域网交换机。在两个局域网之间通过网桥实现通信的基本工作原理如图2-30所示。

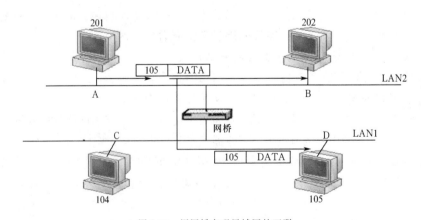

图 2-30 用网桥实现局域网的互联

如果图 2-30 中的节点 A 向节点 B 发送数据帧,网桥能够接收到该发送帧,但经过地址过滤后发现该帧的目的节点地址与发送节点在同一个网段,便不再对该数据帧进行复制和转发,而是直接将其丢弃,从而减轻了网络的压力,改善了网络的安全性能,达到了隔离互联子网的目的;如果节点 A 向节点 D 发送数据帧,当网桥接收到该帧时,经过地址过滤发现目的地在另一个网段,便通过与另一个网段的网络接口转发该数据帧,保证数据帧能够正确到达目的地。

由于网桥需要对数据包进行处理,以决定转发情况,所以在传输数据时有一定延时。此外,值得注意的是,当局域网规模比较大、网络环境比较复杂时,会使用多个网桥进行互联,从而有可能在网桥之间形成环路。网桥能够转发网络节点发出的广播数据包,使得广播数据包在网络中不断循环,形成广播风暴。所谓广播风暴,是指过多的广播数据包占用了网络带宽的所有容量,使网络的性能变得非常差,直至网桥死机。

目前的网桥标准有两个,分别由 IEEE 802.1 和 IEEE 802.5 分委员会制定,它们的区别在于路径选择的策略不同。基于这两种标准有两种网桥:透明网桥、源路由网桥。

(1)透明网桥

透明网桥由各个网桥自行选择路径,局域网上的各节点不负责路径选择,其最大的优点是容易安装。

(2)源路由网桥

源路由网桥由发送数据帧的源节点负责路径选择。网桥假定每个节点在发送数据帧时,都已经清楚地知道要发往各个目的地的路径,在实际发送数据帧时,帧头当中会包含详细的路径信息,网桥只需根据这些路径信息进行正确的转发即可。

在数据链路层实现互联的网络允许物理层和数据链路层使用相同或不同的协议,但网络层及以上各层必须使用相同或兼容的协议。

3.网络层互联设备(路由器)

路由器是互联网络的重要设备之一,它工作在 OSI 模型的网络层,一般具有以下特征:

(1)路由器是在网络层上实现多个网络之间互联的设备。

(2)路由器为两个及以上网络之间的数据传输实现最佳路径选择。

(3)路由器要求节点在网络层及以上的各层中使用相同的协议。

图 2-31 所示为一款锐捷网络公司生产的企业级路由器,它的后面板上有两个以太网接口和两个广域网接口,用于连接局域网和广域网;其前面板上有一个 Console 接口和一个 AUI 接口,用于本地配置和远程管理。

图 2-31 锐捷 RG1762 路由器

路由器与网桥的主要区别是:网桥把几个物理子网连接起来形成一个大的逻辑网络或将一个大的物理网段进行分割;网桥工作在数据链路层,通过识别 MAC 地址进行帧的转发。路由器工作在网络层,通过识别 IP 地址实现 IP 数据包的转发,从路径选择角度为不同的逻辑子网之间传输数据提供最佳路线。

路由器的基本功能是转发数据包,在通过路由器互联的网络中,路由器要对接收到的数据包进行检测,判断其中包含的目的 IP 地址。如果目的 IP 地址与源节点 IP 地址在同一个网段,则不进行转发;如果目的 IP 地址在另一个网段,则通过查询路由器中的路由表决定转发到哪一个目的地(可能是下一个节点,也可能是最终目的地)以及从哪个网络接口转发出去,其基本使用方法如图 2-32 所示。

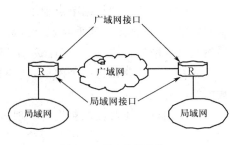

图 2-32　路由器的连接

路由器实际上是一种智能型的网络互联设备,主要具有以下 3 种功能:

(1)网络连接功能

路由器不但可以连接不同协议的局域网,还可以连接多种广域网。通过路由器可以将网络分隔成各自独立的广播区域,起到数据流量隔离及将广播通信量限制在局部区域的作用,从而避免了广播信息扩散到整个网络形成广播风暴。

(2)路由选择功能

路由器的路由选择功能主要是通过自身的路由表来完成的,路由器为每一种网络层协议建立路由表并加以维护。路由表可以人工静态配置,也可以利用路由协议动态生成。在路由表生成之后,路由器对接收到的数据包首先分析其协议类型,然后从数据包头中取出网络层的目的地址,并根据指定协议的路由表中的信息决定是否转发、往哪儿转发。此外,路由器还根据链路速率、延迟和链路拥塞情况等参数来确定最佳转发路由。

在数据处理方面,其加密处理功能和优先级处理功能有助于有效地利用带宽资源。值得一提的是,路由器还具有数据过滤功能,可以限制特定数据包的转发,例如,可以不转发不支持协议的数据包,不转发未知网络的数据包,不转发广播数据包等,从而起到了防火墙的作用。由于路由器对接收到的数据包要进行处理,所以增加了传输延迟,在数据传输的实时性方面的性能要相对差一些。

(3)设备管理功能

路由器可以通过网络层协议实现流量控制,解决拥塞问题,还可以提供对网络配置管理、容错管理和性能管理的支持。管理员对路由器合理地进行配置,可以大大优化网络性能,方便对网络的管理。

在用路由器实现网络层互联时,允许互联的网络在物理层、数据链路层及网络层使用相同或不同的协议,而高四层则必须使用相同或兼容的协议。

四、IP 地址分类及保留

1. IP 地址分类

IP 地址是在网络上分配给每台计算机或网络设备的 32 位数字标志。在 Internet 上,每台计算机或网络设备的 IP 地址是唯一的。

在实际应用中,将 32 位二进制数分成 4 段,每段包含 8 位二进制数。为了便于应用,将每段都转换为十进制数,段与段之间用"."隔开。

IP 地址采用两级结构,由网络标志(网络号)和主机号两部分组成,如图 2-33 所示。其中,网络标志用于标志该主机所在的网络,而主机号则是该主机在相应网络中的特定标志。正是因为网络标志所给出的网络位置信息才使得路由器能够在通信子网中为 IP 分组选择一条合适的路径。

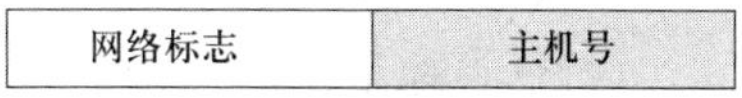

网络标志	主机号

图 2-33 IP 地址的组成

对于网络标志和主机号,由于 32 位的 IP 地址不太容易书写和记忆,所以通常采用点分十进制表示法来表示 IP 地址。在这种格式下,将 32 位的 IP 地址分为 4 个 8 位组(Octet),每个 8 位组以 1 个十进制数表示,取值范围为 0~255,与代表相邻 8 位组的十进制数以小圆点分割。因此,点分十进制表示的最小 IP 地址为 0.0.0.0,最大 IP 地址为 255.255.255.255。

为适应不同规模的网络,可将 IP 地址分类,其又可称为有类地址。每个 32 位的 IP 地址的起始几位标志地址的类别分为 A、B、C、D 和 E 五类。其中 A、B、C 类作为常用的主机号,D 类用于提供网络组播服务或作为网络测试之用,E 类保留给未来扩充使用。A、B、C 类 IP 地址的最大网络数目和可以容纳的主机数目信息参见表 2-2。

表 2-2 A、B、C 类 IP 地址的最大网络数目和可容纳的主机数目

网络类型	最大网络数目	每个网络可容纳的最大主机数目
A	$2^7-2=126$	$2^{24}-2=16\ 777\ 214$
B	$2^{14}-2=16\ 382$	$2^{16}-2=65\ 534$
C	$2^{21}-2=2\ 097\ 150$	$2^8-2=254$

(1)A 类地址

A 类地址用来支持超大型网络。A 类 IP 地址仅使用第 1 个 8 位组标志地址的网络部分,其余的 3 个 8 位组用来标志地址的主机部分。用二进制表示时,A 类地址的第 1 位(最左边)总是 0。因此,第 1 个 8 位组的最小值为 00000000(十进制数为 0),最大值为 01111111(十进制数为 127)。但是 0 和 127 两个数保留使用,不能作为网络地址。任一 IP 地址的第 1 个 8 位组的取值范围为 1~126 的都是 A 类地址。

(2)B 类地址

B 类地址用来支持中大型网络。B 类 IP 地址使用 4 个 8 位组的前 2 个 8 位组标志地址的网络部分,其余 2 个 8 位组用来标志地址的主机部分。用二进制表示时,B 类地址的前 2 位(最左边)总是 10。因此,第 1 个 8 位组的最小值为 10000000(十进制数为 128),最大值为 10111111(十进制数为 191)。任一 IP 地址第 1 个 8 位组的取值范围为 128~191 的都是 B 类地址。

(3)C 类地址

C 类地址用来支持小型网络。C 类 IP 地址使用 4 个 8 位组的前 3 个 8 位组标志地址的网络部分,最后 1 个 8 位组用来标志地址的主机部分。用二进制表示时,C 类地址的前 3 位(最左边)总是 110。因此,第 1 个 8 位组的最小值为 11000000(十进制数为 192),最大值为 11011111(十进制数为 223)。任一 IP 地址第 1 个 8 位组的取值范围为 192~

223 的都是 C 类地址。

（4）D 类地址

D 类地址用来支持组播。组播地址是唯一的网络地址,用来转发目的地址为预先定义的一组 IP 地址的分组。因此,一台工作站可以将单一数据流传送给多个接收者。用二进制表示时,D 类地址的前 4 位(最左边)总是 1110。D 类 IP 地址的第 1 个 8 位组的范围为 11100000～11101111,即 224～239。任一 IP 地址的第 1 个 8 位组的取值范围为 224～239 的都是 D 类地址。

（5）E 类地址

Internet 工程任务组保留 E 类地址作为研究使用,因此 Internet 上没有发布 E 类地址。用二进制表示时,E 类地址的前 5 位(最左边)总是 11110。E 类 IP 地址的第 1 个 8 位组的范围为 11110000～11110111,即 240～247。任一 IP 地址的第 1 个 8 位组的取值范围为 240～247 的都是 E 类地址。

2. IP 地址保留

在 IP 地址中,有些 IP 地址被保留下来作为特殊之用,具体包括：

（1）网络地址

网络地址用于表示网络本身。具有正常的网络标志部分且主机号部分全为"0"的 IP 地址代表一个特定的网络,即作为网络标志之用,如 102.0.0.0、138.1.0.0 和 198.10.1.0 分别代表了一个 A 类、B 类和 C 类网络。

（2）广播地址

广播地址用于向网络中的所有设备广播报文分组。具有正常的网络标志部分且主机号部分全为"1"的 IP 地址代表一个在指定网络中的广播,即为广播地址,如 102.255.255.255、138.1.255.255 和 198.10.1.255 分别代表一个 A 类、B 类和 C 类网络中的广播。

网络标志对于 IP 网络通信非常重要,位于同一网络中的主机必然具有相同的网络标志,它们之间可以直接相互通信;而网络标志不同的主机之间则不能直接进行相互通信,必须经过第三层网络设备(如路由器或三层交换机)进行转发。广播地址对网络通信非常有用,如在计算机网络通信中,经常会出现对某一指定网络中的所有机器发送数据的情形,如果没有广播地址,那么源主机就要对所有目标主机启动多次 IP 分组的封装与发送过程。

3. 公有地址和私有地址

Internet 的稳定直接取决于网络地址公布的唯一性。最初由 InterNIC(Internet 网络信息中心)来分配 IP 地址,现在已被 IANA(Internet 地址分配中心)取代。IANA 管理着剩余 IP 地址的分配,以确保不会发生公用地址重复使用的问题。这种重复使用问题将导致 Internet 不稳定,且在网络中传递数据包将会危及 Internet 的性能。

公有地址是唯一的,因为公有地址是全局的和标准的,所以没有任何两台连接到公共网络中的主机拥有相同的 IP 地址。所有连接 Internet 的主机都遵循此规则。公有地址是从 Internet 服务供应商(ISP)或地址注册处获得的。

此外,在 IP 地址资源中,还保留了一部分被称为私有地址(Private Address)的地址资源供内部实现 IP 网络时使用。RFC1918 留出 3 块 IP 地址空间(1 个 A 类地址段, 16 个 B 类地址段,256 个 C 类地址段)作为私有地址,分别对应 10.0.0.0～10.255.255. 255、172.16.0.0～172.31.255.255 和 192.168.0.0～192.168.255.255,见表 2-3。

表 2-3　　　　　　　　私有 IP 地址

私有地址	类　型	子网掩码
10.0.0.0～10.255.255.255	A	255.0.0.0
172.16.0.0～172.31.255.255	B	255.255.0.0
192.168.0.0～192.168.255.255	C	255.255.255.0

根据规定,所有以私有地址为目标地址的 IP 数据包都不能被路由器转发至外部 Internet 上,这些以私有地址为逻辑标志的主机若要访问外部 Internet,必须采用网络地址转换(Network Address Translation,NAT)或应用代理(Proxy)方式。

五、子网

在 IP 地址规划时,常常会遇到这样的问题:一个企业由于网络规模增加、网络冲突增加或网络吞吐性能下降等多种因素需要对内部网络进行分段。根据 IP 网络的特点,需要为不同的网段分配不同的网络号,于是当分段数量不断增加时,对 IP 地址资源的需求也随之增加。即使不考虑是否能申请到所需的 IP 资源,要对大量具有不同网络号的网络进行管理也是一件非常复杂的事情,至少要将所有网络号对外网公布。更何况随着 Internet 规模的增大,32 位的 IP 地址空间已出现了严重的资源紧缺。为了解决 IP 地址资源短缺的问题,也为了提高 IP 地址资源的利用率,所以才引入了子网划分技术。

子网划分(Subnet Working)是指由网络管理员将一个给定的网络分为若干更小的部分,这些更小的部分称为了网(Subnet)。当网络中的主机总数未超出所给定的某类网络可容纳的最大主机数,但内部又要划分成若干分段(Segment)进行管理时,就可以采用子网划分的方法。为了创建子网,网络管理员需要从原有 IP 地址的主机位中借出若干连续的高位作为子网标志,如图 2-34 所示。也就是说,经过划分后的子网因为其主机数量减少而已经不需要原来那么多位作为主机标志了,从而可以将这些多余的主机位作为子网标志。

图 2-34　子网划分示意图

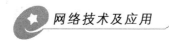

1.子网划分的方法

在子网划分时,首先要明确划分后所要得到的子网数量和每个子网中所要拥有的主机数,然后才能确定需要从原主机位借出的子网标志位数。原则上,根据全"0"和全"1"IP 地址保留的规定,子网划分时至少要从主机位的高位中选择 2 位作为子网位,而保留 2 位作为主机位。A、B、C 类网络最多可借出的子网位是不同的,A 类可达 22 位,B 类为 14 位,C 类则为 6 位。显然,当借出的子网位数不同时,相应得到的子网数量及每个子网中所能容纳的主机数也是不同的。表 2-4 列出了子网位数和子网数量、有效子网数量的对应关系。所谓有效子网,是指除去那些子网位为全"0"或全"1"的子网后所余下的可用子网。

表 2-4   子网位数和子网数量、有效子网数量的对应关系

子网位数	子网数量	有效子网数量
1	$2^1=2$	$2-2=0$
2	$2^2=4$	$4-2=2$
3	$2^3=8$	$8-2=6$
4	$2^4=16$	$16-2=14$
5	$2^5=32$	$32-2=30$
6	$2^6=64$	$64-2=62$
7	$2^7=128$	$128-2=126$
8	$2^8=256$	$256-2=254$
9	$2^9=512$	$512-2=510$
…	…	…

2.子网划分的优越性

引入子网划分技术可以有效提高 IP 地址的利用率,从而节省宝贵的 IP 地址资源。在上例中,假设没有子网划分技术,则至少需要申请 3 个 C 类地址,其 IP 地址的使用率仅为 11.81%,而浪费率高达 88.19%。采用子网划分技术后,尽管第 1 个和最后 1 个子网也是不可用的,并且在每个子网中又留出了一个网络号地址和广播地址,但 IP 地址的利用率却可以提高到 71%。

3.子网掩码

前面讲过,网络标志对于网络通信非常重要。但引入子网划分技术后,带来的一个重要问题就是主机或路由设备如何区分一个给定的 IP 地址是否已进行过子网划分,进而正确地从中分离出有效的网络标志(包括子网络号的信息)。通常,将未引进子网划分前的 A、B、C 类地址称为有类别 IP 地址。对于有类别 IP 地址,可以通过 IP 地址中的标志位直接判定其所属的网络类别,并进一步确定网络标志。但引入子网划分技术后,这个方法显然是行不通了。例如,对于 102.2.3.3,已经不能简单地将其视为一个 A 类地

址而认为其网络标志为 102.0.0.0,因为若进行了 8 位的子网划分,就相当于是一个 B 类地址且网络标志为 102.2.0.0;如果进行了 16 位的子网划分,则又相当于一个 C 类地址,并且网络标志为 102.2.3.0;若是其他位数的子网划分,则不能将其归入任何一个传统的 IP 地址类中,可能既不是 A 类地址,也不是 B 类或 C 类地址。换言之,引入子网划分技术后,IP 地址类别的概念已不复存在。对于一个给定的 IP 地址,其中用来表示网络标志和主机号的位数可以是变化的,它取决于子网划分的情况。因此,将引入子网技术后的 IP 地址称为无类别(Classless)IP 地址,并由此引入子网掩码的概念来描述 IP 地址中关于网络标志和主机号位数的组成情况。

子网掩码(Subnet Mask)通常与 IP 地址配对出现,其功能是告知主机或路由设备,IP 地址的哪一部分代表网络标志部分,哪一部分代表主机号部分。子网掩码使用与 IP 地址相同的编址格式,即 32 位二进制比特位,也可分为 4 个 8 位组并采用点分十进制方式来表示。但在子网掩码中,与 IP 地址中的网络标志部分对应的位取值为"1",而与 IP 地址主机号部分对应的位取值为"0"。这样通过将子网掩码与相应的 IP 地址进行"与"运算,就可决定给定的 IP 地址所属的网络号(包括子网络信息)。例如,102.2.3.3/255.0.0.0 表示该地址中的前 8 位为网络标志部分,后 24 位表示主机号部分,因而网络号为 102.0.0.0;而 102.2.3.3/255.255.248.0 则表示该地址中的前 21 位为网络标志部分,后 11 位表示主机号部分。显然,对于传统的 A、B 和 C 类网络,其对应的子网掩码应分别为 255.0.0.0、255.255.0.0 和 255.255.255.0。表 2-5 列出了 C 类网络进行不同位数的子网划分后其子网掩码的变化情况。

表 2-5   C 类网络进行子网划分后的子网掩码

划分位数	2	3	4	5	6
子网掩码	255.255.255.192	255.255.255.224	255.255.255.240	255.255.255.248	255.255.255.252

为了表达方便,在书写上还可以采用诸如"X.X.X.X/Y"的方式来表示 IP 地址与子网掩码,其中"X"分别表示与 IP 地址中的一个 8 位组对应的十进制值,而"Y"表示子网掩码中与网络标志对应的位数。例如,上面提到的 102.2.3.3/255.0.0.0 也可表示为 102.2.3.3/8,而 102.2.3.3/255.255.248.0 则可表示为 102.2.3.3/21。

4. 可变长子网掩码(VLSM)

如果把网络分成多个不同大小的子网,每个子网可以使用不同长度的子网掩码,即使用可变长子网掩码。例如,按部门划分网络时,一些网络的掩码可为 255.255.255.0(多数部门),其他的可为 255.255.252.0(较大的部门)。

在使用有类别的路由协议时,因为不能跨主网络交流掩码,所以必须连续寻址且要求同一个主网络只能用一个网络掩码。对于大小不同的子网,只能按最大子网的要求设置子网掩码,因而造成了浪费。尤其是网络连接路由器时,两个串口只需要两个 IP 地址,分配的地址却和最大的子网一样。可变长子网掩码(Variable Length Subnet Mask,

VLSM)允许对同一主网络使用不同的网络掩码,或者说 VLSM 可以改变同一主网络的子网掩码的长度。

在使用无类别路由协议(Classless Routing Protocol)时(如 OSPF、RIPv2、EIGRP 协议),就可以使用 VLSM。使用可变长子网掩码可以让位于不同端口的同一网络编号采用不同的子网掩码,节省大量的地址空间,允许非连续寻址,使网络的规划更灵活。

5. IP 地址的规划与分配

当在网络层采用 IP 协议组建一个 IP 网络时,必须为网络中的每一台主机分配一个唯一的 IP 地址,这就涉及 IP 地址的规划问题。通常 IP 地址规划要参照以下步骤进行:

(1)分析网络规模,包括相对独立的网段数量和每个网段中可能拥有的最大主机数。

(2)确定使用公有地址还是私有地址,并根据网络规模确定所需要的网络号类别,若采用公有地址,则还需要向网络信息中心(Network Information Center,NIC)提出申请并获得地址使用权。

(3)根据可用的地址资源进行主机 IP 地址的分配。IP 地址的分配可以采用静态分配和动态分配两种方式。所谓静态分配,是指由网络管理员为用户指定一个固定不变的 IP 地址并手工配置到主机上;动态分配则通常在客户机/服务器模式的网络中,通过动态主机配制协议(Dynamic Host Control Protocol,DHCP)来实现。无论选择何种地址分配方法,都不允许任意两个不同的接口拥有相同的 IP 地址,否则将导致冲突,使得两台主机都不能正常运行。

静态分配 IP 地址时,需要为每台设备配置一个 IP 地址。每种操作系统有自己配置 TCP/IP 的方法,如果使用重复的 IP 地址,那么将会导致网络故障。有些操作系统,例如 Windows 9x、Windows XP 和 Windows NT 在初始化时会发送 ARP 请求来检测是否有重复的 IP 地址,如果发现重复的 IP 地址,操作系统就不会初始化 TCP/IP,而是发送错误消息。

某些类型的设备需要拥有静态 IP 地址,例如 Web 服务器、DNS 服务器、FTP 服务器、电子邮件服务器、网络打印机和路由器等。

回顾与总结

局域网(Local Area Network,LAN)是应用最为广泛的一类网络,它是将较小地理范围内的各种数据通信设备连接在一起的计算机网络,常常位于一个建筑物或一个园区内,也可以远到几千米的范围。局域网通常用来将单位办公室中的个人计算机等办公设备连接起来,以便共享资源和交换信息,它是专有网络。

在进行网络构建过程中,为了解决 IP 地址资源短缺的问题,也为了提高 IP 地址资源的利用率,所以才引入了子网划分技术。

子网划分(Subnet Working)是指由网络管理员将一个给定的网络分为若干更小的

部分,这些更小的部分称为子网(Subnet)。当网络中的主机总数未超出所给定的某类网络可容纳的最大主机数,但内部又要划分成若干分段(Segment)进行管理时,就可以采用子网划分的方法。

小试牛刀

利用几台计算机和一台交换机进行共享网络的组建,并共享一些硬件和软件资源,然后进行访问,同时对组建的网络进行子网划分,合理分配 IP 地址。

项目 **3**
交换式网络构建

 项目描述

项目背景

交换机是局域网的核心,连接网络中所有的工作设备,例如服务器、工作站、PC、路由器、防火墙、网络打印机等,构成互联互通的星型网络。

在以交换机为核心的星型网络连接中,各端口连接设备彼此平等,可以相互访问,共享网络信息资源。

项目目标

利用多交换机实现现有网络的级联与范围的扩展,并正确管理和配置相关交换设备,同时完成现有网络环境下虚拟局域网的划分。

任务1 实现多交换机之间网络的级联

➡ 任务描述

随着网络规模的扩展,网络中用户数量显著增加,需要构建一个中型局域网,而网络中交换机数量并非只有一台,必须使用多台交换机来连接。

➡ 任务目标

学习延伸网络距离技术;练习交换机之间的级联;通过多交换机级联扩展网络范围。

⇨ 工作过程

1. 网络连接

【步骤1】准备好实验材料：2台交换机、1根交叉线、2根直连网线。

【步骤2】如图3-1所示，在工作台上摆放好互联设备，交换机可以堆叠在桌面上，保证设备在不带电的情况下工作。

SWITCH
S2126G

SWITCH
S2126G

PC₁   PC₂

图3-1 工作任务拓扑结构

把交叉线一端连接一台交换机的 F0/1 端口，保证连接的紧密性，另一端连接另一台交换机对应的 F0/1 端口，保持设备的对称性。

【步骤3】使用直连网线分别将2台测试用的计算机连接在交换机的任意 RJ-45 端口上，并观察连接是否紧密。

【步骤4】通电运行，开启所有设备。两台交换机的所有端口都处于红灯自检状态，直到设备运行稳定为止。若交换机连接网线端口的指示灯处于闪烁状态，且测试计算机的网卡端口处于绿灯状态，则表示网络设备处于连接完好、稳定状态。

2. 为网络设备配置管理地址

【步骤1】进入 Windows XP 系统，为连接的计算机配置管理 IP 地址。

(1)在"网上邻居"图标上单击鼠标右键，在弹出的快捷菜单中单击"属性"，如图3-2所示。

(2)选择"本地连接"，单击鼠标右键，在弹出的快捷菜单中单击"属性"，如图3-3所示。

图3-2 运行"网络连接"   图3-3 配置本地连接属性

（3）选择"Internet 协议（TCP/IP）"选项，单击"属性"按钮，设置 TCP/IP 协议属性，如图 3-4 所示。

（4）为本机设置 IP 地址，如图 3-5 所示，设置"IP 地址"为"192.168.1.3"，"子网掩码"为"255.255.255.0"，"默认网关"为空。

图 3-4　选择通信协议

图 3-5　设置本地计算机 IP 地址

（5）以同样方式为连接的另一台计算机设置"IP 地址"为"192.168.1.2"，"子网掩码"为"255.255.255.0"，"默认网关"为空。

3. 测试网络连通性

【步骤 1】连接好网线并且配置好设备之后，用 ping 命令来检查网络的连通情况。单击"开始"→"附件"→"命令提示符"，进入命令行操作环境。

【步骤 2】在该环境下，对对方计算机进行 ping 命令测试，输入"ping 192.168.1.2"或者"ping 192.168.1.3"，ping 后应有数据返回，如图 3-6 所示，否则表明网络不通。

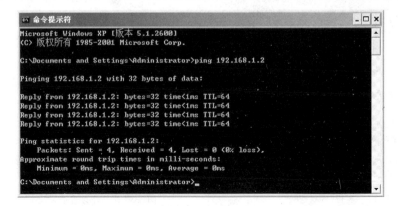

图 3-6　测试 2 台 PC 的网络连通性

任务2　交换机的基本配置与管理

➡ 任务描述

若企业采用的是全系列的锐捷网络交换机 S2126G 和 S3550，则网络管理人员需要了解更多关于交换机的配置知识和技术。

➡ 任务目标

熟练掌握网络互联设备——交换机的管理配置方法；了解带内管理与带外管理的区别；熟练掌握锐捷网络设备的命令行管理对话框；掌握交换机命令行各种配置模式的区别以及模式之间的切换方法；掌握交换机的基本配置方法。

➡ 工作过程

1. 掌握本组实验网络设备的配置管理对话框的进入方法并记录实验操作结果

【步骤1】在计算机桌面上打开 IE 浏览器，在地址栏内输入实验室网络设备管理配置用 URL 地址，弹出配置管理对话框，如图 3-7 所示。使用的地址如下：

- http://192.168.1.10:8080（1～4 实验小组用）
- http://192.168.1.20:8080（5～8 实验小组用）
- http://192.168.1.30:8080（9～12 实验小组用）

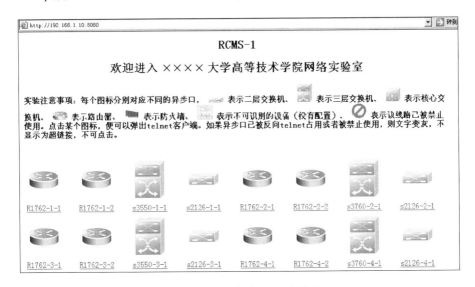

图 3-7　网络设备管理配置对话框

说明： 上述实验室环境使用了 3 台锐捷网络公司研制开发的 RCMS 实验室管理控制器统一管理配置所有学生实验用的网络设备，故存在 3 个访问地址。详情请查阅相关资料。

【步骤2】单击所属实验小组的网络设备图标，弹出命令窗口，再按回车键，正常情况下即可进入相应设备的用户配置模式,如图 3-8 所示。如果不能进入用户配置模式,则检查计算机的 IP 地址是否设置正确,要确保主机 IP 地址与地址栏内使用的管理设备的 IP 地址同属于一个子网,并使用 ping 命令测试本地主机与地址栏内 IP 地址所属设备能否连通。

```
Compiled Wed 18-May-05 22:31 by jharirba

Press RETURN to get started!



Switch>
Switch>
Switch>
```

图 3-8　交换机用户配置模式对话框

2. 交换机的基本配置

【**步骤 1**】从用户模式开始输入以下命令,练习交换机配置操作模式的进入与切换:

- S2126G＞enable　　　　　　　　　　　　　　　　　　　　　　（进入特权模式）
- S2126G ♯ configure terminal　　　　　　　　　　　　　　　　（进入全局配置模式）
- S2126G(config)♯
- S2126G(config)♯ interface fastethernet 0/1　　　　　　（进入 F0/1 的接口配置模式）
- S2126G(config-if)♯
- S2126G(config-if)♯ exit　　　　　　　　　　　　　　　　　（退回到上一级操作模式）
- S2126G(config-if)♯ exit　　　　　　　　　　　　　　　　　（退回到上一级操作模式）
- S2126G(config)♯
- S2126G(config-if)♯ end　　　　　　　　　　　　　　　　　（直接退回到特权模式）
- S2126G ♯ exit
- S2126G＞　　　　　　　　　　　　　　　　　　　　　　　　（返回最初的用户模式）

【**步骤 2**】使用以下命令进行信息使用练习:

- S2126G＞?　　　　　　　　　　　　　　　（显示当前模式下所有可执行的命令）
- S2126G＞en?　　　　　　　　　　　　　（显示当前模式下所有以 en 开头的命令）
- S2126G＞show?　　　　　　　　　　　　　（显示 show 命令后可以使用的参数）

【**步骤 3**】命令的简写。在特权模式下使用以下命令形式进入全局配置模式:

- S2126G ♯ conf ter　　　　　　　　　　　（可代替 S2126G ♯ configure terminal）
- S2126G(config)♯ end
- S2126G ♯

【**步骤 4**】命令的自动补齐。在特权模式下,输入"conf"后按"Tab"键,则自动补齐命令 configure,再按一次"Tab"键,则自动补齐命令 configure terminal。

- S2126G ♯ conf ＋"Tab"键
- S2126G ♯ configure t ＋"Tab"键
- S2126G ♯ configure terminal

【**步骤 5**】命令的快捷键功能。在接口配置模式下,使用"Ctrl＋Z"键直接退回特权配置。

- S2126G # configure terminal
- S2126G(config) # interface fastethernet 0/1
- S2126G(config-if) # ＋"Ctrl＋Z"键　　　　　　　　　　（退回特权模式）
- S2126G #

3. 交换机的全局配置

【步骤 1】配置交换机设备名称。改变交换机的名称为"switch"，再改回原来的名称"S2126G"。

- S2126G # configure terminal
- S2126G(config) # hostname switch
- switch(config) # hostname S2126G
- S2126G(config) # end
- S2126G # exit
- S2126G＞

【步骤 2】配置交换机端口参数：

- S2126G＞enable
- S2126G # configure terminal
- S2126G(config) # interface fastethernet 0/3
- S2126G(config-if) # speed 10
- S2126G(config-if) # duplex half
- S2126G(config-if) # no shutdown
- S2126G(config-if) # end
- S2126G #

【步骤 3】查看交换机端口的配置信息：

- S2126G # show interface fastethernet 0/3

参考配置信息：

Interface：fastethernet 100basetx 0/3

Description：

Adminstatus：up

Operstatus：up　　　　　　　　　　　　　　　（查看端口的状态）

Hardware：10/100basetx　　　　　　　　　　　（硬件接口类型）

Mtu：1500

Lastchange：0d：0h：0m：0s

Adminduplex：half　　　　　　　　　　　　　（查看配置的双工模式）

Operduplex：unknown

Adminspeed：10　　　　　　　　　　　　　　（查看配置的速率）

Operspeed：unknown

Flow control adminstatus：off

Flow control operstatus：off

Priority：0

Broadcaset blocked：disable

Unknown multicast blocked：disable

Unknown unicast blocked：disable

4. 在交换机上配置管理 IP 地址

【步骤 1】参照下列操作步骤进行配置：

- S2126G＞enable　　　　　　　　　　　　　　　　　（进入特权模式）
- S2126G♯configure terminal　　　　　　　　　　　　（进入全局配置模式）
- S2126G(config)♯hostname switchA　　　　　　　　（配置交换机名称为"switchA"）
- switchA(config)♯interface vlan 1　　　　　　　　　（进入交换机管理接口配置模式）
- switchA(config-if)♯ip address 192.168.0.138 255.255.255.0（配置交换机管理接口 IP 地址）
- switchA(config-if)♯no shutdown　　　　　　　　　　（开启交换机管理接口）
- switchA(config-if)♯end
- S2126G♯

【步骤 2】验证测试：验证交换机管理 IP 地址是否已经配置和开启。

switchA♯show interface vlan 1　　　　（验证交换机管理 IP 地址已经配置，管理接口已经开启）

参考配置信息：

Interface：Vlan 1

Description：

Adminstatus：up

Operstatus：up

Hardware：-

Mtu：1500

Lastchange：0d：0h：0m：0s

ARP Timeout：3600 sec

Physaddress：00d0. f8bf. fe66

Managementstatus：enabled

Primary Internet address：192.168.0.138/24

Broadcast address：255.255.255.255

【步骤 3】使用 ping 命令测试网络的连通性，即从主机是否可以到达 192.168.0.138。

【步骤 4】配置交换机远程登录密码为"student"（必须具有最高级用户权限）。

- switchA(config)♯enable secret level 1 0 student

　　　　　　　　（1 表示远程登录，0 表示以密文形式传输，并设置交换机远程登录密码为"student"）

【**步骤5**】验证从 PC 的命令行窗口是否可以使用 Telnet 客户端程序,通过网线远程登录交换机,实现带内管理,具体操作如图 3-9、图 3-10 所示。

图 3-9 远程登录交换机

图 3-10 进入用户配置模式实现带内管理

5.配置交换机特权模式密码(必须具有最高级用户权限)

· switchA(config)♯ enable secret level 15 0 student

        (15 表示特权模式,0 表示以密文形式传输,并设置交换机特权模式密码为"student")

6.管理交换机配置文件

【**步骤1**】保存配置。将当前运行的参数保存到 flash 中,用于系统初始化时初始化参数:

· switchA♯ copy running-config startup-config

· switchA♯ write memory

· switchA♯ write

【**步骤2**】删除当前配置。在配置命令前加"no",例如删除 IP 地址配置信息时应用以下配置:

· switchA(config-if)♯ no ip address

【**步骤3**】查看配置文件内容。

· switchA♯ show configure   (查看保存在 flash 里的配置信息)

· switchA♯ show running-config   (查看 RAM 里当前生效的配置)

· switchA♯ show version   (查看交换机的版本信息)

【**步骤4**】验证交换机配置是否已保存。

· switchA♯ show configure   (验证交换机配置已保存)

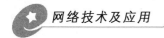

参考配置信息：

Using 254 out of 6291456 bytes

version 1.0

hostname switchA

vlan 1

enable secret level 1 5 "_;C,tZ[20<D+S(\W9=G1X)sR:>H.Y*T

enable secret level 15 5 "E,1u_;C2&-8U0<DW'.tj9=Go+/7R:>H

interface vlan 1

no shutdown

ip address 192.168.0.138 255.255.255.0

end

注意：交换机的管理接口缺省一般是关闭的(Shutdown)，因此在配置管理设置中，interface vlan 1 的 IP 地址后必须用 no shutdown 命令开启该接口。

任务3 划分 VLAN

任务描述

假设某企业有两个主要部门：销售部和技术部。其中销售部的个人计算机系统分散连接，它们之间需要相互进行通信，但为了确保数据的安全，销售部和技术部需要进行相互隔离，现要在交换机上进行适当配置来实现这一目标。该企业采用的是全系列的锐捷网络交换机 S2126G 和 S3550。具体网络拓扑结构如图 3-11 所示。

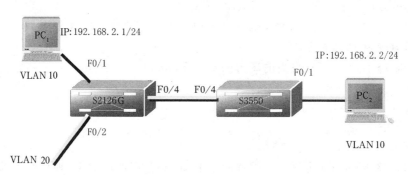

图 3-11　跨交换机的 VLAN 通信实验拓扑结构

任务目标

了解跨交换机之间 VLAN 的特点；熟练掌握 Port VLAN 的配置方法。

工作过程

启动 IE 浏览器，进入实验网络设备配置管理对话框(具体操作步骤可参照本项目任务2)。

按照图 3-11 所示的拓扑结构完成实验设备的物理连接。在交换机 S2126G 上创建 VLAN 10 和 VLAN 20,并将 F0/1 和 F0/2 分别划入 VLAN 10 和 VLAN 20,在 S3550 上同样创建 VLAN10,划分端口,并配置端口的 Trunk 工作模式。

【步骤 1】从交换机的用户配置模式开始进行命令行配置操作。

• S2126G＞enable	（进入特权模式）
• S2126G♯configure terminal	（进入全局配置模式）
• S2126G(config)♯vlan 10	（创建 VLAN 10）
• S2126G(config-vlan)♯name test10	（将 VLAN 10 命名为 test10）
• S2126G(config-vlan)♯exit	（退回到上一级操作模式）
• S2126G(config)♯vlan 20	（创建 VLAN 20）
• S2126G(config-vlan)♯name test20	（将 VLAN 20 命名为 test20）
• S2126G(config-vlan)♯end	（直接退回到特权模式）
• S2126G♯	

【步骤 2】验证测试。

• S2126G♯show vlan	（查看已配置的 VLAN 信息）

注意:默认情况下,所有的接口都属于 VLAN 10。

【步骤 3】将接口 F0/1 和 F0/2 分别分配到 VLAN 10 和 VLAN 20,并记录实验结果。

- • S2126G＞enable
- • S2126G♯configure terminal
- • S2126G(config)♯interface fastethernet 0/1
- • S2126G(config-if)♯switchport access vlan 10
- • S2126G(config-if)♯exit
- • S2126G(config)♯interface fastethernet 0/2
- • S2126G(config if)♯switchport access vlan 20
- • S2126G(config-if)♯end
- • S2126G♯

【步骤 4】验证配置并记录实验结果。

- • S2126G♯show vlan

参考配置信息:

vlan	name	status	ports	
1	default	active	Fa0/3,Fa0/4,Fa0/5......	
			Fa0/22,Fa0/23,Fa0/24	
10	test10	active	Fa0/1	（划入端口 F0/1）
20	test20	active	Fa0/2	（划入端口 F0/2）

【步骤 5】在交换机 S3550 上创建 VLAN 10 并将 F0/1 划入 VLAN 10。

• S3550＞enable	（进入特权模式）
• S3550♯configure terminal	（进入全局配置模式）

- S3550(config)♯vlan 10 （创建 VLAN 10）
- S3550(config-vlan)♯name test10 （将 VLAN 10 命名为 test10）
- S3550(config-vlan)♯end （退回到特权操作模式）
- S3550♯

【步骤 6】验证测试。

- S3550♯show vlan （查看已配置的 VLAN 信息）

参考配置信息：

vlan name	status	ports
1 default	active	Fa0/1,Fa0/2,Fa0/3……
		Fa0/22,Fa0/23,Fa0/24
10 test10	active	（新创建的 VLAN 10）

注意：默认情况下,所有的接口都属于 VLAN 10。

【步骤 7】将接口 F0/1 分配到 VLAN 10,并记录实验结果。

- S3550＞enable
- S3550♯configure terminal
- S3550(config)♯interface fastethernet 0/1
- S3550(config-if)♯switchport access vlan 10
- S3550(config-if)♯no shutdown
- S3550(config-if)♯end
- S3550♯

【步骤 8】验证配置并记录实验结果。

- S3550♯show vlan

参考配置信息：

vlan name	status	ports
1 default	active	Fa0/2,Fa0/3,Fa0/4……
		Fa0/22,Fa0/23,Fa0/24
10 test10	active	Fa0/1 （划入端口 F0/1）

【步骤 9】测试验证,原来可以通信的 2 台主机,现在 ping 不通,并记录实验结果。

【步骤 10】把交换机 S2126G 端口 F0/4 定义为 TAG VLAN 模式。

- S2126G＞enable
- S2126G♯configure terminal
- S2126G(config)♯interface fastethernet 0/4
- S2126G(config-if)♯switchport mode trunk
- S2126G(config-if)♯no shutdown
- S2126G(config-if)♯end

【步骤 11】把交换机 S3550 端口 F0/4 定义为 TAG VLAN 模式。

- S3550＞enable
- S3550♯configure terminal

- S3550(config)♯interface fastethernet 0/4
- S3550(config-if)♯switchport mode trunk
- S3550(config-if)♯no shutdown
- S3550(config-if)♯end

【**步骤12**】测试验证,不能通信的 2 台主机,现在可以 ping 通,可以相互通信,并记录实验结果。在 PC₁ 上运行以下 ping 命令测试与 PC₂ 的连通性:

- C:\>ping 192.168.2.2

【**步骤13**】查看验证交换机配置,并记录配置信息。

- switchA♯show running-config

参考配置信息:

S2126G♯show running-config

System software version:1.66(3) Build Sep 7 2006 Rel

Building configuration...

Current configuration:378 bytes

version 1.0

hostname s2126-7-1

vlan 1

vlan 10

vlan 20

enable secret level 1 5′T>H.Y*T3UC,tZ[V4⌐D+S(\W54G1X)sv

enable secret level 14 5′Ttj9=G13U7R:>H.4⌐u_;C,t54U0<D+S

enable secret level 15 5 &.x;C,tZ[ur<D+S(\wx=G1X)sp:>H.Y*T

interface fastethernet 0/1

switchport access vlan 10

interface fastethernet 0/2

switchport access vlan 20

interface fastethernet 0/4

switchport mode trunk

end

注意:

(1)2 台交换机相连的端口应设置为 TAG VLAN 模式。

(2)trunk 接口在默认情况下支持所有 VLAN 的传输,且可以配置其工作 VLAN 范围。

🠖 相关知识

一、通信交换技术

通信子网由传输线路和中间节点组成,当信源(源节点)和信宿(目的节点)间没有线路直接相连时,信源发出的数据先到达与之相连的中间节点,再从该中间节点传到下一个中间节点,直至到达信宿时为止,这个过程称为交换。

最初的数据通信是在物理上两端直接相连的设备间进行的,随着通信设备的增多、设备间距离的扩大,这种每个设备都直连的方式是不现实的。两个设备间的通信需要一些中间节点来过渡,我们称这些中间节点为交换设备。这些交换设备并不需要处理经过它的数据,只是简单地把数据从一个交换设备传到下一个交换设备,直到数据到达目的地时为止。这些交换设备以某种方式互相连接成一个通信网络。从某个交换设备进入通信网络的数据,通过从交换设备到交换设备的转接、交换被送达目的地。

数据经编码后在通信线路上进行传输,按数据传送技术划分,交换网络又可分为电路交换网、报文交换网和分组交换网。图 3-12 所示为一个交换网络的拓扑结构。

图 3-12　交换网络的拓扑结构

1. 电路交换

(1)电路交换的概念

电路交换(Circuit Switching)又称为线路交换,是一种面向连接的服务。两台计算机通过通信子网进行数据电路交换之前,首先要在通信子网中建立一个实际的物理线路连接。最普通的电路交换实例是电话系统。电路交换是根据交换机结构原理实现数据交换的,其主要任务是把要求通信的输入端与被呼叫的输出端接通,即由交换机负责在两者之间建立一条物理通路。在完成接续任务之后,双方通信的内容和格式等均不受交换机的制约。电路交换方式的主要特点就是要求在通信双方之间建立一条实际的物理通路,并且在整个通信过程中,这条通路被通信双方所独占,如图 3-13 所示。

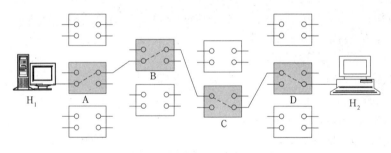

图 3-13　电路交换示意图

(2)电路交换的三个阶段

电路交换包括建立电路、数据传输和电路拆除三个阶段。

①建立电路。就像打电话先要通过拨号在通话双方间建立起一条通路一样,电路交换的数据通信方式在传输数据之前也要先经过呼叫过程建立一条端到端的电路。发起方 H_1 向某个终端站点(响应方站点)H_2 发送一个请求,该请求被首先传送至中间节点。

如果中间节点有空闲的物理线路可用,则接收请求并分配线路,然后将请求传输给下一个中间节点。整个过程持续如此进行,直至终点。如果中间节点没有空闲的物理线路可以使用,整个电路的连接将无法实现。只有在通信的两个站点之间建立起物理线路之后,才允许进入数据传输阶段。

线路一旦被分配,在未被释放之前,其他站点将无法使用,即使某一时刻线路上并没有数据传输。

②数据传输。建立电路以后,数据就可以从源节点 H_1 依次经中间节点 A—B—C—D 交换到终端节点 H_2。终端节点也可以经中间节点 D—C—B—A 向源节点发送数据。这种数据传输有最短的传播延迟,并且没有阻塞问题,除非有意外的线路或节点故障而使电路中断。但要求在整个数据传输过程中,建立的电路必须始终保持连接状态,通信双方的信息传输延迟仅取决于电磁信号沿介质传输的延迟。

③电路拆除。当站点之间的数据传输完毕时,执行释放电路的动作。该动作可以由任一站点发起,释放线路请求通过途经的中间节点送往对方并释放线路资源。被拆除的信道空闲后,就可被其他通信使用。

(3)电路交换的特点

①独占性。在建立电路之后到电路拆除之前,即使站点之间无任何数据传输,整个电路仍不允许其他站点共享。就和打电话一样,我们讲话之前总要拨完号之后把这个连接建立,不管你讲不讲话,只要不挂机,这个连接就是为你专用的,如果没有可用的连接,用户将听到忙音。因此线路的利用率较低,并且容易引起接续时的拥塞。

②实时性好。一旦建立电路,通信双方的所有资源(包括线路资源)均用于本次通信,除了少量的传输延迟之外,不再有其他延迟,具有较好的实时性。

③电路交换设备简单,无须提供任何缓存装置。

④用户数据透明传输,要求收发双方自动进行速率匹配。

⑤数据传输可靠、迅速,数据不会丢失,且保持原来的序列。

⑥在某些情况下,电路空闲时的信道容量被浪费。

⑦若数据传输阶段的持续时间不长,则建立电路和电路拆除所用的时间就得不偿失。因此,它适用于远程批处理信息传输或系统间实时性要求高的大量数据传输的情况。这种通信方式一般按照预订的带宽、距离和时间来计费。

2.报文交换

(1)报文交换的概念

当端点间交换的数据具有随机性和突发性时,采用电路交换的缺点是浪费信道容量和有效时间,此时宜采用存储转发交换(Store and Forward Exchanging)方式。

所谓存储转发交换,是指数据交换前,先通过缓冲存储器进行缓存,然后按队列进行处理,它又分为报文交换(Message Switching)和分组交换(Packet Switching)两种。

存储转发交换方式与电路交换方式的主要区别表现在以下两个方面:发送的数据与目的地址、源地址、控制信息按照一定格式组成一个数据单元(报文或报文分组)进入通信子网;通信子网中的节点是通信控制处理机,它负责完成数据单元的接收、差错校验、存储、路选和转发等功能。

存储转发方式主要有以下优点:

①由于通信子网中的通信控制处理机可以存储报文(或报文分组),所以多个报文(或报文分组)可以共享通信信道,线路利用率高。

②通信子网中通信控制处理机具有路由选择功能,可以动态选择报文(或报文分组)通过通信子网的最佳路径,同时可以平衡通信量,提高系统效率。

(2)报文交换的原理

报文交换的基本思想是先将用户的报文存储在交换机的存储器中,当所需要的输出电路空闲时,再将该报文发向接收交换机或用户终端,它适用于公众电报等使用场合。

报文交换的实现过程是:

①若某用户有发送报文的需求,则需先把拟发送的信息加上报文头,包括目标地址和源地址等信息,并将形成的报文发送给交换机。当交换机中的通信控制处理机检测到某用户线路有报文输入时,则向中央处理机发送中断请求,并逐字把报文送入内存。

②中央处理机在接到报文后可以对报文进行处理,例如分析报文头、判别和确定路由等,然后将报文转存到外部大容量存储处理机,并等待一条空闲的输出线路。

③一旦线路空闲,就把报文从外存储器调入内存储器,经通信控制处理机向线路发送出去。

(3)报文交换的特点以及优缺点

①报文交换的特点

•存储—转发。报文交换方式首先是由交换机存储整个报文,然后在有线路空闲时才进行必要的处理。

•不独占线路,多个用户的数据可以通过存储和排队共享一条线路。

•无线路建立的过程,提高了线路的利用率。

•支持多点传输,一个报文传输给多个用户,只需在报文中增加地址字段,中间节点根据地址字段进行复制和转发。

•中间节点可进行数据格式的转换,方便接收站点的收取。

•增加了差错检测功能,避免出错数据的无谓传输等。

②报文交换的优点

•线路利用率高,信道可为多个报文共享。

•不需要同时启动发送器和接收器来传输数据,网络设备可暂存用户数据。

•通信量大时仍可接收报文,但传输延迟会增加。

•一份报文可发往多个目的地。

•交换网络可对报文进行速度变换和代码转换。

•能够实现报文的差错控制和纠错处理等功能。

③报文交换的缺点

•中间节点必须具备很大的存储空间。

•由于需要存储、转发和排队,所以增加了数据传输的延迟。

- 报文长度未作规定,报文只能暂存在磁盘上,磁盘读取占用了额外时间。
- 任何报文都必须排队等待,不同长度的报文要求不同长度的处理和传输时间。
- 当报文传输错误时,必须重传整个报文。因此当信道误码率高时,需要频繁重发,报文交换难以支持实时通信和交互式通信的要求。

3. 分组交换

(1) 报文与报文分组

数据通过通信子网传输时可以有报文(Message)与报文分组(Packet)两种方式。报文传输不管发送数据的长度是多少,都把它作为一个逻辑单元发送;而报文分组传输方式则限制一次传输数据的最大长度,如果传输数据超过规定的最大长度,发送节点就将它分成多个报文分组分别发送。

分组交换中,将报文分解成若干段,每一段报文加上交换时所需的地址、控制和差错校验信息,按规定的格式构成一个数据单位,通常被称为报文分组或包。

由于分组长度较短,所以在传输出错时,检错容易并且重发所需的时间较少;限定分组最大数据长度后,有利于提高存储转发节点的存储空间利用率与传输效率。公用数据网采用的是分组交换技术。

在分组交换网中,控制和管理通过网络的交换分组流共有两种方式:数据报(Datagram)和虚电路(Virtual Circuit)。

分组交换原理与报文交换类似,同样采用存储—转发机制,但规定了交换设备处理和传输的数据长度(称之为分组)。它可将长报文分成若干个小分组进行传输,且不同站点的数据分组可以交织在同一条线路上传输,提高了线路的利用率。固定了分组的长度,系统就可以采用高速缓存技术来暂存分组,提高了转发的速度。分组交换方式在X.25分组交换网和以太网中都被广泛应用。在 X.25 分组交换网中分组长度为 131 字节,包括128字节的用户数据和3字节的控制信息;而在以太网中,分组的最大长度为1 518 字节。

分组交换实现的关键是分组长度的选择。分组越小,冗余量(分组中的控制信息等)在整个分组中所占的比例越大,最终将影响用户数据传输的效率;分组越大,数据传输出错的概率也越大,增加重传的次数也会影响用户数据传输的效率。

(2) 虚电路分组交换的原理与特点

虚电路方式中,数据在传送以前,发送方和接收方在网络中先要建立起一条逻辑上的连接(路由),但它并不是像电路交换那样有一条专用的物理通路,该路径上各个节点都有缓冲装置,服从于这条逻辑线路的安排,也就是按照逻辑连接的方向和接收次序进行输出排队和转发,这样每个节点就不需要为每个数据包进行路径选择判断,就好像收发双方有一条专用信道一样。报文分组在经过各个交换设备时仍然需要缓冲,并且需要等待排队输出。路由建立后,每个分组都由该路由到达目的地。最后,由某一个站通过清除请求分组来结束这次连接。虚电路分组交换如图 3-14 所示。

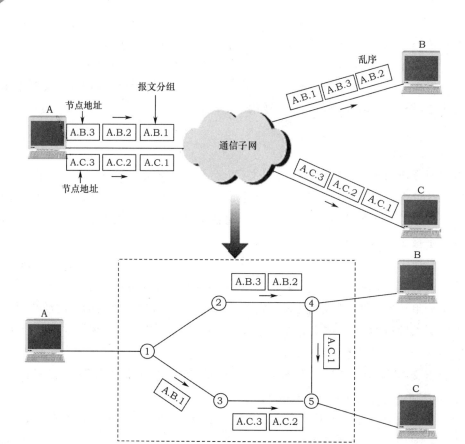

图 3-14　虚电路分组交换示意图

虚电路分组交换的主要特点是：在数据传送之前必须通过虚呼叫设置一条虚电路。但并不像电路交换那样有一条专用通路，分组在每个节点上仍然需要缓冲，并在线路上排队等待输出。

（3）数据报分组交换的原理与特点

在数据报方式中，每个报文分组作为一个单独的信息单位来处理，每个报文分组又称数据报。报文中的各个分组可以按照不同的路径、不同的顺序分别到达目的地，即每个节点根据一个路由选择算法，为每个数据包选择一条路径，使它们的目的地相同。在接收端，再按原先的顺序将这些分组装配成一个完整的报文。

二、交换机

1. 交换机的工作原理

典型的局域网交换机的结构与工作过程如图 3-15 所示。交换机的每个端口内部都配有缓冲器，使交换机可以以存储—转发方式工作。交换机的内存中有一张地址表（地址转发表），反映了交换机的端口号和该端口上所连接的主机网卡的 MAC 地址之间的对应关系。

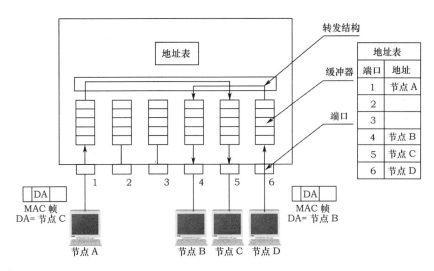

图 3-15 交换机的结构与工作过程

当连接在交换机上的某主机发送信息时,交换机从缓冲器中读出源 MAC 地址,与端口号一起填入地址表中,当所有连接在交换机上的主机都发送过信息时,就会形成一张完整的地址转发表,如图 3-16 所示。

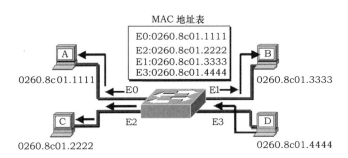

图 3-16 交换机的工作原理

交换机某端口接收到一个数据帧时,它从缓冲区中取出目的 MAC 地址,通过查找地址表获取目的主机所连接的端口号,转发机构通过背板将源端口和目的端口连通以实现数据转发。这种端口之间的连接可以根据需要同时建立多条,也就是说可以在多个端口之间建立多个并发连接。

当交换机接收到一个广播帧或目的端口未知的单播帧时会像集线器一样工作,即向所有端口转发。

2.交换机的帧转发方式

以太网交换机的帧转发方式包括以下三类:

(1)直接交换方式

在直接交换(Cut Through)方式中,交换机只要接收并检测到目的地址,就立即将该帧转发出去,而不管这一帧数据是否出错。帧出错时检测任务由节点主机完成。这种交换方式的优点是交换延迟时间短;缺点是缺乏差错检测功能,不支持不同输入/输出速率的端口之间的帧转发。

(2)存储—转发交换方式

在存储—转发(Store and Forward)交换方式中,交换机首先完整地接收发送帧,并先进行差错检测。如果接收帧是正确的,则根据帧的目的地址确定输出端口号,然后再转发出去。这种交换方式的优点是具有帧差错检测能力,并能支持不同输入/输出速率的端口之间的帧转发;缺点是交换延迟时间较长。

(3)改进的直接交换方式

改进的直接交换方式将两者结合起来,它在接收到帧的前 64 个字节后,判断 Ethernet 帧的帧头是否正确,如果正确则转发出去。这种方法的优点是能有效地防止小于 64 个字节的垃圾数据,并具有交换延时短的优点;缺点是只对帧头进行校验,而对数据部分无校验功能。

3.冲突域与广播域

由于交换机对所有端口转发广播信息,所以交换机连接成的网络属于同一广播域。只有当多个端口争用同一个端口或某个接口直接连接了一个集线器,而集线器又连接了多台主机时,交换机上的该接口和集线器上所连接的所有主机才可能产生冲突,形成冲突域。换句话说,交换机上的每个接口都是自己的一个冲突域。

三、虚拟局域网(VLAN)技术

1.虚拟局域网概述

在传统的局域网中,通常一个工作组是在同一个网段上的,每个网段可以是一个逻辑工作组或子网。多个逻辑工作组之间通过实现互联的网桥或路由器来交换数据。当一个工作组中的一个节点要转移到另一个工作组时,就需要将节点计算机从一个网段撤出并连接到另一个网段上,甚至需要重新进行布线。因此,逻辑工作组的组成就要受节点所在网段的物理位置限制。

虚拟局域网(VLAN)以交换式网络为基础,把网络上的用户(终端设备)用软件方法分为若干个逻辑工作组或逻辑子网,每个逻辑工作组就是一个 VLAN。

VLAN 并不是一种新型局域网技术,而是交换网络为用户提供的一种服务。它允许网络管理员使用软件实现按业务功能、网络应用、组织机构或其他任何需要灵活地划分逻辑子网,增加或删除子网成员。同一虚拟网中的成员不受物理位置的限制,也就是说虚拟网的划分与用户所处的位置无关,组中的成员可以不在同一个物理网段上,当终端设备移动时,无须修改它的 IP 地址。在更改用户所加入的虚拟网时,也不必重新改变设备的物理连接。虚拟网技术提供了动态组织工作环境的方法。

VLAN 简化了网络的物理结构,使网络管理、网络性能和网络安全提高到一个新的层次。"交换是虚拟网的基础,虚拟网是交换网的灵魂"即说明了虚拟网的重要性。

虚拟网技术是 OSI 的第 2 层技术,每个 VLAN 等效于一个广播域,广播信息仅发送到同一个 VLAN 的所有端口,虚拟网之间可隔离广播信息,如图 3-17 所示。与使用路由器分割一个网段(子网)一样,虚拟网也是一个独立的逻辑网络,每个 VLAN 都有唯一的子网号。因此,虚拟网之间通信也必须通过 3 层设备完成。

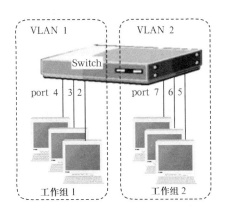

图 3-17　虚拟局域网

2. VLAN 的划分

划分 VLAN 是通过使用软件定义 VLAN 成员实现的,根据局域网组网的不同,通常有以下 4 种对虚拟局域网成员的定义方法。

(1)用交换机端口号定义 VLAN

许多早期的虚拟局域网都是根据局域网交换机的端口来定义虚拟局域网成员的。虚拟局域网从逻辑上把局域网交换机的端口分为不同的 VLAN,各 VLAN 相对独立,其结构如图 3-18 所示,其中局域网交换机端口 1、2 组成 VLAN 10;端口 3、4 组成 VLAN 20。

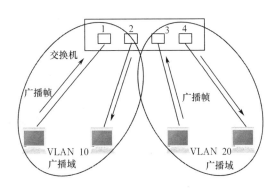

图 3-18　用端口号定义虚拟局域网

用局域网交换机端口划分 VLAN 成员是最通用的方法。但是,纯粹用端口定义 VLAN 时,不允许不同的虚拟局域网包含相同的物理网段或交换端口。例如,交换机 1 的端口 1 属于 VLAN 10 后,就不能再属于 VLAN 20。用端口定义 VLAN 的缺点是:当用户从一个端口移动到另一个端口时,网络管理者必须对 VLAN 成员进行重新配置。

(2)用 MAC 地址定义 VLAN

另一种定义 VLAN 的方法是用节点的 MAC 地址来定义 VLAN。这种方法的优点是:由于节点的 MAC 地址是与硬件相关的地址,所以用节点的 MAC 地址定义的 VLAN 允许节点移动到网络其他物理网段。由于节点的 MAC 地址不变,所以该节点将自动保持原来的 VLAN 成员地位。从这个角度看,基于 MAC 地址定义的 VLAN 可视为基于用户的 VLAN。

用 MAC 地址定义 VLAN 的缺点是:要求所有用户在初始阶段必须配置到至少一个 VLAN 中,初始配置通过人工完成,随后就可以自动跟踪用户。但在大规模网络中,初始化时把上千个用户配置到某个 VLAN 中显然是很麻烦的。

(3)用网络层地址定义 VLAN

另一种定义 VLAN 的方法是使用节点的网络层地址,例如用 IP 地址来定义 VLAN。这种方法具有独特的优点:首先,它允许按照类型来组成 VLAN,这有利于组成基于服务或应用的 VLAN;其次,用户可以随意移动工作站而无须重新配置网络地址,这对于 TCP/IP 用户特别有利。

与用 MAC 地址定义 VLAN 或用端口地址定义 VLAN 的方法相比,用网络层地址定义 VLAN 的缺点是性能比较差。检查网络层地址比检查 MAC 地址要花费更多的时间,因此用网络层地址定义 VLAN 的速度比较慢。

(4)用 IP 广播组定义 VLAN

用 IP 广播组定义 VLAN 并进行虚拟局域网的建立是动态的,它代表了一组 IP 地址。虚拟局域网中由被称为代理的设备对虚拟局域网中的成员进行管理。当 IP 广播包要送达多个目的节点时,就动态建立虚拟局域网代理,这个代理和多个 IP 节点组成 IP 广播组 VLAN。网络用广播信息通知各 IP 节点,表明网络中存在 IP 广播组,节点如果响应信息,就可以加入 IP 广播组,成为 VLAN 中的一员,与 VLAN 中的其他成员通信。IP 广播组中的所有节点属于同一个 VLAN,但它们只是特定时间段内特定 IP 广播组的成员。IP 广播组 VLAN 的动态特性有很高的灵活性,可以根据服务要求灵活组建,而且它可以跨越路由器实现与广域网的互联。

3. VLAN 内及 VLAN 间的通信

(1)Port VLAN 成员端口间通信

Port VLAN 是基于端口的 VLAN,处于同一个 VLAN 内的端口之间才能相互通信。这样可有效地屏蔽广播风暴,并提高网络安全性。

如图 3-19 所示,二层交换机上划分端口 3、23 属于 VLAN 1,端口 7、20 属于 VLAN 2。那么 VLAN 1 中的 PC_1 和 PC_2 之间可以通信,VLAN 2 中的 PC_3 和 PC_4

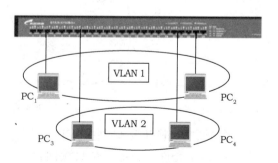

图 3-19　Port VLAN 成员端口间通信

可以通信,但 PC₁ 和 PC₃ 之间不能通信,因为它们不在同一个 VLAN 内。

（2）Tag VLAN 成员端口间通信

802.1Q协议使跨交换机的相同 VLAN 间的通信成为可能,它在以太网的帧头中加入 4 字节的 VLAN 标志（其中包含 2 字节的 802.1Q 帧标志、3 位优先级控制标志、1 位 CFI 通用标志及 12 位 VLAN 标志）,当两交换机相连的端口被设置成 Trunk 模式时,该端口便能将以太网帧转变成 802.1Q 帧。交换机在从 Trunk 端口转发数据前会在数据帧中附上 Tag 标签,在到达另一交换机后,再剥去该标签。802.1Q 帧结构如图 3-20 所示。

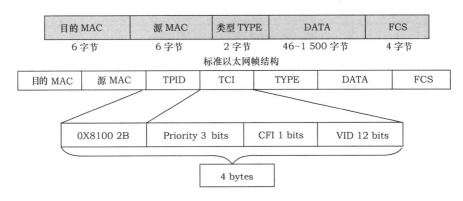

图 3-20　802.1Q 帧结构

Tag VLAN 用 VID 来标志不同的 VLAN,当数据帧通过交换机时,交换机根据帧中 Tag 头的 VID 信息来识别它们所在的 VLAN,这使得所有属于该 VLAN 的数据帧都被限制在该逻辑 VLAN 中传播,而不受其他主机的影响,就像它们存在于单独的 VLAN 当中一样,如图 3-21 所示。

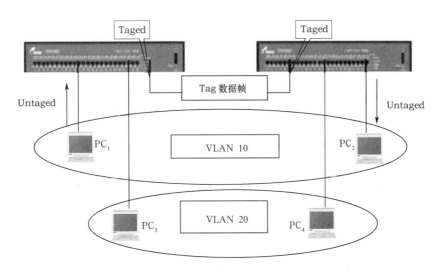

图 3-21　跨交换机的 VLAN 内的通信

67

（3）VLAN 间的通信

在一般的 2 层交换机组成的网络中，VLAN 实现了网络流量的分割，不同的 VLAN 间是不能互相通信的。如果要实现 VLAN 间的通信，就必须借助于 3 层网络设备。

①利用路由器实现 VLAN 间通信。当每个交换机上只有 1 个 VLAN 时，路由器和交换机的接线方式如图 3-22 所示，只需在路由器上设置静态路由就可以实现 3 个 VLAN 间的通信。

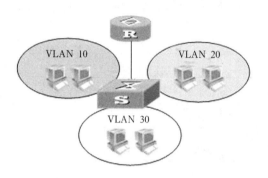

图 3-22　利用路由器实现 VLAN 间的通信

当每个交换机上有多个 VLAN 时，将路由器与交换机上的每个 VLAN 分别连接。前两种情况均需占用较多的路由器上的以太网端口。

不论交换机有多少个 VLAN，路由器与交换机都只用一条网线连接，这种方法占用路由器和交换机上的端口最少，但要求路由器与交换机都必须支持干路技术。

②利用 3 层交换机实现 VLAN 间通信。由于 3 层交换机有较多的端口，且具有一次路由多次快速转发的功能，故使用 3 层交换机可大大加快转发速度。在交换式以太网中多采用这种方法，如图 3-23 所示。

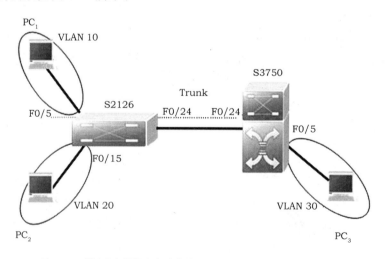

图 3-23　利用路由器的聚合功能或 3 层交换机实现 VLAN 间的通信

回顾与总结

　　交换机是在数据链路层上实现网络互联的设备,2层交换机是一种多端口的网桥,主要用于交换式网络中。交换机能把用户线路、电信电路和其他要互联的功能单元根据单个用户的请求连接起来,组成交换式网络,以实现数据通信和资源共享。

　　利用2层或3层交换机还可以进行虚拟局域网划分,虚拟局域网(VLAN)以交换式网络为基础,把网络上的用户(终端设备)用软件的方法分为若干个逻辑工作组或逻辑子网,每个逻辑工作组就是一个VLAN。虚拟网的划分与用户所处的位置无关,组中的成员可以不在同一个物理网段上,当终端设备移动时,无须修改它的IP地址。VLAN简化了网络的物理结构,使网络管理、网络性能和网络安全提高到一个新的层次。"交换是虚拟网的基础,虚拟网是交换网的灵魂"即说明了虚拟网的重要性。

小试牛刀

　　利用几台计算机和交换机进行VLAN划分的练习,其中一台作为Web服务器,其余几台计算机从属于不同VLAN,在交换机上设置不同VLAN所属计算机对Web服务器的访问限制。

项目 4
网络服务器构建

 **项目描述**

项目背景

在企事业单位中,经常要存储文件、发布企业信息以及管理内部计算机,这些都需要网络管理人员来进行,具体包括:安装网络操作系统;在应用操作系统时,设置用户管理和用户权限;搭建文件服务器;管理多台计算机。

项目目标

本项目主要是让学生能独立完成网络操作系统的安装,完成 Windows Server 2008 网络应用服务器的配置,掌握 FTP、WWW、DHCP 服务器的规划和搭建,并测试这些应用服务器的状态正确与否。

任务 1　安装网络操作系统

⇨ 任务描述

操作系统(Operating System,OS)管理计算机系统的全部硬件资源,包括:软件资源及数据资源;控制程序运行;改善人机对话框;为其他应用软件提供支持等。它可使计算机系统所有资源最大限度地发挥作用,为用户提供方便、有效、友善的服务对话框。操作系统通常是最靠近硬件的一层系统软件,使得计算机系统的使用和管理更加方便,计算机资源的利用效率更高。

网络操作系统(NOS)是指向网络计算机提供服务的特殊操作系统。它在计算机操作系统下工作,使计算机操作系统增加了网络操作所需要的能力。

　　在企业中有许多计算机,而计算机是裸机,必须在安装网络操作系统后,才能联网工作。因此,我们应首先学习网络操作系统的安装。

⭐ 任务目标

　　了解网络操作系统的原理、特点、功能;掌握 Windows Server 2008 安装的硬件要求和安装过程;掌握 Windows Server 2008 服务器的安装;能够正确地规划磁盘分区;掌握硬件驱动程序的安装方法。

⭐ 工作过程

　　1.系统硬件的要求

　　建议处理器主频不低于 1.4GHz(x64 处理器),推荐 2.0GHz 或更快;内存最低512MB,推荐 2GB 或更多,内存最大容量支持 32 位标准版 4GB、企业版和数据中心版64GB、64 位标准版 32GB,其他版本 2TB;硬盘分区要具有足够的可用空间,最小要在32GB 以上;超级 VGA(800×600)或更高分辨率的显示器、键盘和鼠标(或兼容的指针设备)、可以连接因特网;对于大多数用户来说,由于要通过光驱来安装操作系统,所以用于读取安装光盘的 DVD-ROM 是必不可少的。

　　2.Windows Server 2008 的安装

　　Windows Server 2008 的安装一般按照安装程序的向导进行操作即可。具体操作步骤是:

　　【步骤 1】在启动计算机时,在自检的过程中按 F9 键,进入 BIOS,把系统启动选项改为从光盘启动,保存配置后,在光驱中放入 Windows Server 2008 系统光盘,重新启动计算机。

　　启动后即可进入 Windows Setup、Windows is Loading Files、Windows Server 2008系统安装程序对话框,如图 4-1 所示,选择要安装的语言。

图 4-1　语言选择界面

【**步骤2**】点击"下一步"按钮,弹出如图 4-2 所示界面,单击"现在安装"。

图 4-2　现在安装

【**步骤3**】在如图 4-3 所示界面中,选择所要安装的版本和完全安装,然后单击"下一步"按钮。

图 4-3　选择要安装的操作系统

【**步骤4**】在弹出的"请阅读许可条款"对话框中,选中"我接受许可条款",如图 4-4 所示,单击"下一步"按钮。

图 4-4　阅读许可条款

【步骤5】在弹出的"您想进行何种类型的安装?"界面中,选择"自定义(高级)",如图 4-5 所示,进行全新安装。

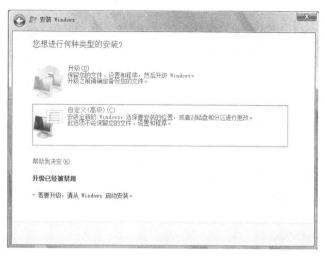

图 4-5　选择安装类型

【步骤6】在如图 4-6 所示的"您想将 Windows 安装在何处?"界面中,单击"下一步"按钮,弹出如图 4-7 所示的"正在安装 Windows…"界面。

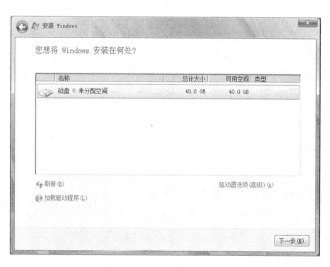

图 4-6　选择将 Windows 安装在何处

【步骤7】安装时间可能需要十几分钟,请耐心等待。安装完成后,出现如图 4-8 所示的"正在安装 Windows…"界面。

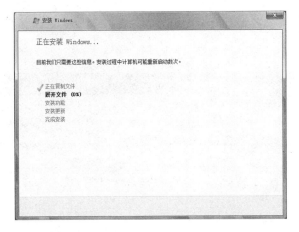

图 4-7 "正在安装 Windows…"对话框

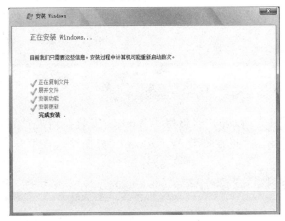

图 4-8 安装完成

【步骤 8】立即重新启动 Windows,出现如图 4-9 所示的界面,提示用户首次登录之前必须要更改密码。

图 4-9 首次登录更改密码提示

【**步骤9**】如图 4-10 所示进行新密码的创建,用户密码设置完成如图 4-11 所示。然后就可以正常登录 Windows Server 2008 系统了。

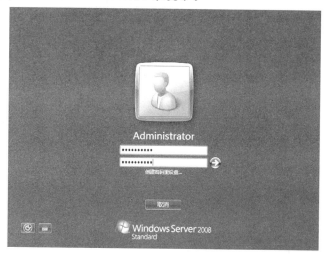

图 4-10　为用户设置密码

图 4-11　用户密码设置完成

【**步骤10**】系统安装成功后再安装硬件的驱动程序,例如主板芯片、声卡、显卡、网卡以及 Modem 卡等。先安装主板芯片,然后安装其他硬件驱动程序。安装的方法有很多种,现在不少硬件驱动开发商都将驱动程序制作成专门的"Setup"可执行文件(如 NVIDIA ForceWare 显卡驱动)。因此,当用户安装了新硬件设备时,系统提示找到新硬件,并弹出驱动程序搜索窗口,此时用户应将该窗口关闭,然后找到驱动光盘中的"Setup.exe"文件并运行,按安装提示操作即可完成硬件设备驱动的安装。这种驱动程序安装步骤比较简单,使用起来更为方便,建议初学者尽量使用它。

【**步骤11**】系统硬件驱动安装成功后,即可开始安装杀毒软件、防火墙及其他应用软件。

任务 2　用户管理与安全配置

➡ 任务描述

　　用户和组在 Windows Server 2008 的安全策略中非常重要,因为用户可通过指派用户和组的权限来限制其执行某些操作。用户被授权在计算机上执行某些操作,例如备份文件和文件夹或关机。权限是与对象(通常是文件、文件夹或打印机)相关的规则,它规定哪些用户可以用何种方式访问对象。

➡ 任务目标

　　通过在 Windows Server 2008 中建立新用户、账户授权、启用账户锁定策略和开启密码策略等操作,完成相关的设置工作。

➡ 工作过程

　　1.用户账号安全配置

　　【步骤1】新建用户

　　对于新建用户,账户名(用户名)要便于记忆与使用,密码则要有一定的长度与复杂性。其设置过程是:

　　(1)点击"开始"→"管理工具"→"计算机管理",弹出"计算机管理"窗口,如图 4-12 所示。

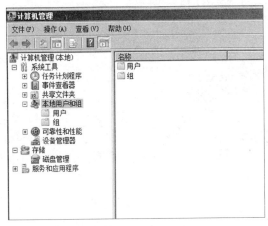

图 4-12　"计算机管理"窗口

　　(2)在"本地用户和组"中的"用户"图标上单击鼠标右键,在弹出的快捷菜单中单击"新用户";在弹出的"新用户"对话框中输入相应的用户名和密码;单击"创建"按钮就可以建立一个新用户了,如图 4-13 所示。

　　【步骤2】进行账户授权

　　账户的身份不同,其操作系统所拥有的权限也不同。为此,可以对不同的账户进行授权,使其拥有和身份相应的权限。其设置过程是:

单击"计算机管理"→"本地用户和组"→"用户",在相应用户上单击鼠标右键,在弹出的快捷菜单中单击"属性"→"隶属于"(图 4-14),选择用户组,单击"添加"按钮,如图 4-15 所示。

图 4-13　添加新用户　　　　　　　　图 4-14　用户属性

图 4-15　添加"用户"("隶属于组")

【步骤 3】停用 Guest 用户

Guest 用户是系统内置的普通用户账号,为了安全,最好禁用 Guest 账号或给 Guest 账号加一个复杂的密码。可以打开记事本,在里面输入一串包含特殊字符、数字、字母的长字符串,然后把它作为 Guest 用户的密码复制进去。同时,应修改 Guest 账号的属性,将其设置为"拒绝远程访问"。

【步骤 4】为 Administrator 用户改名

众所周知，Windows Server 2008 系统的 Administrator 用户是不能被停用的，这意味着别人可以一遍又一遍地尝试这个用户名和密码。为 Administrator 用户改名可以有效地避免上述现象。

不要使用 Admin 之类的名称，尽量把它伪装成普通用户，如改成"tianzy"等。具体操作时只要选择"重命名"即可。

【步骤 5】限制用户数量

删除所有的测试账户、共享账户和普通账户等。在用户组策略中设置相应权限，并且经常检查系统的账户，删除已经不使用的账户。

很多账户是黑客们入侵系统的突破口，系统的账户越多，黑客们得到用户权限的可能性也就越大。对于使用 Windows Server 2008 系统的主机，如果系统账户超过 10 个，一般就能找出一两个弱口令账户。因此，账户数量不要大于 10 个。

2. 账户策略管理

开启账户策略可以有效地防止字典式攻击。例如，设置当某一账户连续 5 次登录失败后将自动锁定该账户，30 min 后自动复位被锁定的账户，见表 4-1。

表 4-1　　　　　　　开启账户策略

策　　略	设　　置
复位账户锁定计数器	30 min
账户锁定时间	30 min
账户锁定阈值	5 次

【步骤 1】启用账户锁定策略

（1）单击"开始"→"管理工具"→"本地安全策略"，弹出如图 4-16 所示的窗口。

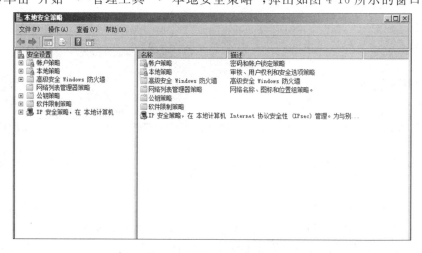

图 4-16　"本地安全策略"窗口

（2）在"本地安全策略"窗口中选择"账户策略"中的"账户锁定策略"。在右侧窗格中双击"账户锁定阈值"，弹出如图 4-17 所示的对话框，将"账户锁定阈值"设置为"3"，单击"确定"按钮。

（3）双击"复位账户锁定计数器"，在弹出的"复位账户锁定计数器 属性"对话框中设置"复位账户锁定计数器"为"15",单击"确定"按钮,如图4-18所示。

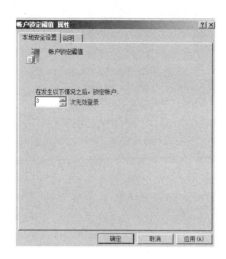
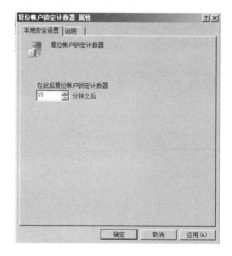

图 4-17 账户锁定阀值设置   图 4-18 复位账户锁定计数器设置

【步骤 2】设定密码策略

在 Windows Server 2008 系统中,可以在安全策略中设定密码策略。

密码策略也可以在指定的计算机上用"本地安全策略"来设定,同时也可以在网络中特定的组织单元通过组策略进行设定。用"本地安全策略"来设定密码策略的操作步骤是:

(1)单击"本地安全策略"窗口中的"密码策略",如图4-19所示。

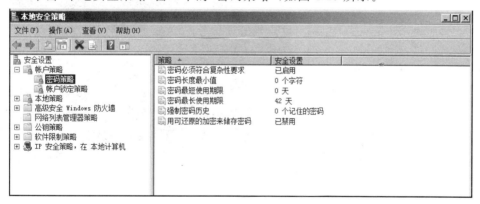

图 4-19 本地安全策略(密码策略)

(2)双击图4-19右侧窗格中的"密码必须符合复杂性要求",弹出如图4-20所示的"密码必须符合复杂性要求 属性"对话框,选择"已启用",单击"确定"按钮。

(3)双击图4-19右侧窗格中的"密码长度最小值",弹出"密码长度最小值 属性"对话框,设置密码长度最小值为"5",单击"确定"按钮,如图4-21所示。

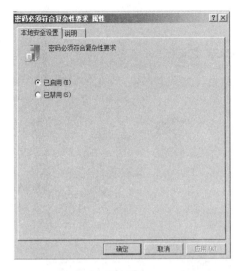

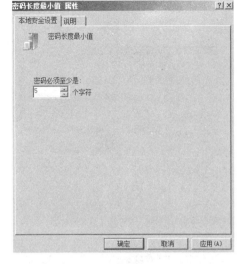

图 4-20　密码必须符合复杂性要求设置　　　　图 4-21　密码长度最小值设置

　　(4)双击图 4-19 右侧窗格中的"强制密码历史",弹出"强制密码历史 属性"对话框,设置"保留密码历史"为"5",单击"确定"按钮,如图 4-22 所示。

　　通过以上两部分的设置,基本上完成了账户策略的设置,如果要让账户策略立即生效,还必须进行策略设置的更新。在 Windows Server 2008 系统的命令窗口中,如图 4-23 所示输入"gpupdate"命令,然后按"Enter"键,即刚才所设置的策略就生效了。

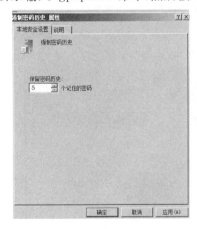

图 4-22　强制密码历史设置　　　　　　图 4-23　gpupdate 用户策略更新

任务 3　配置 FTP 服务器

➡ 任务描述

　　FTP(文件传输协议)是 Internet 上使用最广泛的应用层协议之一。FTP 提供交互式的访问,允许客户指定文件的类型与格式,并允许用户有存取文件的权限,用户可以通过客户机程序向服务器发出命令,服务器执行用户所发出的命令,并将执行的结果返回给客户机,还可以进行文件的上传和下载。

任务目标

通过在 IIS 中搭建 FTP 站点,使学生掌握 FTP 服务器的知识;掌握 FTP 站点的规划;掌握 FTP 站点的设置和使用。

工作过程

1.FTP 服务器的配置

【步骤 1】构建 IIS 服务器

构建 IIS 服务器可为应用程序服务器添加文件传输协议服务,其具体操作步骤为:

(1)在计算机 Windows Server 2008 中,单击"开始"→"管理工具"→"服务器管理器",弹出"服务器管理器"对话框,如图 4-24 所示。

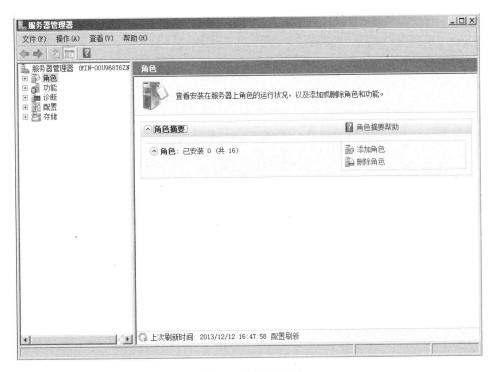

图 4-24 服务器管理器

(2)单击图 4-24 右侧窗格中的"添加角色",弹出如图 4-25 所示的"添加角色向导"对话框,单击"下一步"按钮。

(3)弹出如图 4-26 所示的"选择服务器角色"对话框,选择"应用程序服务器",单击"下一步"按钮。

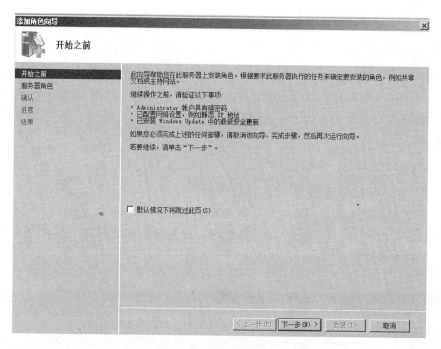

图 4-25　添加角色向导

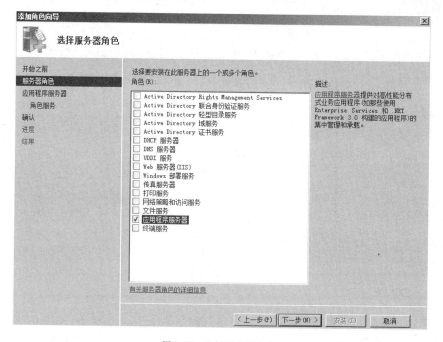

图 4-26　选择服务器角色

　　(4)弹出如图 4-27 所示的"选择角色服务"对话框,选择"应用程序服务器基础"、
"Web 服务器(IIS)支持"、"COM＋网络访问",单击"下一步"按钮。

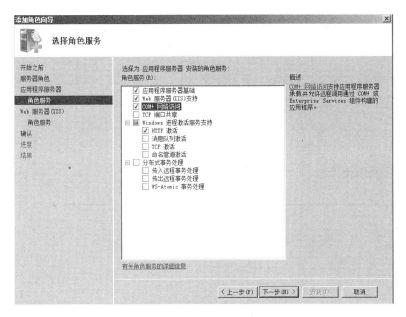

图 4-27　选择角色服务

　　(5)弹出如图 4-28 所示的对话框,选择"FTP 服务器"、"FTP 管理控制台",单击"下一步"按钮,然后单击"安装"按钮,出现如图 4-29 所示的 FTP 服务器安装进度,直至安装完成。

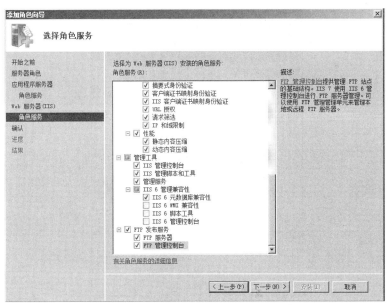

图 4-28　添加 FTP 服务器角色服务

【步骤 2】利用 IIS 配置 FTP 服务器

　　(1)单击"开始"→"管理工具"→"Internet 信息服务(IIS)管理器",在选择的服务器上单击鼠标右键,在弹出的菜单中选择"添加 FTP 站点"命令,如图 4-30 所示。

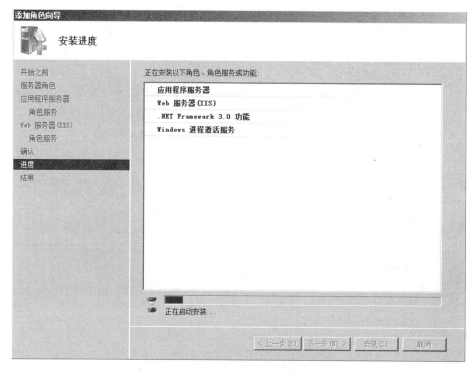

图 4-29　FTP 服务器安装进度

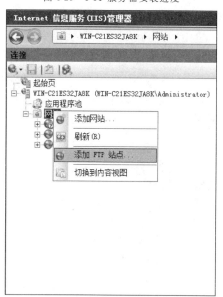

图 4-30　添加 FTP 站点

　　（2）在"添加 FTP 站点"窗口中输入"FTP 站点名称"，并且选择"内容目录"的"物理路径"，如图 4-31 所示，然后单击"下一步"按钮。

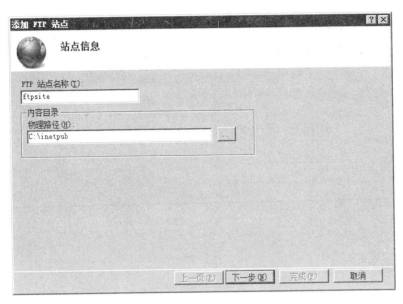

图 4-31　FTP 站点信息

（3）在"绑定和 SSL 设置"窗口中，选择好绑定的 IP 地址，单击"下一步"按钮，如图 4-32 所示。

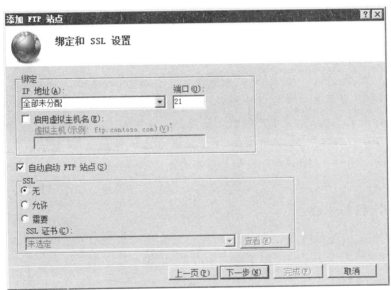

图 4-32　绑定和 SSL 设置

（4）在接下来的"身份验证和授权信息"窗口中，点击"完成"按钮，如图 4-33 所示。FTP 站点设置完成。

2. FTP 服务器的访问

打开 IE 浏览器，在地址栏中输入"ftp://FTP 服务器 IP 地址"，按"Enter"键，即可登录 FTP 站点。

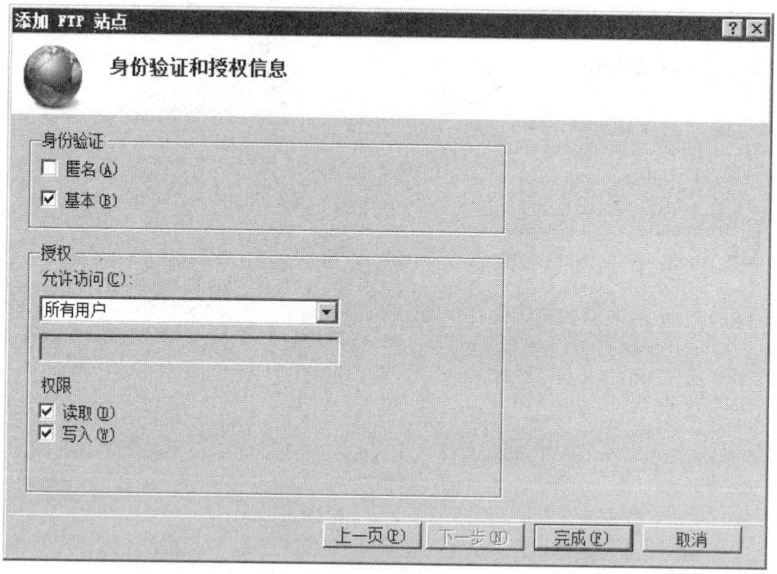

图 4-33　身份验证和授权信息

任务4　安装与设置 WWW 服务器

➡ 任务描述

　　Web 服务器也称为 WWW(World Wide Web)服务器,主要功能是提供网上信息浏览服务。WWW 服务器是 Internet 的多媒体信息查询工具,是 Internet 上近年才发展起来的服务器,也是发展最快和目前应用最广泛的服务器。正是因为有了 WWW,才使得近年来 Internet 迅速发展,且用户数量飞速增加。WWW 采用的是浏览器/服务器结构,其作用是整理和储存各种 WWW 资源,并响应客户端软件的请求,把客户所需的资源传送到 Windows、Unix 或 Linux 等平台上。使用最多的 Web 服务器软件有两个:微软的信息服务器(IIS)和 Apache。

➡ 任务目标

　　掌握 WWW 服务器提供的基本服务,并通过安装和配置 IIS,学会建立 Web 站点;能够利用 IP 地址配置 Web 服务器;了解常见的 Web 服务器软件。

➡ 工作过程

　　Internet 信息服务 (IIS) 是 Windows Server 2008 中的组件,该组件可以很方便地将信息和业务应用程序发布到 Web 上,还可以很容易地为网络应用程序和通信创建功能强大的平台。

　　1.安装 IIS

　　【步骤 1】单击"开始"→"管理工具"→"服务器管理器",弹出"服务器管理器"对话框,如图 4-34 所示。

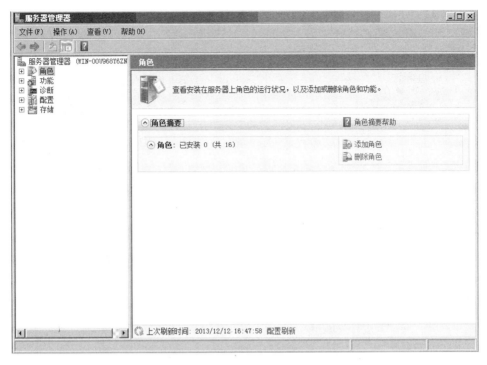

图 4-34　服务器管理器

【步骤 2】 在图 4-34 的右侧空格中单击"添加角色",弹出如图 4-35 所示的"添加角色向导"对话框。

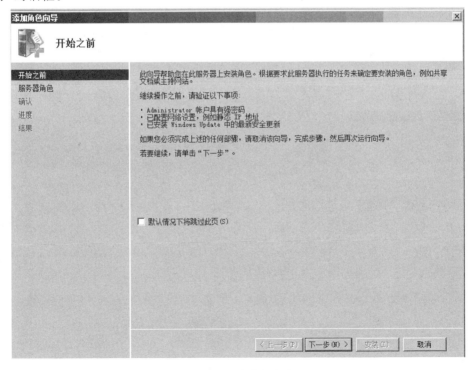

图 4-35　添加角色向导

【步骤3】单击"下一步"按钮,弹出如图 4-36 所示的"选择服务器角色"对话框。

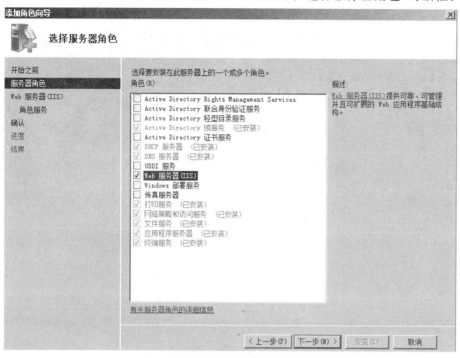

图 4-36   选择服务器角色

【步骤4】选择"Web 服务器(IIS)",单击"下一步"按钮,弹出"Web 服务器(IIS)"窗口,如图 4-37 所示。

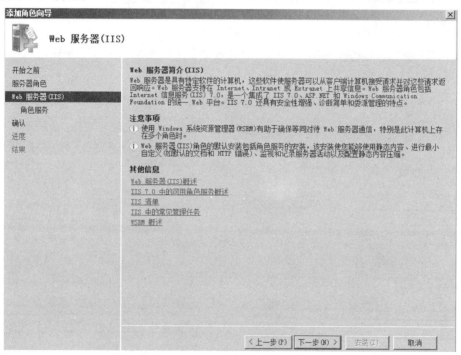

图 4-37   Web 服务器(IIS)

【步骤5】单击"下一步"按钮,弹出"选择角色服务"对话框,可以添加定制的服务内容,如图4-38所示。然后,单击"下一步"按钮。

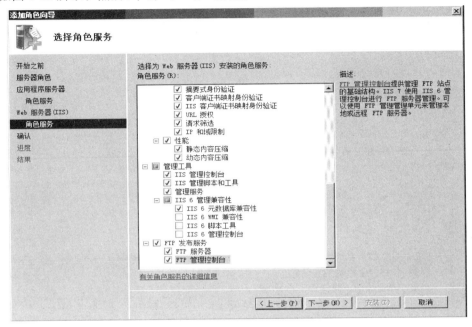

图4-38　选择角色服务

【步骤6】弹出"确认安装选择"窗口,显示选择的角色以及相应的角色服务的内容,如图4-39所示。单击"安装"按钮,Web服务器开始进行安装,如图4-40所示。

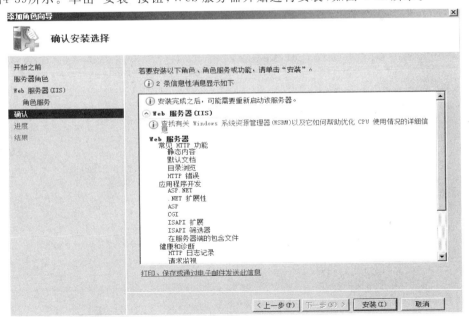

图4-39　Web服务器确认安装选择

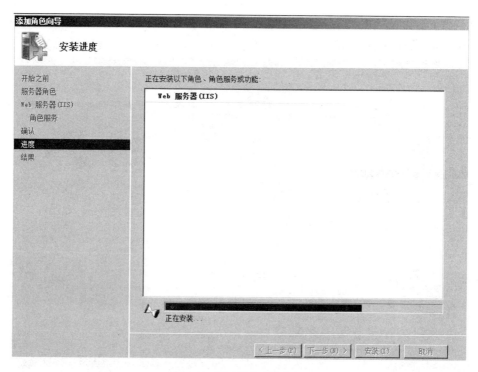

图 4-40　Web 服务安装进度

【步骤 7】单击"下一步"按钮,安装完成,显示如图 4-41 所示的安装结果。

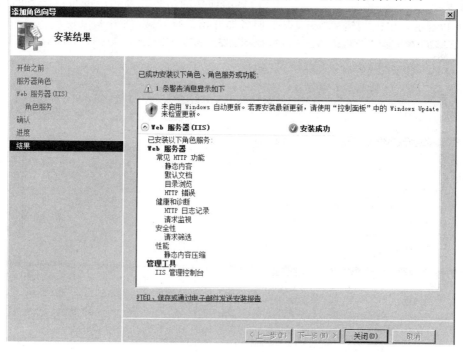

图 4-41　Web 服务安装结果

2.配置 IIS 中的 Web 站点

【步骤 1】 在 Windows Server 2008 中,单击"开始"→"管理工具"→"Internet 信息服务(IIS)管理器",选择"网站"中的默认网站,如图 4-42 所示。

图 4-42　Internet 信息服务(IIS)管理器

【步骤 2】 双击"默认文档",系统默认会创建如图 4-43 所示的 5 个条目。如果要给网站内添加新的页面,只需要在这里添加即可(在空白处点击右键,在弹出的快捷菜单中点击"添加")。系统默认会将网站的根目录放在％SystemDrive％\inetpub\wwwroot\文件夹中。

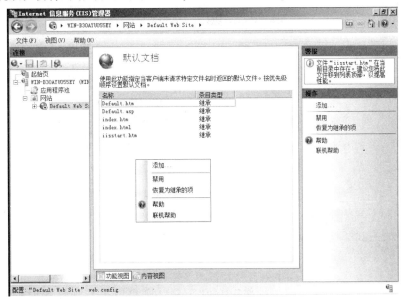

图 4-43　设置默认文档

【步骤3】单击图 4-42 右侧"操作"中的"基本设置",可以进行"编辑网站"设置,如图 4-44 所示。

图 4-44　编辑网站

【步骤4】单击图 4-42 右侧"操作"中的"高级设置",则可以进行连接限制等有关设置,如图 4-45 所示。

图 4-45　高级设置

【步骤5】单击图 4-42 右侧"操作"中的"限制",则可以进行连接超时的设置,如图 4-46所示。

图 4-46　编辑网站限制

【步骤6】单击图 4-42 右侧"操作"中的"编辑权限",打开如图 4-47 所示的"wwwroot 属性"窗口,单击"安全"选项,则可以进行编辑权限设置。

图 4-47　编辑权限设置

3. 访问 Web 站点

在联网的其他计算机上,打开 IE 浏览器,在"地址"栏中输入 Web 服务器的 IP 地址,按"Enter"键后,就可以看到该网站的详细页面,如图 4-48 所示。

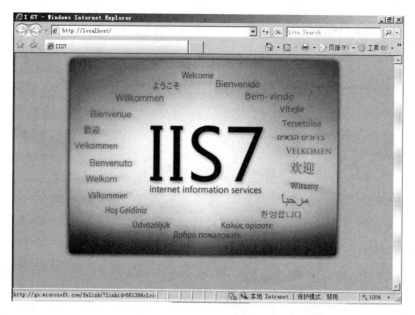

图 4-48　IIS 默认网站页面

任务 5　安装与设置 DHCP 服务器

⇨ 任务描述

DHCP(Dynamic Host Configure Protocol,动态主机配置协议)是指由服务器控制一段 IP 地址范围,客户机登录服务器时就可以自动获得服务器分配的 IP 地址和子网掩码。

在企业网络中,网络管理员的重要工作之一就是如何有效地管理局域网内部的 IP 地址。计算机可以通过静态手工分配 IP 地址和 DHCP 服务器动态分配 IP 地址两种方式管理局域网 IP 地址。在局域网内机器不多和 IP 地址不会频繁改动的情况下,可以通过静态手工分配 IP 地址;当机器数量比较多以及通过静态分配 IP 地址不方便时,可以通过 DHCP 来动态分配 IP 地址。

⇨ 任务目标

掌握在安装有 Windows Server 2008 服务器的计算机上构建 DHCP 服务器的方法;能规划地址池的范围;能测试 DHCP 服务器和在客户端应用 DHCP 服务器。

⇨ 工作过程

1. 构建 DHCP 服务器

首先选择一台安装有 Windows Server 2008 服务器的计算机用以部署 DHCP 服务器,并指定这台服务器的计算机名和这台服务器的 IP 地址。构建 DHCP 服务器的配置步骤是:

【步骤 1】单击"开始"→"管理工具"→"服务器管理器",在"服务器管理器"对话框中单击"角色"→"添加角色",在弹出的"选择服务器角色"对话框中,选择"DHCP 服务器",如图 4-49 所示,单击"下一步"按钮。

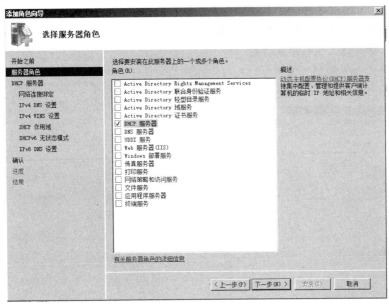

图 4-49 服务器角色

【步骤 2】在弹出的"选择网络连接绑定"对话框中,选定 DHCP 服务器的 IP 地址,如图 4-50 所示,单击"下一步"按钮。

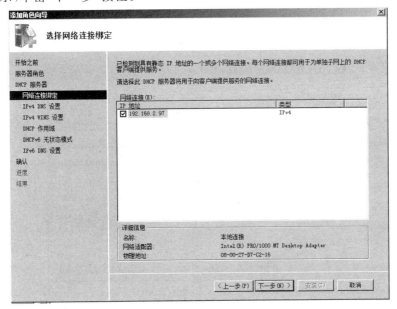

图 4-50 选择网络连接绑定

【步骤3】在弹出的"指定 IPv4 DNS 服务器设置"对话框中，设置"父域"和"首选
DNS 服务器 IPv4 地址"，如图 4-51 所示，单击"下一步"按钮。

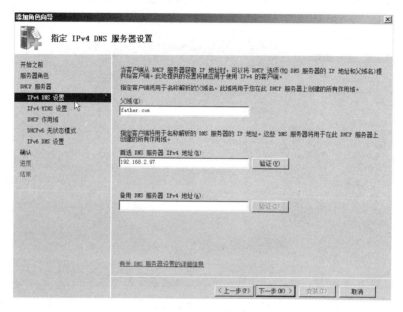

图 4-51　IPv4 DNS 服务器设置

【步骤4】在弹出的"添加作用域"对话框中，设置作用域名称、起始 IP 地址、结束 IP
地址、子网掩码、默认网关、子网类型，如图 4-52 所示。然后单击"确定"按钮。

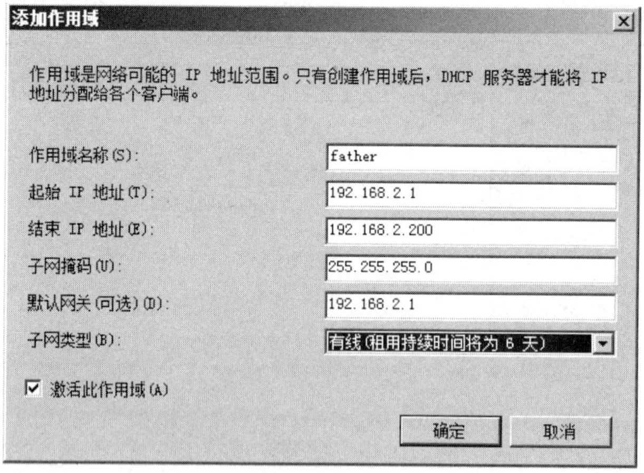

图 4-52　添加作用域

【步骤5】在 DHCP 服务器安装界面，单击"安装"按钮，出现如图 4-53 所示的"安装
进度"界面，直至 DHCP 服务器安装完成。

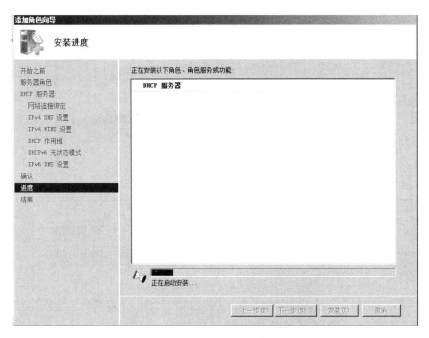

图 4-53　安装进度

【步骤 6】单击"开始"→"服务器管理器"→"角色"→"DHCP 作用域",选择"新添加作用域",弹出如图 4-54 所示的"欢迎使用新建作用域向导"对话框,单击"下一步"按钮。

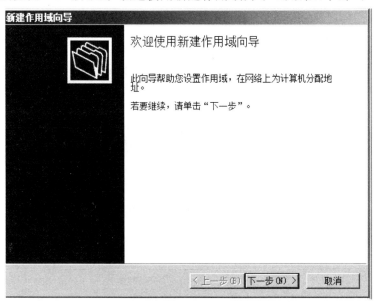

图 4-54　新建作用域向导

【步骤 7】在弹出的如图 4-55 所示的"作用域名称"对话框中的"名称"和"描述"文本框中输入指定内容后,单击"下一步"按钮("名称"和"描述"只起标志和说明作用)。

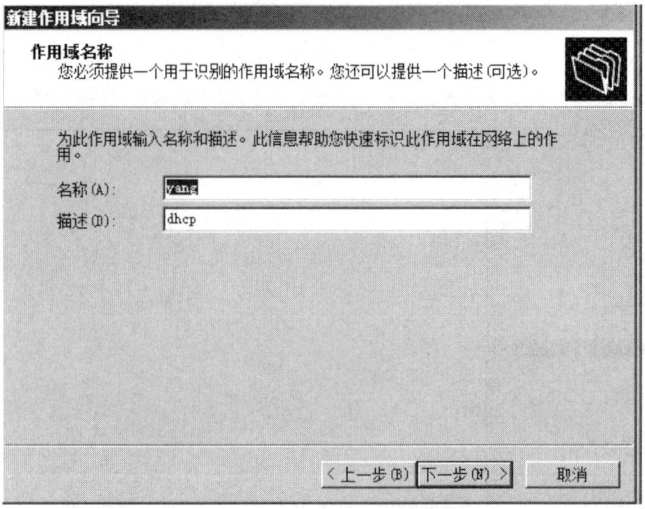

图 4-55　作用域名

【**步骤 8**】弹出"IP 地址范围"对话框。在"起始 IP 地址"文本框中输入作用域的起始 IP 地址，在"结束 IP 地址"文本框中输入结束 IP 地址。在"长度"下拉列表框中设置子网掩码使用的 bit 数（24 代表子网掩码为 255.255.255.0，16 代表子网掩码为 255.255.0.0，其他以此类推）。设置完"长度"后，在"子网掩码"文本框中自动出现该长度对应的子网掩码，一般采取默认设置即可，如图 4-56 所示。完成设置后单击"下一步"按钮。

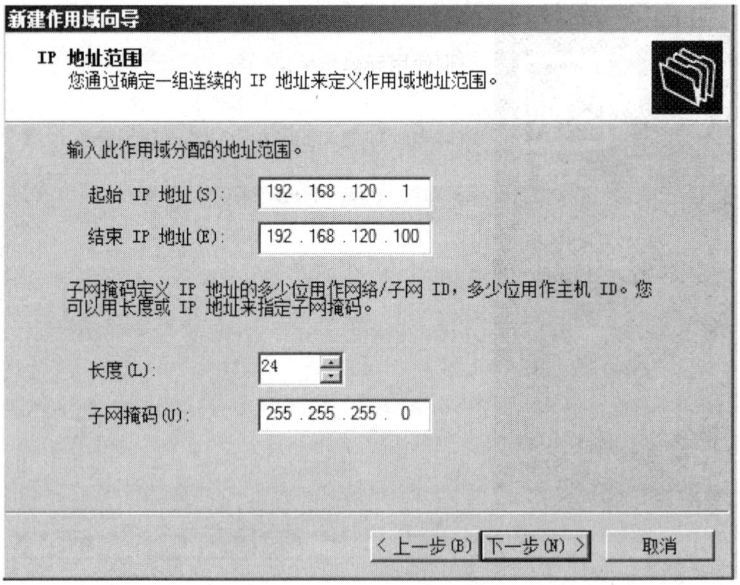

图 4-56　IP 地址范围

【**步骤 9**】弹出"添加排除"对话框，在该对话框中可以指定排除的 IP 地址或 IP 地址范围，如图 4-57 所示。

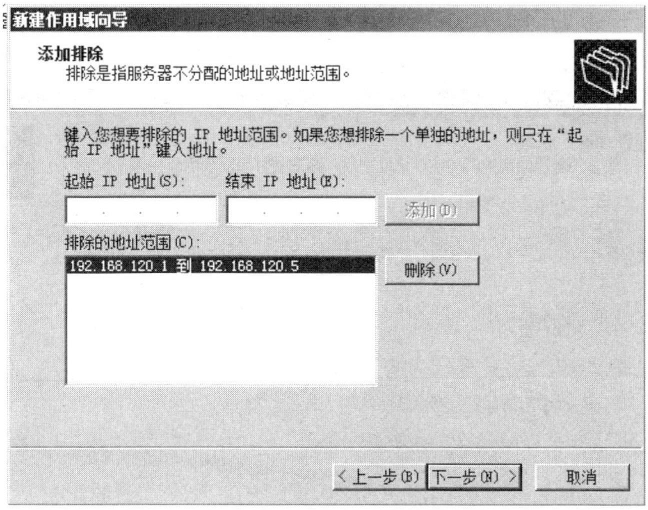

图 4-57 添加排除

如果在网络中已经使用了几个 IP 地址作为其他服务器的静态 IP 地址,那么就需要将它们排除。在"起始 IP 地址"文本框中输入要排除的 IP 地址并单击"添加"按钮。若要排除多个 IP 地址,则重复以上操作即可。只要在"起始 IP 地址"和"结束 IP 地址"文本框中输入 IP 地址后单击"添加"按钮,就可以排除设置的 IP 地址范围。设置完毕后单击"下一步"按钮。

【步骤 10】弹出"租用期限"对话框。在"天"、"小时"和"分钟"文本框中设置租用的期限,如图 4-58 所示。一般而言,对于经常变动的网络,租用期限可以设置得短一些。操作完成后单击"下一步"按钮。

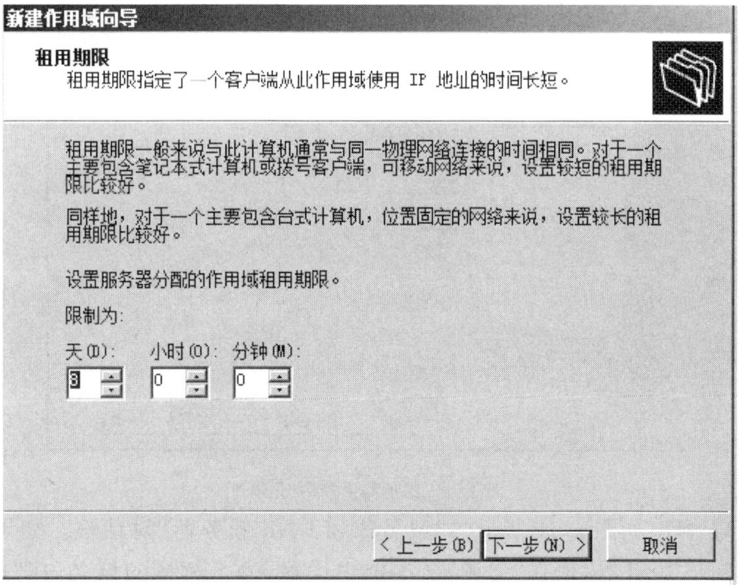

图 4-58 租约期限

【步骤11】在弹出的"配置 DHCP 选项"对话框中,选择"是,我想现在配置这些选项",如图 4-59 所示,单击"下一步"按钮。

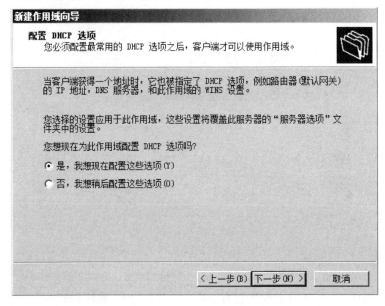

图 4-59 配置 DHCP 选项

【步骤12】在弹出的如图 4-60 所示的"路由器(默认网关)"对话框中的"IP 地址"栏的文本框中设置 DHCP 服务器发送给 DHCP 客户机使用的路由器(默认网关)的 IP 地址(应根据用户网络规划进行设计)。完成后,单击"下一步"按钮。

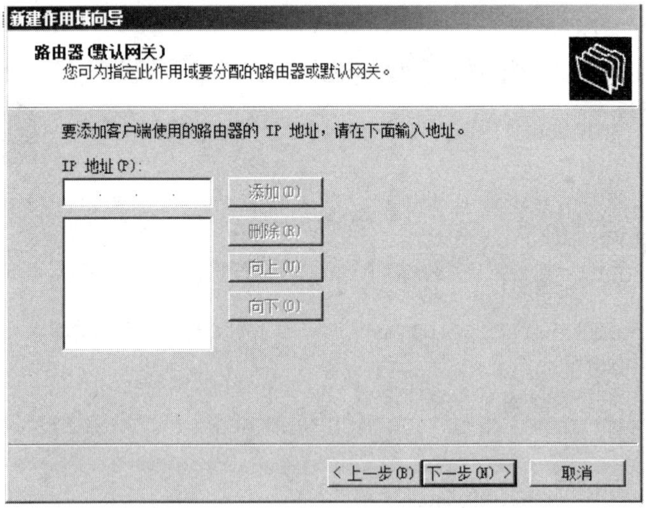

图 4-60 添加路由器的 IP 地址

【步骤13】弹出如图 4-61 所示的"域名称和 DNS 服务器"对话框。如果要为 DHCP 客户机设置 DNS 服务器,请在"父域"文本框中设置 DNS 解析的域名,在"IP 地址"文本框中添加 DNS 服务器的 IP 地址,也可以在"服务器名称"文本框中输入服务器的名称,然后单击"解析"按钮自动查询 IP 地址。完成设置后单击"下一步"按钮。

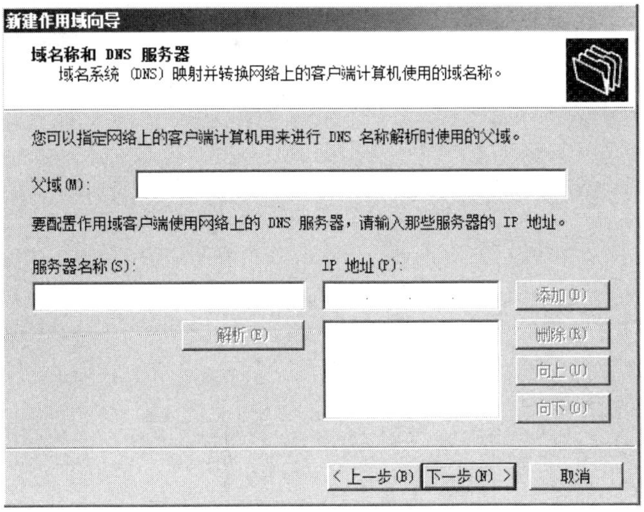

图 4-61 添加域名称和 DNS 服务器

【步骤 14】弹出如图 4-62 所示的"WINS 服务器"对话框。如果要为 DHCP 客户机设置 WINS 服务器,请在"IP 地址"文本框中添加 WINS 服务器的 IP 地址,也可以在"服务器名称"文本框中输入服务器的名称,然后单击"解析"按钮自动查询 IP 地址。完成设置后单击"下一步"按钮。

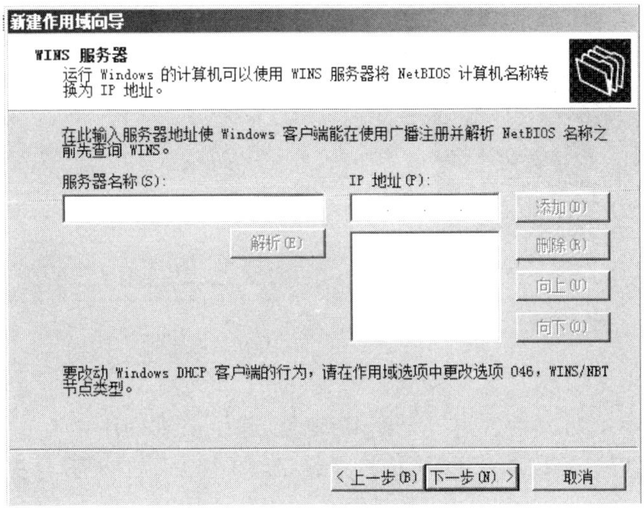

图 4-62 添加 WINS 服务器

【步骤 15】在弹出的"激活作用域"对话框中,选择"是,我想现在激活此作用域",如图 4-63 所示,然后单击"下一步"按钮。

【步骤 16】弹出"正在完成新建作用域向导"对话框,如图 4-64 所示,单击"完成"按钮,配置完成。

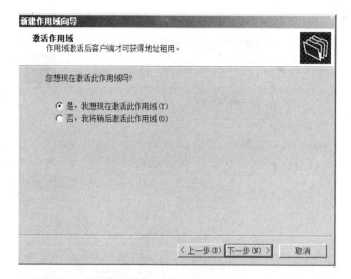

图 4-63　激活作用域

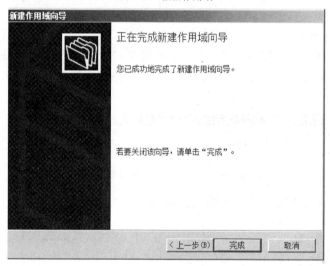

图 4-64　正在完成新建作用域向导

2. 配置 DHCP 客户机

要想使用 DHCP 方式为客户机分配 IP 地址,除了要求网络中有一台 DHCP 服务器外,还要求客户机应具备自动从 DHCP 服务器获取 IP 地址的能力,这些客户端就被称为 DHCP 客户机。在客户机上获取 DHCP 服务的操作步骤是:

【步骤 1】在客户机上进行以下设置:在桌面的"网上邻居"图标处单击鼠标右键,在弹出的快捷菜单中单击"属性"。

【步骤 2】在弹出的"网络连接"窗口中选择"本地连接"并单击鼠标右键,在弹出的快捷菜单中单击"属性"。

【步骤 3】弹出"本地连接 属性"对话框。双击"Internet 协议(TCP/IP)"选项,在弹出的如图 4-65 所示的对话框中,选择"自动获得 IP 地址",然后单击"确定"按钮。

【步骤4】设置完毕后,重新启动计算机,在 DOS 命令行状态下执行 ipconfig/all 命令以分页显示 IP 地址的分配情况,从所显示的内容中可以发现 DHCP 服务器是否启用、本机从 DHCP 服务器上所获取的 IP 地址、租用期限和租约失效时间等信息,可以验证 DHCP 客户端是否已经从 DHCP 服务器获得了 IP 地址。

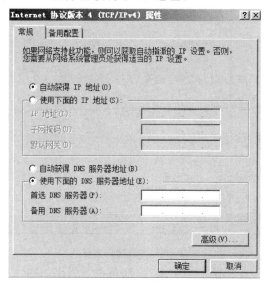

图 4-65　自动获取 IP 地址

任务6　搭建与使用 DNS 服务器

⇨ 任务描述

域名系统(Domain Name System 或 Domain Name Service,DNS)由解析器和域名服务器组成。域名服务器是指保存有该网络中所有主机的域名和对应 IP 地址,并具有将域名转换为 IP 地址功能的服务器。其中域名必须对应一个 IP 地址,而 IP 地址不一定有域名。所以要搭建 DNS 服务器,把互联网上的域名进行解析,才能看到该域名所对应网站的内容。

⇨ 任务目标

掌握在 Windows Server 2008 中安装和配置 DNS,并能够利用搭建好的 DNS 服务器;对 Web 服务器提供解析服务;在客户端配置 TCP/IP,添加 DNS 服务器地址;访问互联网上的域名。

⇨ 工作过程

注意:在搭建 DNS 服务器之前,一定要搭建好 Web 服务器,可参考本项目任务4。

1. 安装 DNS 服务

【步骤1】在 Windows Server 2008 中,单击"开始"→"管理工具"→"服务器管理器",

弹出如图 4-66 所示的窗口。

图 4-66　服务器管理器

【步骤 2】在图 4-66 右侧窗格中单击"添加角色",弹出如图 4-67 所示的"添加角色向导"对话框。

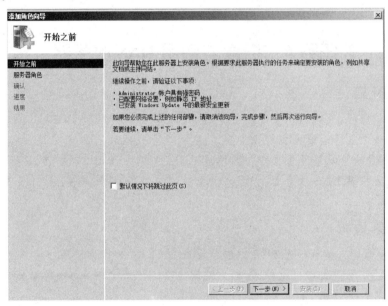

图 4-67　添加角色向导

【步骤 3】单击"下一步"按钮,弹出如图 4-68 所示的"确认安装选择"对话框。

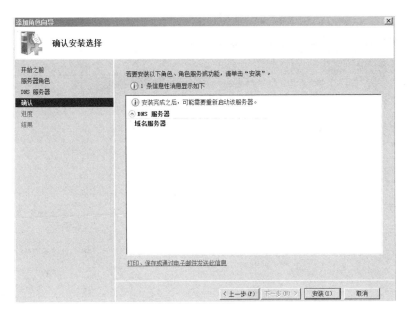

图 4-68　"确认安装选择"对话框

【步骤 4】单击"安装"按钮,弹出如图 4-69 所示的"安装进度"界面,直至 DNS 组件服务安装完成。

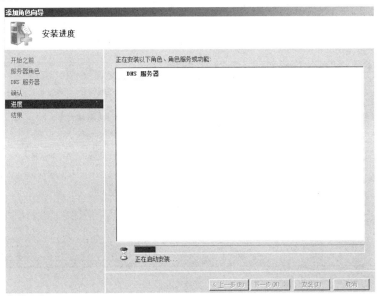

图 4-69　"安装进度"界面

2. 配置 DNS

【步骤 1】在 Windows Server 2008 中,单击"开始"→"管理工具"→"服务器管理器",展开 DNS,弹出如图 4-70 所示的窗口。

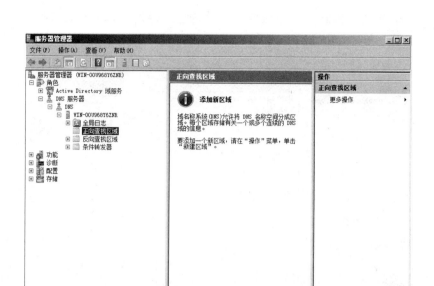

图 4-70 展开 DNS

【步骤 2】单击"操作"→"新建区域",出现"新建区域向导",单击"下一步"按钮,如图 4-71 所示。

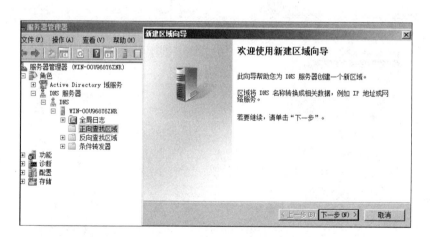

图 4-71 新建区域向导

【步骤 3】弹出"区域类型"对话框,如图 4-72 所示,可以创建的区域类型有"主要区域"、"辅助区域"、"存根区域",这里直接选择"主要区域",创建一个可以直接在这个服务器上更新的区域副本。

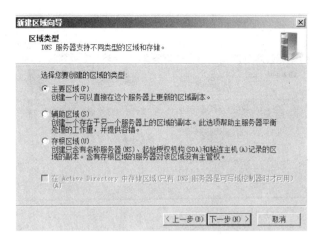

图 4-72　"区域类型"对话框

【步骤 4】单击"下一步"按钮,弹出"区域名称"对话框。区域名称就是一个域名,这里使用域名 sun.com,如图 4-73 所示。

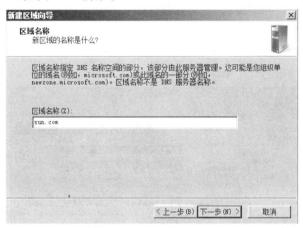

图 4-73　"区域名称"对话框

【步骤 5】单击"下一步"按钮,弹出"区域文件"对话框。可以创建新文件,也可以使用现存文件。这里直接选择创建新文件,如图 4-74 所示。

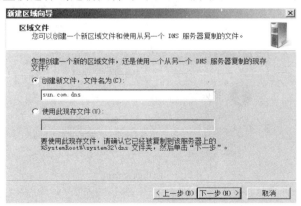

图 4-74　"区域文件"对话框

【**步骤 6**】单击"下一步"按钮,弹出"动态更新"对话框,选择"不允许动态更新",如图 4-75 所示。

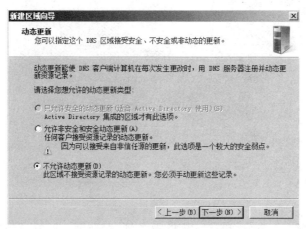

图 4-75 "动态更新"对话框

【**步骤 7**】单击"下一步"按钮,完成新建区域。选择"sun.com",单击"操作"菜单下的"新建主机",弹出"新建主机"对话框,在"名称"栏中输入"www",在"IP 地址"栏中输入192.168.2.98,这个地址是 Web 服务器的地址,如图 4-76 所示。单击"添加主机"按钮,则成功创建了主机,如图 4-77 所示。

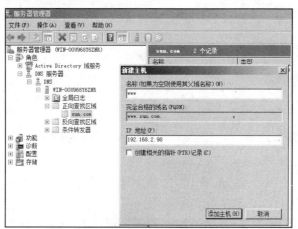

图 4-76 DNS 正向查找区域

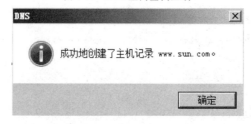

图 4-77 成功创建主机

3.设置 DNS 客户端

尽管 DNS 服务器已经创建成功,并且创建了合适的域名,可是在客户机的浏览器中却无法使用"www. sun. com"这样的域名访问网站。这是因为虽然已经有了 DNS 服务器,但客户机并不知道 DNS 服务器在哪里,因此不能识别用户输入的域名。用户必须手动设置 DNS 服务器的 IP 地址才行。

在客户机上打开"本地连接"中的 TCP/IP 属性对话框。在"首选 DNS 服务器"中,填写刚才搭建好的 DNS 服务器的 IP 地址,如 192.168.2.100,如图 4-78 所示。

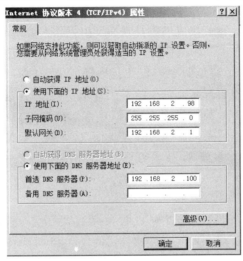

图 4-78　TCP/IP 属性

4.访问 Web 站点

打开 IE 浏览器,在地址栏中输入 www. sun. com,按"Enter"键后,就可以看到该网站的详细页面。

⮕ 相关知识

一、网络操作系统

1.网络操作系统概述

网络操作系统(Network Operation System,NOS)是指能使网络上的计算机方便而有效地共享网络资源,为用户提供所需的各种服务的操作系统。网络操作系统除了具备单机操作系统所需的功能(如内存管理、CPU 管理、输入/输出管理、文件管理等)外,还具备高效可靠的网络通信能力以及多项网络服务功能,例如远程管理、文件传输、电子邮件、远程打印等。

典型的网络操作系统具有以下特征:

(1)硬件独立

硬件独立是指网络操作系统应独立于具体的硬件平台,支持多平台,即系统应可以运行于各种硬件平台之上。例如,可以运行于基于 X86 的 Intel 系统中,还可以运行于基于 RISC(精简指令集)的系统中,如 DEC Alpha、MIPS R4000 等。用户进行系统迁移时,可以直接将基于 Intel 系统的机器平滑转移到 RISC 系列主机上，不必修改系统。为此，Microsoft 提出了 HAL(硬件抽象层)的概念。HAL 与具体的硬件平台无关，改变具体的硬件平台，无须进行其他变动，只要更换其 HAL，系统就可以进行平稳转换。

（2）网络特性

网络特性具体来说就是管理计算机资源并提供良好的用户对话框。它是运行于网络上的，首先要能管理共享资源，例如 Novell 公司的 NetWare 最著名的就是它的文件服务和打印管理。

（3）可移植性和可集成性

具有良好的可移植性和可集成性也是现在网络操作系统必须具备的特征。

（4）多用户、多任务

在多进程系统中，为了避免两个进程并行处理所带来的问题，可以采用多线程的处理方式。线程相对于进程而言需要较少的系统开销，其管理比进程易于进行。抢先式多任务就是操作系统不必等待某一线程完成后，再将系统控制交给其他线程，而是主动将系统控制交给首先申请得到系统资源的其他线程，这样就可以使系统具有更好的操作性能。此外，支持 SMP(对称多处理)技术等是对现代网络操作系统的基本要求。

2.网络操作系统的类型

（1）Windows 操作系统

对于这类操作系统，相信用过计算机的人都不会陌生，这是全球最大的软件开发商——Microsoft(微软)公司开发的。微软公司的 Windows 系统不仅在个人操作系统中占有绝对优势，而且在网络操作系统中也具有非常强劲的力量。这类操作系统在整个局域网配置中是最常见的，但由于它对服务器的硬件要求较高，且稳定性能不是很高，所以微软的网络操作系统一般只应用在中、低档服务器中。在局域网中，微软的网络操作系统主要有：Windows NT Server 4.0、Windows 2000 Server/Advance Server、Windows Server 2003/Advance Server、Windows Server 2008、个人操作系统（如 Windows 9x/ME/XP）等。

（2）NetWare 操作系统

NetWare 操作系统虽然远不如早几年那么风光，在局域网中也已失去了当年雄霸一方的气势，但是 NetWare 操作系统仍以对网络硬件的要求较低(工作站只要是 286 机就可以了)、无盘工作站组建方面的优势、具有相当丰富的应用软件支持且技术完善、可靠而受到一些设备比较落后的中、小型企业，特别是学校的青睐。目前常用的有 3.11、3.12、4.10、V4.11、V5.0 等中、英文版本。NetWare 服务器对无盘工作站和游戏的支持较好，常用于教学网和游戏厅。

（3）Unix 系统

Unix 系统支持网络文件系统服务，提供数据等应用，功能强大，由 AT&T 和 SCO 公司推出。这种网络操作系统稳定且安全性能非常好，但由于它多数是以命令方式来进行操作的，所以用户不容易掌握，特别是初级用户。正因如此，小型局域网基本不使用 Unix 作为网络操作系统，Unix 一般用于大型网站或大型企、事业局域网中。Unix 系统历史悠久,其良好的网络管理功能已为广大网络用户所接受,拥有丰富的应用软件的支持。目前 Unix 系统的版本有:AT&T 和 SCO 的 UnixSVR 3.2、SVR 4.0 和 SVR 4.2 等。Unix 是主要针对小型机的主机环境开发的操作系统,采用集中式分时多用户体系结构。

(4)Linux 系统

Linux 系统是一种新型的网络操作系统,它最大的特点就是源代码开放,可以免费得到许多应用程序。目前也有中文版的 Linux,例如 RedHat(红帽)、红旗 Linux 等,在国内得到了用户的充分肯定,主要体现在它的安全性和稳定性方面,它与 Unix 系统有许多类似之处。但目前这类操作系统仍主要应用于中、高档服务器中。

3. Windows Server 2008

Windows Server 2008 是微软下一代服务器操作系统,也是目前最新的服务器操作系统,可以帮助信息技术(IT)专业人员最大限度地控制其基础结构,同时提供空前的可用性和管理功能,建立比以往更加安全、可靠和稳定的服务器环境。它继承 Windows Server 2003,通过加快 IT 系统的部署与维护,使服务器和应用程序的合并与虚拟化更加简单,提供直观管理工具。Windows Server 2008 为组织的服务器和网络基础结构奠定了较好的基础。

Windows Server 2008 具有如下七大优势:

(1)ServerCore 模式

作为服务器操作系统,Windows Server 一直以来颇为诟病的地方就是,作为服务器,管理员可能根本不需要安装图形驱动、DirectX、ADO、OLE 等。Server Core 没有图形用户界面,可以选择安装指定功能,而无须安装不必要的特性,专为拥有多个服务器的企业而设。企业中有些服务器仅需要执行指定任务或在高安全需求的环境中要求对服务器的攻击为最小。

(2)IIS 7.0

Windows Server 2008 可为 Web 发布提供统一平台,高度集成了 Internet Information Services 7.0 (IIS7.0)、ASP. NET、Windows Communication Foundation 和 Microsoft Windows SharePoint Services 等。IIS7.0 是对现有旧版本的 IIS Web 服务器的重大升级,并在集成 Web 平台技术方面发挥着关键作用。IIS7.0 的关键优势包括:更高效的管理特性、更高的安全性以及更低的支持成本等。上述各方面特性的强势结合打造了一款统一平台,能够为 Web 解决方案提供集中而高度一致的开发和管理模型。

(3)终端服务的改进和增强

Windows Server 2008 主要新增了三个特性:一是终端服务远程应用(Terminal Services RemoteApp),也就是能够在支持终端服务的机器上定义将要运行的程序。用户不需要知道他们现在使用的应用程序是在哪台机器上运行的,除非是出现了明显的、因网络延时或者服务器过载而引起的较长延时。二是终端服务网关(Terminal Services Gateway),也就是允许用户通过任何一个 Web 门户网站访问终端服务的应用程序,其传输方式是通过一种加密过的 https 通道。而且,该网关能够通过防火墙发送连接,并完成

NAT 转换。三是终端服务 Web 访问（Terminal Services Web Access），这个特性能够让服务器管理员公开地在 Web 页面上发布可用的终端服务远程程序。用户能够在网页上浏览他们希望运行的应用程序，点击之后便能把它嵌入到自己的应用程序中。

（4）Hyper-V 技术（虚拟服务器技术）

Windows Server 2008 虚拟机是基于平台底层来实现的。Windows Server 2008 虚拟机的主要设计意图是打算在一台很多芯片和很大内存的类似小型机级别的服务器上，同时提供几十台不同用途的虚拟服务器。这样从根本上满足企业网络信息化对各种服务器的需求，并降低管理成本和总体投入成本。以前企业可能需要 VPN 路由服务器、数据库服务器、DHCP 服务器、AD 服务器、Exchange 服务器等多台电脑，而且为了预留一些负载潜力而购买远高于目前需求的服务器设备。Windows Server 2008 时代就不需要这么做了，可以先买一台服务器，然后里面实际运行三四个虚拟服务器，等到将来需要扩容了，只需简单地再加一台服务器，把几个虚拟机导出，再导入新的服务器，利用极短的时间即可完成。因此，在虚拟服务器方面，Windows Server 2008 开启了一个新的时代。事实上，虚拟化的思想不仅仅在于消除机器的重叠和节省成本，还在于与未虚拟化的服务器相比，在服务上有更高的可用性。在这种背景下，Hyper-V 还支持多客户机的集群。其可以将多个运行于 Hyper-V 组件上的物理机组成集群，这样一旦主机发生某种故障，虚拟化实例就可以将故障转移到另一个主机上；还可以将虚拟机从一个物理主机移植到另一个物理主机，而不会发生停机，并且简化服务、计划和重组的过程，从而大大地减少了服务所带来的负面影响。

（5）网络访问保护（NAP）

简单地说，网络访问保护（NAP）可以防止不健康的计算机访问企业网络并危及网络的安全。大多数企业可创建网络策略，用以指定部署于网络上的软硬件类型。这样的策略通常涉及客户端计算机在连接到网络之前如何配置的规则。例如，许多企业要求客户端计算机必须运行安装有最近更新的防病毒软件，也就是说客户端计算机必须安装一个防火墙软件，且在连接到企业网络之前启用该防火墙软件。根据企业网络策略进行配置的客户端计算机可以看作是与健康策略相符合的，而没有根据企业网络策略进行配置的计算机可以看作是不符合健康策略的。因此，可以利用 NAP 来配置、强制执行客户端的健康请求，并在连接到企业网络之前，更新或者纠正不符合要求的客户端计算机。NAP 也提供了一套 API，允许企业而不是微软将他们的软件整合到 NAP 平台。使用NAP APIS，软件开发商和供应商可提供端到端解决方案，其可验证健康的客户端并及时纠正不符合要求的客户端。

（6）可重新启动的活动目录域服务

管理员可以使用 Microsoft 管理控制台单元或者命令行，停止并重启 Windows Server 2008 中的活动目录域服务（AD DS）。以前要维护域控服务器是件很困难的事情，即便是有辅助域控制器，也从没有一次能顺利完成维修的，一停机肯定有电话过来。现在可重新启动的 AD DS 减少了执行某些操作的时间，如更新服务器。管理员可以停止 AD DS 以便执行任务，如脱机对活动目录数据库进行磁盘碎片整理，而无须重新启动域控器。其他运行在服务器上以及不依赖于 AD DS 进行查找的服务,如动态主机配置协议(Dynamic Host Configuration Protocol,DHCP),在 AD DS 关闭时依然可以满足客户的请求。

(7)Read-Only Domain Controller (RODC)

RODC 是 Windows Server 2008 操作系统中的一种新型域控制器配置,使组织能够在域控制器安全性无法保证的位置轻松部署域控制器。RODC 维护给定域中 Active Directory 目录服务数据库的只读副本。在此版本之前,当用户必须使用域控制器进行身份验证,但其所在的分支办公室无法为域控制器提供足够物理安全性时,必须通过广域网(WAN)进行身份验证。在很多情况下,这不是一个有效的解决方案。通过将只读 Active Directory 数据库副本放置在更接近分支办公室用户的地方,即使身处没有足够物理安全性来部署传统域控制器的环境,这些用户也可以更快地登录,并能更有效地访问网络上的身份验证资源。

二、用户和组的管理

本地用户或组是用户用以管理本地用户和组的工具,它存在于运行 Windows Server 2008 的计算机和运行 Windows Server 2008 的成员服务器上。本地用户或组是可以从用户的计算机授予权利和权限的账户。可将本地用户、全局用户和全局组添加到本地组,但不能将本地用户和组添加到全局组。

在域控制器中不能使用本地用户和组,可使用"Active Directory 用户和计算机"管理全局用户和组,域或全局用户和组由用户网络管理员管理。

1. 用户管理

(1)本地用户账户

本地用户账户信息存储在本地计算机的 SAM 数据库内,当本地计算机用户尝试进行本地登录时,账户信息在 SAM 数据库经过验证。登录后,用户只能根据权限使用本机信息,如果要使用网络内其他计算机的信息,则必须知道对方计算机本地用户的用户名和密码。内置的用户账户有 Administrator 和 Guest。

①Administrator。该账户为初次安装 Windows Server 2008 系统后的预设系统管理员,它可对整个域或计算机进行设置,例如,用户账户与组的建立、更改、删除,建立打印机,设置安全策略,设置用户账户的权限,分配资源等。该账户可以更名但无法删除,无法设置为禁用,密码永久有效,永远不会到期,不受登录时间限制,也不受只能用指定计算机登录的限制。为了安全起见,进入系统后应将 Administrator 账户更名。

②Guest。该账户用来提供给来宾作为临时账户使用。所谓来宾,是指偶尔要求登录入网的用户。该账户具有一小部分的权限。Guest 账户可以被更名,但无法删除,要使用该账户时,首先要设置它为允许使用,默认设置为禁用。

(2)域用户账户

域用户账户信息存储在域控制器的活动目录中,活动目录是网络中的一个中央数据库,用于存储各种资源信息。通过活动目录,不但可以迅速定位网络资源,还可以对企业网络进行中央管理。

2.组管理

组是系统中可拥有相同权限的最小单位。组可以方便、系统、有序、高效地对用户进行管理。要给一批用户分配同一个权限时，就可以将这些用户都归到一个组中，只要给这个组分配该权限，组内的用户就都会拥有该权限。

Windows Server 2008 所支持的组分为以下两种类型：安全组和通信组。其中，安全组可以用来设置权限，简化网络的维护和管理。例如，可以设置某个安全组对某个文件具备"读取"的权限。安全组也可以用在与安全无关的任务上，例如，将电子邮件发送给某个安全组。通信组只能用在与安全（权限的设置等）无关的任务上，例如，可以将电子邮件发送给某个通信组。通信组不能进行权限设置。

（1）本地组

本地组是指在非域控制器上创建的组，这些组账户存储在 SAM 数据库内，只限于在本地计算机使用，即只能访问本地计算机的资源。内置的本地组主要有 Administrators、Backup Operators、Guests、Power Users、Remote Desktop Users、Replicators、Users。

①Administrators。该组的成员具有对服务器的完全控制权限，并且可以根据需要向用户指派用户权利和访问控制权限。管理员账户也是其默认成员。当该服务器加入域时，域组中的成员会自动添加到该组中。由于该组可以完全控制服务器，所以向该组添加用户时需谨慎。

②Backup Operators。该组的成员可以备份和还原服务器上的文件，而不管保护这些文件的权限如何。这是因为执行备份任务的权利要高于所有文件权限。该组不能更改安全设置，其默认权限是：从网络访问此计算机；允许本地登录；备份文件和目录；忽略遍历检查；还原文件和目录；关闭系统。

③Guests。该组的成员拥有一个在登录时创建的临时配置文件。在注销时，该配置文件将被删除。来宾账户（默认情况下已禁用）也是该组的默认成员。没有默认的用户权利。

④Power Users。该组的成员可以创建用户账户，然后修改并删除所创建的账户。可以创建本地组，然后在其已创建的本地组中添加或删除用户。还可以在 Power Users 组、Users 组和 Guests 组中添加或删除用户。其成员可以创建共享资源并管理所创建的共享资源。该组成员不能取得文件的所有权、备份或还原目录、加载或卸载设备驱动程序，也不能管理安全性以及审核日志。其默认用户权利是：从网络访问此计算机；允许本地登录；忽略遍历检查；更改系统时间；调整单一进程；从扩展坞中取出计算机；关闭系统。

⑤Remote Desktop Users。该组的成员可以远程登录服务器。默认用户权利：允许通过终端服务器登录。

⑥Replicators。该组支持复制功能。Replicators 组的唯一成员应该是域用户账户，用于登录域控制器的 Replicators 服务。不能将实际用户的用户账户添加到该组中。

⑦Users。该组的成员可以执行一些常见任务，例如运行应用程序、使用本地和网络打印机以及锁定服务器。用户不能共享目录或创建本地打印机。默认情况下，Domain

Users、Authenticated Users 以及 Interactive 组是该组的成员。因此,在域中创建的任何用户账户都将成为该组的成员。其默认用户权利是:从网络访问此计算机;允许本地登录;忽略遍历检查。

(2)域组

域组是指在域控制器上创建的组,这些组账户存储在 AD(活动目录)中,适用于所有属于这个域的计算机,即它们能够访问所有计算机的资源,条件是要有适当的权限。

内置的本地域组存在于活动目录的 Builtin 容器中,主要有 Account Operators、Administrators、Backup Operators、Incoming Forest Trust Builders、Print Operators、Server Operators。

①Account Operators。该组成员可以登录域控制器、新建/删除及管理域用户账户和组,但不能更改及删除 Administrators 中的组及其成员。

②Administrators。该组成员拥有最高的权利与权限,对整个域有最高控制权。

③Backup Operators。该组成员拥有在本地登录、系统关机、备份文件与目录、回存文件与目录等权利。

④Incoming Forest Trust Builders。该组只存在于林根域。

⑤Print Operators。该组成员可在本地登录、退出系统及关机,也可以新建/删除、设置域内共享打印机。

⑥Server Operators。该组成员拥有的权利是:本地登录、系统关机、锁定与解开域控制器、备份文件与目录、回存文件与目录,其权限仅次于 Administrators。

(3)组的作用域(使用领域)

①通用组。通用组可设置所有域中的访问权限,因而能够访问所有域中的资源。通用组具有以下特点:

a.具有通用特性,其成员能够包含域林中所有域中的用户、通用组、全局组,但不包含任何一个域中的本地域组。

b.可访问任何一个域内的资源,即可在任何一个域内设置通用组的权限(这个通用组可以在同一个域中,也可以在另一个域中),从而让该通用组可以访问该域内的资源。

- Cert Publishers:用来更新代理程序。

- Domain Administrators:该组默认属于 Administrators 组,账户 Administrator 属于该组。

- Domain Computers:加入域中的所有计算机都属于该组成员。

- Domain Controllers:域内所有域控制器都属于该组成员。

- Domain Guests:属于 Guests 本地域组。

- Domain Users:所有的域用户账户默认都属于该组成员。

②全局组。可以将多个被赋予相同权限的用户账户加入同一个全局组内。全局组具有以下特点:

a.全局组内的成员只能够包含与该组属于同一域内的用户账户和全局组。也就是说,只能够将同一域内的用户账户与其他全局组加入全局组内。

b.全局组可以访问域林中任何一个域内的资源,也就是说,可以在任何一个域内设置某个全局组的使用权限,以便让该全局组具备权限来访问该域内的资源。

• Enterprise Admin：只出现在整个域林的根域中，子域中不包含该组。该组成员可以管理整个域林中的所有域。

③本地域组。本地域组主要用来指派其在所属域内的访问权限，以便可以访问该域内的资源。本地域组具有以下特点：

a.本地域组内的成员能够包含任何一个域内的用户账户、通用组、全局组，它也能够包含同一域内的本地域组，但是无法包含其他域内的本地域组。

b.本地域组只能够访问同一域内的资源，无法访问其他域内的资源。换句话说，在设置本地域组的权限时，只可以设置同一域内的资源的权限，但是无法设置其他域内的资源的权限。

三、组策略

组策略定义了系统管理员需要管理的用户桌面环境的多种组件，例如，用户可用的程序、用户桌面上出现的程序以及"开始"菜单选项。使用组策略管理单元可以为特定用户组创建特定的桌面配置。组策略设置包含在组策略对象中，而组策略对象又和所选择的站点、域或组织单位的 Active Directory 对象相关联。

系统管理员可以使用组策略对一台或多台计算机的各种选项进行设置。也可以这样理解组策略：它是调整注册表的一个"所见即所得"编辑器，不用"注册表编辑器"就能完成一些系统高级调整与修改。

组策略包括影响用户的"用户配置"和影响计算机的"计算机配置"。组策略的使用非常灵活，其中包括了基于注册表的策略设置、安全设置、软件安装、脚本运行、计算机启动和关闭、用户登录和注销等方面。

组策略的配置和应用非常灵活，而且在不同的环境中有不同的方法。对于单机或工作组环境，我们可以使用组策略编辑器对组策略进行设置和修改（"开始"→"运行"→"gpedit.msc"）。它在域环境下的功能则更加强大，只要系统管理员在域控制器上部署了相应的策略，所有登录到这个域控制器上的客户端计算机都将自动应用这些策略，真正实现了一次设置处处执行（"开始"→"管理工具"→"Active Directory 用户和计算机"；突出显示相关域或组织单位，选择"属性"；选择"组策略"选项卡；单击"新建"按钮创建一个策略，并为其指定有实际意义的名称，如"域策略"）。

注意：每个容器可应用多个策略，这些策略的处理顺序是从列表的底部向上。如果出现冲突，则最后应用的策略优先。

四、FTP 服务

1. FTP(File Transfer Protocol)

FTP 即文件传输协议，它通过客户端和服务器端的 FTP 应用程序在 Internet 上实现文件远程传输，共享 Internet 上的资源。客户机与服务器的连接称为"登录"；将文件上传到服务器称为"上传"；反之，则称为"下载"。Windows 系统中自带的 FTP.EXE 程序简单、实用。

2. FTP 客户端软件类型

FTP 客户端软件是用户使用文件传输服务的对话框，按照对话框风格的不同，FTP 客户端软件可分为字符对话框和图形对话框两类。

（1）字符对话框的 FTP 客户端软件采用命令行方式进行人机对话。早期的各种操作系统下的 FTP 客户端软件和 Windows 中内置的 FTP 应用程序都属于此类,且使用上基本相同。

（2）图形对话框的 FTP 客户端软件则提供了更直观、方便、灵活的窗口互联对话框。这类软件发展迅速,功能更强劲的工具不断涌现,Cuteftp 传输软件即属于此类。

3.FTP 客户端登录方式

一种是前文所述的在浏览器中登录,另一种是在 MS-DOS 状态下的登录。在 MS-DOS 状态下或在视窗中单击"开始"→"运行"并执行"FTP 192.192.120.2＜远程主机名＞"。

远程主机名是用户需要连接的远程 FTP 服务器名称,远程主机名为域名形式或直接使用 IP 地址。当 FTP 应用程序连接到主机上后,主机会要求用户输入注册名和密码,显示提示的主要信息包括:

220 主机名 FrPserve System V Release 4. Olready

Name:用户名　　　　　　　　　（用户输入用户名）

331 Password:＊＊＊＊　　　　　（用户输入密码）

User 用户名 logged in　　　　　（信息提示登录成功）

FTP＞　　　　　　　　　　　　（表明进入 FTP 程序,可进行操作）

（1）下载文件

FTP 服务器上具有丰富的信息资源,将这些资源从远程服务器下载到本地计算机上可使用 get 命令,其格式为

　　　　　　　FTP＞get ＜源文件名＞ ＜目的文件名＞

如果省略＜目的文件名＞,则将源文件以同名文件下载到本地计算机的当前目录中;FTP 服务器上的信息量较大,需要注意本机上相应的存储空间是否足够。

（2）上传文件

将文件（如网页）上传到远程服务器时大多使用 FTP 中的 put 命令,其格式为

　　　　　　　FTP＞put ＜源文件名＞ ＜目的文件名＞

如果省略＜目的文件名＞,则将源文件以同名文件上传到远程服务器中的当前目录中。

（3）退出

从 FTP 命令状态退回 MS-DOS 状态时,可使用 quit 命令,其格式为

　　　　　　　FTP＞quit

如果要再次返回窗口状态,则可在 MS-DOS 状态中输入 exit 命令。

4.FTP 服务器端软件

FTP 服务器端软件除了 Windows Server 2008 中 IIS 中的 FTP 服务器外,还有其他服务器软件,例如 Serv-U FTP Server,Quick'n Easy FTP Server Pro 等,其设置简单,功能强大,性能稳定。它并非简单地提供文件下载功能,还为用户的系统安全提供了相当全面的保护。例如,用户可以为其 FTP 设置密码、各种用户级的访问许可等。

五、Web 服务器

1.大型 Web 服务器

在 Unix 和 Linux 平台下使用最广泛的免费 HTTP 服务器是 W3C、NCSA 和

Apache 服务器,而 Windows 平台 NT/2000/2003/2008 使用 IIS 的 Web 服务器。在选择使用 Web 服务器时应考虑的本身特性因素有:性能、安全性、日志和统计、虚拟主机、代理服务器、缓冲服务和集成应用程序等。下面介绍几种常用的 Web 服务器。

(1)IBM Web Sphere

IBM Web Sphere 是一种功能完善、开放的 Web 应用程序服务器,是 IBM 电子商务计划的核心部分。它是基于 Java 的应用环境,用于建立、部署和管理 Internet 和 Intranet Web 的应用程序。这一整套产品进行了扩展,以适应 Web 应用程序服务器的需要,范围从简单到高级直到企业级。

IBM Web Sphere 针对以 Web 为中心的开发人员,他们都是在基本 HTTP 服务器和 CGI 编程技术上成长起来的。他们通过提供综合资源、可重复使用的组件、功能强大并易于使用的工具以及支持 HTTP 和 IIOP 通信的可伸缩运行环境,来帮助用户从简单的 Web 应用程序转移到电子商务世界。

(2)BEA WebLogic

BEA WebLogic 是一种多功能、基于标准的 Web 应用服务器,为企业构建自己的应用平台提供了坚实的基础。各种应用开发、部署中所有关键性的任务,无论是集成各种系统和数据库,还是提交服务、跨 Internet 协作,起始点都是 BEA WebLogic。由于它具有全面的功能和多层架构,可支持基于组件的开发,所以基于 Internet 的企业都选择它来开发、部署最佳的应用平台。

BEA WebLogic 在使应用服务器成为企业应用架构的基础方面继续处于领先地位,为构建集成化的企业级应用提供了稳固的基础,以 Internet 的容量和速度在联网的企业之间共享信息、提交服务,实现协作自动化。

(3)Apache

Apache 仍然是世界上用得最多的 Web 服务器,市场占有率达 60% 左右。它源于 NCSA HTTPd 服务器,当 NCSA WWW 服务器项目停止后,那些使用 NCSA WWW 服务器的人们开始交换用于该服务器的补丁,这也是 Apache 名称的由来。世界上很多著名的网站都是 Apache 的产物,它的成功之处主要在于源代码开放、有一支开放的开发队伍、支持跨平台的应用(可以运行在几乎所有的 Unix、Windows、Linux 系统平台上)以及可移植性等方面。

(4)Tomcat

Tomcat 是一个开放源代码、运行 Servlet 和 JSP Web 应用软件的基于 Java 的 Web 应用软件服务器。Tomcat 是根据 Servlet 和 JSP 规范进行执行的,因此我们可以说 Tomcat 也实行了 Apache-Jakarta 规范且比绝大多数商业应用软件服务器要好。

Tomcat 是 Java Servlet 2.2 和 JavaServer Pages 1.1 技术的标准实现,是基于 Apache 许可证下开发的自由软件。Tomcat 是完全重写的 Servlet API 2.2 和 JSP 1.1 兼容的 Servlet/JSP 容器。Tomcat 使用了 JServ 的一些代码,特别是 Apache 服务适配器。随着 Catalina Servlet 引擎的出现,Tomcat 第四代产品的性能得到提升,使得它成为一个值得考虑的 Servlet/JSP 容器,因此目前许多 Web 服务器都是采用 Tomcat。

2.Web 服务器的发展趋势

目前,Web 服务器的发展有三个主要趋势:

（1）从 HTML 到 XML（Extensible Markup Language，可扩展标志语言）

HTML 被称为"第一代 Web 语言"，如前所述，HTML 作为 Web 的开发语言，对 Web 应用的发展起到了关键性的作用。但是 HTML 有一个致命的缺点：只适于人机交流，不适于机机交流。HTML 通过大量的标志来定义文档内容的表现方式，它仅仅描述了应如何在 Web 浏览器页面上布置文字、图形，但并没有对 Internet 的信息含义本身进行描述，而信息又是 Web 应用中最重要的内容。通过 HTML 表现出来的文字、图形内容很容易被人理解，但却不利于计算机程序去理解。此外，HTML 的另一个问题就是它的标志集合是固定的，用户不能根据自己的需要增加标志，而且各种浏览器的规格不尽相同，要使 HTML 制作的网页能够被所有浏览器正常显示，用户只能使用 W3C（万维网协会）规定的标志来创建网页。

如前所述，Web 服务器向 Web 浏览器提供的信息都是来自有一定结构的数据库，在数据库里，为了检索和管理的方便，信息按照它本身的意义（如姓名、年龄、工作单位等）被存放在相应的字段里，一旦这些数据被调出来并经过 CGI、ASP、JSP、PHP 等转换成 HTML 后，其原来的意义无法转移到 HTML 标志中来，用户也就无法按照信息本来的意义去阅读。同时，由于操作系统以及数据库的不同，不同的系统及应用层面之间要想互相理解对方的数据格式是相当困难的。这就需要一种新技术或标准能够将最初保存在数据库服务器中的原始数据结构在不同的系统层面共享。这种新技术就是 XML。

使用 XML 可以解决上述难题。W3C 对 XML 作了如下描述："XML 描述了一类被称为 XML 文档的数据对象，并部分描述了处理它们的计算机程序的行为。XML 是 SGML（Standard Generalize Markup Language，标准通用标志语言）的一个应用实例。从结构上说，XML 文档遵从 SGML 文档标准。"同 HTML 一样，XML 也是一种基于文本的标志语言，都是从 SGML 发展而来的，二者的不同在于：XML 可以让用户根据要表现的文档，自由地定义标志来表现具有实际意义的文档内容，例如，我们可以定义＜文档名称＞＜/文档名称＞这样具有实际意义的标志。而且 XML 不像 HTML 那样具有固定的标志集合，它实际上是一种定义语言的语言，也就是说使用 XML 的用户可以定义无穷的标志来描述文档中的任何数据元素，将文档的内容组织成丰富的完整的信息体系。因此，XML 具有四大特点：便于存储的数据格式、可扩展性、高度结构化以及方便的网络传输，这些特点为我们创建开放、高效、可扩展、个性化的 Web 应用提供了一个崭新的起点。

（2）从有线到无线

电子商务正在从台式机向着更为广泛的无线设备发展。然而，多种无线网络类型、标志语言、协议和无线设备并存的复杂情况，使得网络内容和数据转换成能够被无线设备所识别的格式并不容易。目前，许多企业都在致力于开发能够把应用程序以及互联网内容扩展到无线设备上的产品。

例如，IBM 新版本的 WebSphere Transcoding Publisher 3.5 增加和改进了许多新的特性，可以将企业内部网上的数据翻译到多种无线设备上。该版本中新的特性包括对更多的无线设备、数据格式的支持以及语言翻译功能。它基于 Java 架构，能把用 HTML 和 XML 等标志语言编写的应用程序和数据转换成 WML、HDML（Handheld Device Markup Language）和 iMode 等无线设备所能识别的格式，这样，通过手持设备就可以访问互

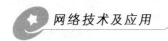

联网上的信息。

无线设备厂商 Mobilize 也推出了 Mobilize Commerce 产品,帮助企业进入无线网络。该软件可以通过无线连接的方式访问企业的内部系统,远程地实现订单发送,并进行确认。Mobilize Commerce 可以充分利用 XML 对信息进行格式转换,以适合于无线设备。这些无线设备包括笔记本电脑、个人数字助理、无绳电话、网络电话和双向寻呼等。

(3)从无声到有声

世界上现在约有 10 亿个电话终端、超过 2 亿个移动电话。就人自身的交流习惯来看,人们也更愿意利用听和说的口头方式进行交流。

目前,文本语音转换器(Text to Speech,TTS)的研究工作已经取得了很大的进展,实现了自动的语言分析理解,并允许 TTS 的使用者在讲话中运用更多的韵律、音调,使TTS 系统的发声更接近人声。在自动语音识别系统(ASR)领域里,自动语音识别系统在从整个词的模仿匹配向音素层次的识别系统方向发展。自动语音识别系统的词汇表由一个基于声音片断的字母表构成,而且这种词汇表是受不同语言限制的。基于这种方式,在一个宽广的声音行列里,讲话能被识别系统发现和挑拣出来,并加以识别。并且,在识别一个词的时候,每一个音素将从系统的输入中挑拣出来,拼接组合后与已经有的音素和词语模板进行比较,以产生需要的模板。音素的识别大大减轻了 ASR 对讲话者的依赖性,并且使得它非常容易去建立大型的和容易修改的语音识别字典,从而满足不同应用市场的需求。

Web 语音发展的另一方面是 VoiceXML(Voice Extensible Markup Language,语音可扩展标志语言)的进展。VoiceXML 的主要目标是将 Web 上已有的应用丰富的内容,让交互式语音对话框也能够全部享受。Web 服务器处理一个来自客户端应用的请求,这一请求经过了 VoiceXML 解释程序和 VoiceXML 解释程序语境处理,作为响应,服务器产生出 VoiceXML 文件,在回复当中,要经过 VoiceXML 解释程序的处理。VoiceXML 1.0 规范基于 XML,为语音和电话应用的开发者、服务提供商和设备制造商提供了一个智能化的 API。VoiceXML 的标准化将简化 Web 上具有语音响应服务的个性化对话框的创建,使人们能够通过语音和电话访问网站上的信息和服务,像今天通过 CGI 脚本一样检索中心数据库,访问企业内部网,制造新的语音访问设备。VoiceXML 的执行平台上加载了相应的软件和硬件(如 ASR、TTS),从而实现语音的识别以及文本和语音之间的转化。2000 年 5 月 23 日,W3C 接受了语音可扩展标志语言 VoiceXML 1.0 作为实例。

目前,IBM、Lucent、Motorola 等著名厂商都已经开发出相应支持 VoiceXML 的产品,但现在的 ASR 和 TTS 系统大多还不能支持中文。

六、DHCP 服务

1. DHCP 概述

DHCP 是 Dynamic Host Configuration Protocol 的缩写,中文译为动态主机分配协议,它是一个简化主机 IP 地址分配管理的 TCP/IP 标准协议。

在使用 TCP/IP 协议的网络上,每一台计算机都拥有唯一的计算机名和 IP 地址。IP地址有两种配置方法:一种是手工添加,即静态 IP 地址;另一种是通过 DHCP 服务器自动分配,即动态 IP 地址。

在使用 DHCP 时,整个网络至少有一台服务器上安装了 DHCP 服务,其他要使用 DHCP 功能的客户机也必须设置为利用 DHCP 获得 IP 地址。客户机在向服务器请求一个 IP 地址时,如果还有 IP 地址没有使用,则在数据库中登记该 IP 地址已被该客户机使用,然后回应这个 IP 地址以及相关的选项到客户机。

2.DHCP 的工作原理

当作为 DHCP 客户端的计算机第一次启动时,它通过一系列步骤获得其 TCP/IP 配置信息,并得到 IP 地址的租期。租期是指 DHCP 客户端从 DHCP 服务器获得完整的 TCP/IP 配置后对该 TCP/IP 配置的使用时间。DHCP 客户端从 DHCP 服务器上获得完整的 TCP/IP 配置需要经过以下几个过程:

(1)DHCP 发现

DHCP 工作过程的第一步是 DHCP 发现(DHCP Discover),该过程也被称为 IP 发现。以下几种情况需要进行 DHCP 发现:当客户端第一次以 DHCP 客户端方式使用 TCP/IP 协议栈时,即第一次向 DHCP 服务器请求 TCP/IP 配置时;客户端从使用固定 IP 地址转向使用 DHCP 时;该 DHCP 客户端所租用的 IP 地址已被 DHCP 服务器收回,并已提供给其他 DHCP 客户端使用时。

(2)DHCP 提供

DHCP 工作的第二个过程是 DHCP 提供(DHCP Offer),是指当网络中的任何一个 DHCP 服务器(同一个网络中存在多个 DHCP 服务器时)在收到 DHCP 客户端的 DHCP 发现信息后,该 DHCP 服务器若能够提供 IP 地址,就从该 DHCP 服务器的 IP 地址池中选取一个尚未出租的 IP 地址,然后利用广播方式提供给 DHCP 客户端。在还没有将该 IP 地址正式租用给 DHCP 客户端之前,这个 IP 地址会暂时保留起来,以免再分配给其他 DHCP 客户端。

(3)DHCP 请求

DHCP 工作的第三个过程是 DHCP 请求(DHCP Request)。一旦 DHCP 客户端收到第一个由 DHCP 服务器提供的应答信息后,就进入此过程。当 DHCP 客户端收到第一个 DHCP 服务器响应信息后就以广播的方式发送一个 DHCP 请求信息给网络中所有的 DHCP 服务器。DHCP 请求信息中包含所选择的 DHCP 服务器的 IP 地址。

(4)DHCP 应答

DHCP 工作的最后一个过程便是 DHCP 应答(DHCP Ack)。一旦被选择的 DHCP 服务器接收到 DHCP 客户端的 DHCP 请求信息后,就将已保留的这个 IP 地址标志为已租用,然后也以广播方式发送一个 DHCP 应答信息给 DHCP 客户端。该 DHCP 客户端在接收 DHCP 应答信息后,就完成了获得 IP 地址的过程,便开始利用这个已租到的 IP 地址与网络中的其他计算机进行通信。

(5)IP 的租用和续租

当一台 DHCP 客户端租到一个 IP 地址后,该 IP 地址不可能长期被它占用,它会有一个使用期,即租期。当一个租期已到时需要续租该怎么办呢?当 DHCP 客户端的 IP 地址使用时间达到租期的一半时,它就向 DHCP 服务器发送一个新的 DHCP 请求(相当于新租用一个 IP 地址的第三个过程),若服务器在接收到该信息后没有理由拒绝该请求,便回送一个 DHCP 应答信息(相当于新租用一个 IP 地址的最后一个过程),当 DHCP

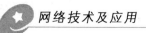

客户端收到该应答信息后,就重新开始一个租用周期。上述过程就像对一个合同的续约,只是续约合同必须在合同期的一半时签订。

七、DNS 服务器

1. DNS 概述

如前所述,DNS 由解析器和域名服务器组成。域名服务器为客户机/服务器模式中的服务器方,它主要有两种形式:主服务器和转发服务器。在 Internet 上域名与 IP 地址之间是一对一(或者多对一)的,域名虽然便于人们记忆,但机器之间只认 IP 地址,它们之间的转换工作称为域名解析。域名解析需要由专门的域名解析服务器来完成,DNS 就是进行域名解析的服务器。DNS 命名用于 Internet 等 TCP/IP 网络中,通过用户友好的名称查找计算机和服务。当用户在应用程序中输入 DNS 名称时,DNS 服务可以将此名称解析为与之相关的其他信息,如 IP 地址。

2. 原理

DNS 分为 Client 和 Server,Client 扮演发问的角色,也就是问 Server 一个 Domain Name,而 Server 必须要回答此 Domain Name 的真正 IP 地址。而当地的 DNS 首先会查自己的资料库,如果自己的资料库中没有,则会向该 DNS 上所设的 DNS 服务器询问,依此得到答案之后,将收到的答案存起来,然后回答客户。

在每一个名称服务器中都有一个快取缓存区,这个快取缓存区的主要目的是将该名称服务器所查询出来的名称及相对的 IP 地址记录其中,这样当下一次还有另外一个客户端到此服务器上查询相同的名称时,服务器就不用再到其他主机上去寻找,而直接可以从缓存区中找到该名称记录资料,传回给客户端,加速客户端对名称查询的速度。

提示:要想成功部署 DNS 服务,运行 Windows Server 2008 的计算机中必须拥有一个静态 IP 地址,只有这样才能让 DNS 客户端定位 DNS 服务器。另外如果希望该 DNS 服务器能够解析 Internet 上的域名,还需保证该 DNS 服务器能正常连接 Internet。

回顾与总结

计算机网络发展很快,网络操作系统也比较多,我们在学习时,除了掌握常用的操作系统(如 Windows Server 2008)外,还必须进一步学习其他操作系统,如 Linux、Unix,并掌握 Linux 下的 FTP、WWW 等服务器的搭建。

小试牛刀

根据端口号的不同,在同一台 FTP 和 WWW 服务器上搭建 5 个以上的服务器,为不同的企业或个人提供服务。

项目 5
Internet 接入

项目描述

项目背景

在网络发展迅猛的今天，越来越多的单位、个人或家庭都离不开网络。如何把计算机接入 Internet，已经不仅是某个集体的问题，而且已经涉及个人及家庭方面。当个人计算机或局域网接入 Internet 时，必须通过广域网的转接。采用何种接入技术，很大程度上决定了局域网与外部网络进行通信的速度。本项目将采用不同的技术来实现个人计算机或局域网接入 Internet。

项目目标

本项目的主要目标是了解常见 Internet 接入技术；能够利用 ADSL、Cable Modem、代理服务器等技术实现家庭用户或小型局域网与 Internet 的连接。

任务 1　ADSL 用户接入 Internet

➡ 任务描述

小张家近期迁入新居，父母给他买了一台计算机，小张为了在家能够上网获取资料及娱乐，准备将计算机连接上网。现在小张家所在的小区已经有移动、电信、网通三家宽带线路，因为家里有固定电话要使用，故他选择电信业务。那么他应如何通过电信宽带业务来实现上网连接呢？

➡️ 任务目标

熟悉常见的 ADSL 接入技术;掌握使用外置 ADSL Modem 虚拟拨号接入 Internet 的方法;能够将小张家的台式计算机通过电信宽带业务连接到 Internet。

➡️ 工作过程

1. 网络连接所需要的条件

(1)已经申请并获得 ADSL 服务。

(2)有相关的 ADSL Modem 及设备。

(3)安装有 Windows XP 操作系统的计算机。

2. 网络连接的拓扑结构

电信宽带网络连接拓扑结构如图 5-1 所示。

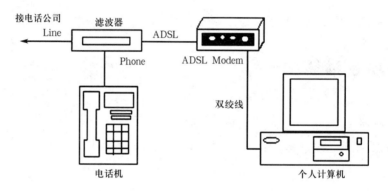

图 5-1　电信宽带网络连接拓扑结构

3. 申请安装 ADSL 的操作步骤

(1)首先需要有一条电话线,并且用户所在地区的电话已经开通了 ADSL 服务。如果不太清楚,应向当地电信部门咨询。

(2)携带电话户主的身份证到当地电信部门办理 ADSL 申请安装手续。这样就基本上完成了 ADSL 的申请工作,接下来的事情就是等待电信部门的技术人员上门安装。

(3)硬件费用主要包括开户费、调试费、使用费以及 ADSL 设备费等。由于 ADSL 并不占用电话信号,所以一般都采用包月形式。

4. 硬件设备的安装和连接

【步骤1】检查相应硬件,制作双绞线跳线

在进行 ADSL 硬件安装前,应检查是否准备好以下材料:1 块 RJ-45 网卡、1 个 ADSL Modem、1 个滤波器、2 根两端做好 RJ-11 接头的电话线和一根两端做好 RJ-45 的 5 类或超 5 类双绞线跳线(交叉线)。

【步骤2】安装 ADSL 滤波器

安装时先将来自电信局端的电话线接入滤波器的输入端(Line),然后再用准备好的两端做好 RJ-11 接头的电话线一头连接滤波器的语音信号输出口(Phone),另一端连接电话机。需要注意的是,在采用 G. Lite 标准的系统中由于降低了对输入信号的要求,所以不需要安装滤波器,这使得该 ADSL Modem 的安装更加简单和方便。

【步骤3】安装 ADSL Modem

用准备好的另一根两端做好 RJ-11 接头的电话线将滤波器的 Modem 接口和 ADSL Modem 的 ADSL 插孔连接起来,再用 5 类或超 5 类双绞线跳线(交叉线),一头连接 ADSL Modem 的 Ethernet 插孔,另一头连接计算机网卡中的 RJ-45 插孔。这时候打开计算机和 ADSL Modem 的电源,如果两个连接网线的插孔所对应的 LED 灯都亮了,那么硬件连接成功。

ADSL Modem 的硬件连接如图 5-2 所示。

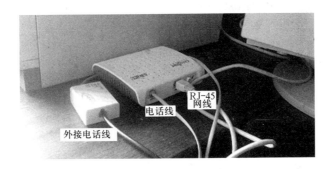

图 5-2 ADSL Modem 的硬件连接

5.软件设置

(1)驱动程序的安装与网卡设置

要正确地安装网卡驱动程序和协议,网卡的驱动程序一般根据所安装的操作系统来定。对于 Windows XP 操作系统来说,网卡一般不需要重新安装驱动程序,操作系统在完成安装时,会将网卡的驱动程序安装成功。而对于协议的安装,一定要选用 TCP/IP,一般使用 TCP/IP 的默认配置,不要自作主张地设置固定的 IP 地址。

(2)安装 PPPoE 虚拟拨号软件

一般电信局都会提供给用户一张工具磁盘,里面附有 ADSL 拨号专用的软件 ENTERNET 300。ADSL 不同于普通 Modem 和 ISDN,它没有确实的通信实体,只能依靠软件建立一个提供拨号的实体。软件的安装很简单,运行其安装程序即可完成安装。

(3)新建连接

在 Windows XP 系统中建立 ADSL 拨号连接的方法与建立一个电话拨号连接一样,其具体操作步骤是:

【步骤 1】单击"开始"→"所有程序"→"附件"→"通信"→"新建连接向导",弹出"欢迎使用新建连接向导"对话框,如图 5-3 所示,单击"下一步"按钮。

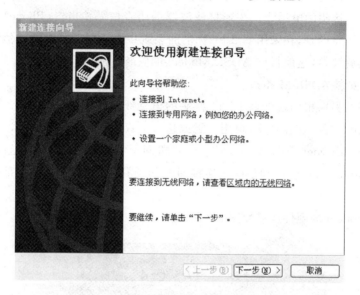

图 5-3　新建连接向导

【步骤 2】在弹出的"网络连接类型"对话框中,默认选择"连接到 Internet",如图 5-4 所示,单击"下一步"按钮。

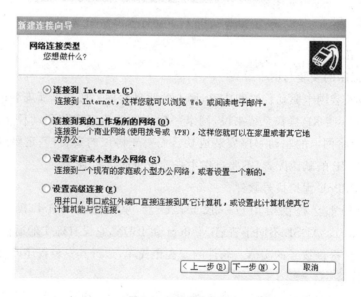

图 5-4　网络连接类型

【步骤3】在弹出的对话框中选择"手动设置我的连接",如图5-5所示,单击"下一步"按钮。

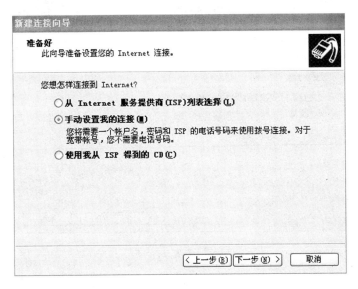

图5-5 手动设置我的连接

【步骤4】在弹出的对话框中选择"用要求用户名和密码的宽带连接来连接",如图5-6所示,单击"下一步"按钮。

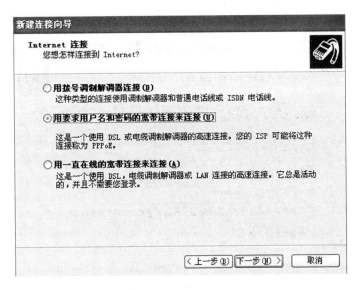

图5-6 Internet连接方式选择

【步骤5】弹出的对话框提示用户输入"ISP名称",这里只是一个连接的名称,可以任意输入,例如"宽带连接",如图5-7所示,单击"下一步"按钮。

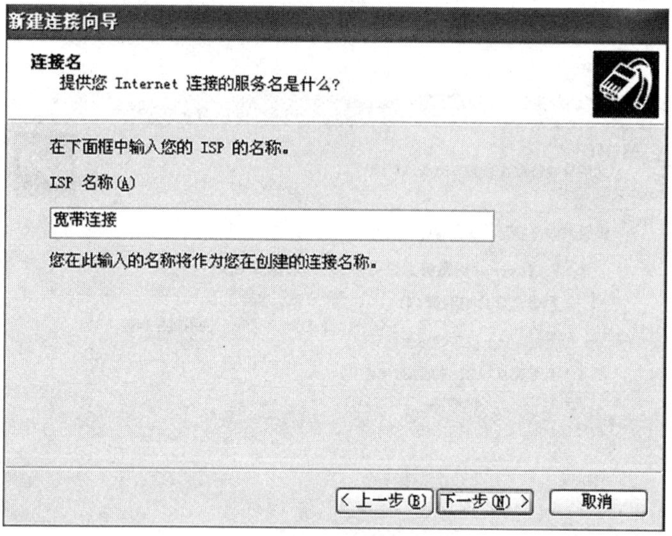

图 5-7　设置 ISP 名称

【步骤 6】弹出"Internet 账户信息"对话框,其中要求填入用户名和密码,这里的"用户名"和"密码"是用户在电信部门办理宽带上网业务时由工作人员提供的,如果不清楚可以拨打联系电话询问("用户名"和"密码"可暂时不填写)。默认选择"任何用户从这台计算机连接到 Internet 时使用此账户名和密码"以及"把它作为默认的 Internet 连接"(一般无须修改),如图 5-8 所示,然后单击"下一步"按钮。

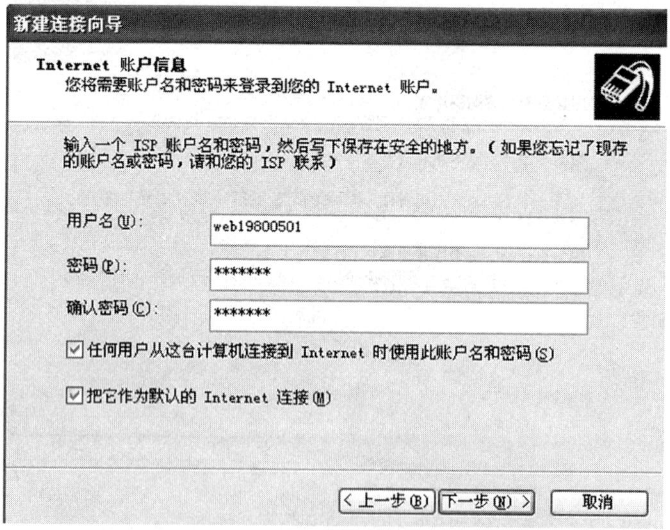

图 5-8　Internet 账户信息设置

【步骤 7】在弹出的"正在完成新建连接向导"对话框中选择"在我的桌面上添加一个

到此连接的快捷方式",如图 5-9 所示,单击"完成"按钮。

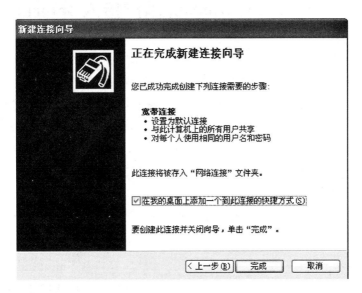

图 5-9   完成新建连接向导

【步骤 8】桌面上出现快捷方式图标 ,说明连接创建完成了。双击该快捷方式,弹出"连接 宽带连接"对话框,如图 5-10 所示。在该对话框中输入"用户名"和"密码",选择"为下面用户保存用户名和密码"以及"任何使用此计算机的人",这时在确保线路连接正常以及打开 ADSL Modem 的情况下,单击"连接"按钮即可上网。

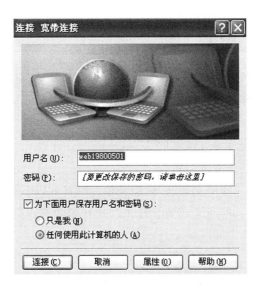

图 5-10   宽带连接

【步骤 9】建立连接后,在系统托盘处就会出现一个名为"宽带连接"的图标 。

任务2　Cable Modem 用户接入 Internet

⇨ 任务描述

目前,Internet 通过电信拨号的接入速度极其缓慢,普通电话的 Modem 只能提供小于 100 Kbit/s 的传输速率,其速率和带宽不可能很好地支持多媒体信息等宽带业务。

随着多媒体通信的发展,Internet 接入宽带化的需求日益迫切。而有线电视网拥有丰富的带宽资源,同时,目前我国有线电视用户已经达到 8 000 万户,有线电视网络的里程超过了 240 万千米,中国已经成为世界第一大有线电视用户国。有线电视网络具有巨大的产业开发价值,构筑基于有线电视网的 Internet 宽带信息网,不仅仅是广大用户的期盼,更是有线电视网实现第二次腾飞的关键所在。

我国的城市有线电视网经过近年来的升级改造,正逐步从传统的同轴电缆网升级到以光纤为主干的双向 HFC 网,不仅大大提高了网络传输的可靠性、稳定性,而且扩展了网络的传输带宽。HFC 的数字通信系统可通过电缆调制解调器(Cable Modem)实现,可以使 Internet 高速接入,并由窄带向宽带过渡。通过 HFC 网可获得高于电话 Modem 几百倍的接入速度。

HFC 接入技术就是以原有的 CATV 网络为基础,综合应用模拟和数字传输技术、射频技术和计算机技术的宽带接入技术。

⇨ 任务目标

熟悉 Cable Modem;掌握家庭用户使用 Cable Modem 接入 Internet 的方法。

⇨ 工作过程

1. 网络连接所需要的条件

(1)安装有 Windows XP 操作系统的计算机。

(2)Cable Modem 及相关设备。

2. 硬件设备的安装和连接

(1)检查相应硬件,制作双绞线跳线

在进行 Cable Modem 硬件安装前,应检查是否准备好以下材料:RJ-45 网卡、有线电视分线器、Cable Modem、1 根两端做好同轴电缆连接器的有线电视同轴电缆和 1 根做好 RJ-45 接头的交叉线。

(2)硬件连接

图 5-11 为 Cable Modem 的连接示意图。有线电视外线经过有线电视分线器及其同轴电缆分线后连接电视机和 Cable Modem,Cable Modem 通过双绞线跳线连接用户计算机。

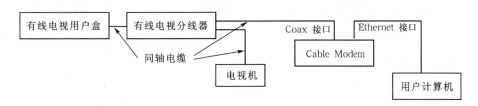

图 5-11　Cable Modem 的连接示意图

3.软件设置

Cable Modem 的软件设置比较简单,不需要安装其他软件,也不需要创建其他网络连接,只需要安装 Cable Modem 的驱动程序,并对 TCP/IP 协议及 IE 浏览器进行配置即可。

(1)安装 Cable Modem 的驱动程序

Cable Modem 的驱动程序的安装比较简单,这里不再给出安装步骤。

(2)TCP/IP 协议配置

对于普通家庭用户来说,网络连接不需要手动设置 IP 地址,只需要设置自动获取 IP 地址即可。本书前面已详述,这里不再赘述。

(3)用户端 IE 浏览器的设置

在 IE 浏览器中,单击"工具"→"Internet 选项",弹出"Internet 选项"对话框,切换到"连接"选项卡,单击"局域网设置"按钮,弹出"局域网(LAN)设置"对话框,确认该对话框中的所有选项都不被选中,如图 5-12 所示。

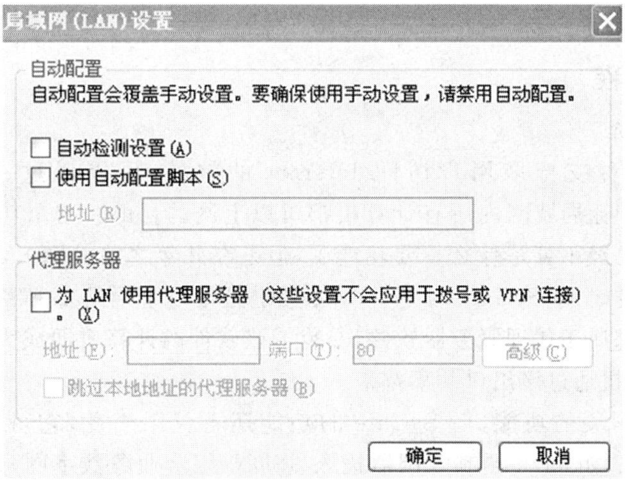

图 5-12　"局域网(LAN)设置"对话框

任务3 使用代理服务器实现 Internet 连接共享

➡️ 任务描述

代理服务器的英文全称是 Proxy Server,其功能就是代理网络用户去取得网络信息。形象地说,代理服务器是网络信息的中转站。

在一般情况下,当用户使用网络浏览器直接连接其他 Internet 站点取得网络信息时,需要送出 Request 信号来获取回答,然后对方再把信息以 bit 方式传送回来。例如,你想访问的目的网站是 A,由于某种原因你不能访问到网站 A 或者你不想直接访问网站 A,遇到这些情况应如何操作?

遇到上述情况,可以通过代理服务器来实现网络信息的获取。代理服务器是介于浏览器和 Web 服务器之间的服务器,有了它之后,浏览器不是直接到 Web 服务器去取回网页而是向代理服务器发出请求,Request 信号会先送到代理服务器,由代理服务器来取回浏览器所需要的信息并传送到用户的浏览器。

直接使用 Internet 连接共享功能,只能让有限的用户共享上网。如果一个单位有几百台计算机联网,则在上网访问时,将出现严重的网络资源争用,使得共享连接不能正常使用。使用代理服务器可以缓解或解决上述问题。常见的代理服务器软件有 SyGate、WinGate、WinRoute 和 MS Proxy 2.0 等。其中 SyGate 的安装设置和使用最简单,功能最强的是 MS Proxy 2.0。本项目以 SyGate 为例,介绍使用代理服务器共享 Internet 连接上网的方法。

➡️ 任务目标

一台计算机在实现网络连接并安装了 SyGate 且设置成功后,可实现单位内部多台计算机共享 Internet 连接上网。

➡️ 工作过程

1. SyGate 简介

SyGate 是一种支持多用户访问 Internet 的软件,可以通过一台计算机共享 Internet,从而达到让局域网内所有计算机都可以上网的目的。这个功能在如今路由器大行其道的时代已经不算是什么重要功能了,但是在几年之前 ADSL 没有普及、网络设备价格居高不下的时候,SyGate 与 WinGate 几乎是每一个网吧都必备的软件。这些软件从本质上来说都属于代理服务器软件,安装了该软件的计算机即成为局域网宽带的一个出口,其余计算机通过该出口共享宽带。

这其实就是网关的功能,但 SyGate 的功能还不仅限于此,它可以支持大多数的 Internet 连接方式,如 56 K 调制解调器拨入、ISDN(综合业务数字网)、有线线缆调制解调器(Cable Modem)、xDSL 以及光纤等方式。

SyGate 的工作模式与普通程序有所不同,早期的 SyGate 分为两部分:一部分是服务器端;另一部分是客户端。现在新版本的 SyGate 已经将客户端与服务器端合为一体,只要在安装后进行选择就可以了，这也方便了软件的安装和设置。本书为了讲述方便，仍然将软件分为服务器端和客户端两部分。图5-13为SyGate的网络连接。

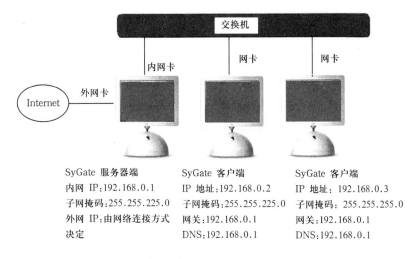

图 5-13 SyGate 的网络连接

服务器端能够管理所有该局域网内的工作站并使之通过一个供应商连接Internet，通过自有的SyGate引擎，服务器端能管理Internet连接。同时，服务器端是在后台完成这些工作的，所以它们对于用户来说不是透明的。

客户端可以安装在局域网中的任何一台计算机上，除了与服务器端进行通信外，还可以检查服务器端的运行状态以及Internet的连接情况等。

2.SyGate 的优点

SyGate有很多优点，除了前面介绍的可以支持多种操作系统、多种接入方式外，还可以混合连接Linux、Mac OS和Unix等系统。

(1)安装和设置都十分简单

SyGate的安装可以在几分钟内完成，而且对于初次使用的用户来说，几乎不需要进行附加设置就可以正常运行。它还提供诊断工具Diagnostics，该工具可以在安装时就诊断系统来确保SyGate可以正确地运行。在整个安装过程中，诊断程序不断检查计算机系统，以确保SyGate能平稳地运转。

(2)对话框友好

SyGate采用类似于Windows资源管理器、MMC管理控制台的用户对话框，提供快速配置向导等多个向导对话框，非常容易学习和使用。可以说凡是会操作Windows的人员都会很快上手。

(3)易于管理

在TCP/IP网络上，SyGate客户端能让用户从任何一台计算机上远程监察和管理SyGate服务器端。SyGate诊断程序在任何时候都能帮助用户确定系统设置以及解决网络连接问题。

133

SyGate还使用了日志文件以及系统设置文件,在需要的时候可轻易地查询与检测。

(4)经济实惠

SyGate能让多名网络用户在同一时间内共享一条Internet连接线路,所以减少了额外的电话线路、配线、调制解调器或适配器以及ISP的费用。SyGate可以在任何一台PC上安装,而不需要特定的硬件,从而降低了硬件成本。

(5)提供网络管理功能

能根据访问要求提供自动拨号以及自动断线等功能,并且任何一台客户机都可以控制SyGate服务器的拨号程序。

(6)安全性高

SyGate可以自由设定安全规则,以防止信息泄漏;同时,SyGate通过内建的安全防火墙,提供对局域网内部资源的周到保护,防止信息泄漏和黑客的攻击。SyGate利用其"端口锁定技术(Port Blocking Technology)"防止来自Internet的非法入侵。

3. SyGate 的安装

首先,下载SyGate之后,双击该程序进行安装,然后按要求依次单击"下一步"按钮,完成文件的复制后,在安装程序中会弹出"安装设置"对话框,如图5-14所示。

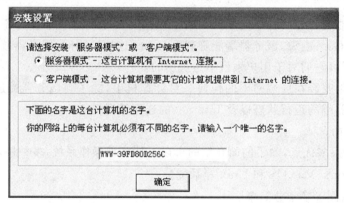

图 5-14　SyGate 安装设置

此时要选择所安装的是服务器端还是客户端。先设置服务器端,输入计算机名后,单击"确定"按钮完成安装。之后程序会自动运行诊断程序,诊断计算机中所安装的网络并自动做出选择,如图5-15所示。在关闭随后弹出的"软件注册"对话框后,安装和配置随即完成,重新启动计算机后就可以使设置生效。

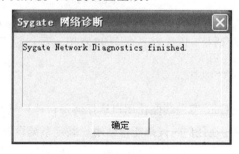

图 5-15　诊断程序

4.服务器端管理和使用

【步骤1】单击"开始"→"SyGate",弹出如图5-16所示的对话框。

图5-16　每日提示

【步骤2】在该对话框的上方有一排按钮,其中,左侧第一个是"开始/停止"按钮,这是用来开启和停止共享服务的;左侧第二个是"拨号"按钮,用于拨号连接。此外还有"资源"按钮,用于显示本机的网络资源;"帮助"按钮,用来显示软件使用说明;"高级"按钮,可以在"简单"模式和"高级"模式的管理对话框之间切换,单击后出现如图5-17所示的页面,再次单击该按钮就会返回"简单"模式。

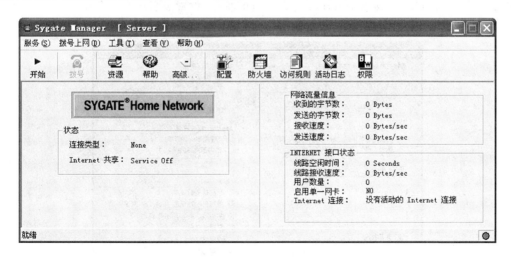

图5-17　高级模式

【步骤3】在确定 SyGate 服务器端已经接入 Internet 后,只要单击"开始"按钮,就可以运行 SyGate,此时窗口中的状态栏如图5-18所示。

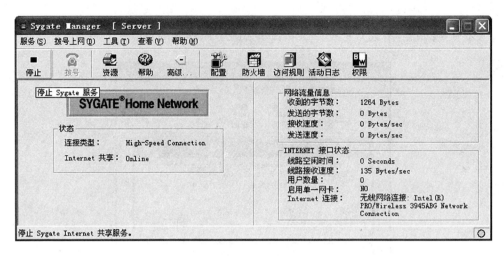

图 5-18 SyGate 正在工作

在该窗口中左边显示的是网络的连接状态,内部计算机上网使用的带宽和数据量在右边的上半部显示,服务器 Internet 连接状态在右边的下半部显示。其中可以看到"连接类型"为"High-Speed Connection","Internet 共享"的状态为"Online",这就表示服务器端已经在正常运行了。

5. SyGate 配置

进入"高级"模式后,还可以对 SyGate 的服务器端进行更深入的配置。在"高级"模式下有许多看似复杂但却十分有用的设置,例如,设置防火墙以防止黑客入侵;设置客户机对 Internet 站点的访问权限,可以过滤某些宣扬反动言论或有不健康内容的站点;监视每一台通过 SyGate 接入 Internet 的客户机的状态;设置黑名单和白名单等。

单击"配置"按钮,弹出"配置"对话框,可对服务器进行设置,如图 5-19 所示。

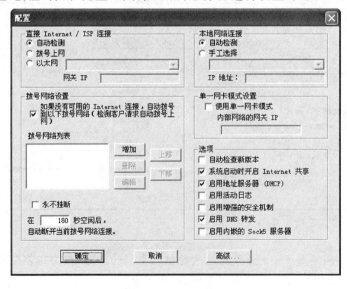

图 5-19 SyGate 配置

（1）"直接 Internet/ISP 连接"

这里可以指定 SyGate 使用服务器上哪一个连接用于连接 Internet 以提供共享上网，用户可根据自己的具体情况增加或删除提供给 SyGate 使用的 Internet 接口。一般来说使用"自动检测"就可以，如果"自动检测"不能正常工作再手工进行选择。

（2）"拨号网络设置"

选择该选项可以让 SyGate 根据局域网客户端访问 Internet 请求自动拨号，若服务器没有上网而客户端又需要上网，则 SyGate 服务器可以根据所设置的 Internet 接口中的拨号自动连接 ISP。

配置虚拟拨号的方法也很简单，在"拨号网络列表"中单击"增加"按钮后，弹出如图 5-20 所示的对话框。在该对话框中选择拨号文件，输入"用户名"和"密码"就可以了。

图 5-20 配置虚拟拨号

（3）自动断线设置

当 Internet 接口上无数据通过时间达到了所设置的标准后，SyGate 可以自动关闭 Internet 连接，如果不希望使用自动断线，就选择"永不挂断"，否则在该文本框中输入以秒为单位的时间即可。

（4）"本地网络连接"

该功能可以设置服务器上连接内部局域网的哪个接口为局域网用户提供共享上网。

（5）"单一网卡模式设置"

这种方式用于主机使用 ADSL 专线方式，并且只有一块网卡同时设置了内部网络参数和 Internet 专线上网参数，选择该模式以后输入该网卡内部网络 IP 地址，即可用于局域网其他计算机共享上网的网关。

（6）"选项"

该功能包括"自动检查新版本""系统启动时开启 Internet 共享""启用地址服务器（DHCP）""启用活动日志""启用增强的安全机制""启用 DNS 转发""启用内嵌的 Sock5 服务器"。这些功能都非常简单，不再赘述。

6. SyGate 高级设置

在"配置"对话框中单击"高级"按钮可以进行 SyGate 高级设置，如图 5-21 所示。

在"地址服务器（DHCP）"中可以设置 DHCP 动态 IP 自动服务功能，"自动决定 IP 范围"可以使 SyGate 自动决定 IP 地址的分配范围；"使用以下指定的 IP 范围"可以手工指定 IP 地址的分配范围。

"域名服务器（DNS）"可以手工指定 ISP 的 DNS 服务器搜索序列，这里一般不需要设置，只有当 ISP 要求或经常不能使用域名访问时才需要设置。

"连接超时"可以设置客户端访问某个网站多长时间后没有数据传送时 SyGate 关闭这个连接并收回资源。

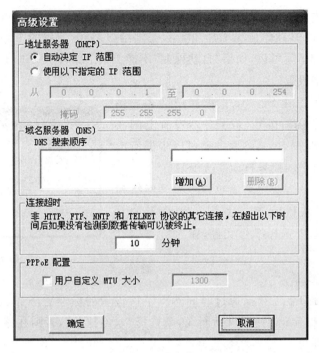

图 5-21　高级设置

"PPPoE 配置"可以在使用 PPPoE 虚拟拨号时,解决局域网信号和 PPPoE 信号有冲突造成的故障。解决方法就是通过作为调整网络区分管理信号类别的重要标志之一的MTU 参数来实现,当出现某些网站不能访问或者访问速度极慢以及带有附件的邮件发送困难时,降低 MTU 参数值往往会产生意想不到的效果。

7. SyGate 客户端的配置

SyGate 客户端的安装并不是必需的,也就是说在服务器端正常运行后,只要把客户端机器的网关改为 SyGate 服务器所在机器的局域网的 IP 地址,并把 DNS 改为 SyGate服务器所在机器的 DNS 就可以正常上网了。

如果服务器启动了 DHCP 服务,则客户端只需要设置网卡 IP 为"自动获取"即可。也可以安装 SyGate 并选择客户端模式,其安装由 SyGate 自动配置。若安装了 SyGate客户端,则每次启动计算机时客户机上的 SyGate Client 引擎也会自动运行,并且在屏幕右下角的系统托盘区可以看到 SyGate 的小标志,把光标移动到它上边并单击鼠标右键可以对其属性进行设置。

如果安装了客户端,即可实现一些特殊功能,例如检查 Internet 的连接状态、自动拨号上网、挂机等。

➡ 相关知识

一、广域网设备与广域网技术

广域网(Wide Area Network,WAN)也称远程网,通常跨接很大的物理范围,所覆盖的范围从几十千米到几千千米,它能连接多个城市或国家,或横跨几个洲并能提供远距离通信,形成国际远程网络。广域网的通信子网主要使用分组交换技术,可以利用公用分组交换网、卫星通信网和无线分组交换网,将分布在不同地区的局域网或计算机系统互联起来,达到资源共享的目的。

1.广域网设备

广域网可连接相隔较远的设备,这些设备包括:

(1)路由器(Router)

路由器提供诸如局域网互联、广域网接口等多种服务,包括 LAN 和 WAN 的设备连接端口。

(2)WAN 交换机(Switch)

WAN 交换机连接到广域网带宽上,进行语音、数据资料及视频通信。WAN 交换机是多端口的网络设备,通常进行帧中继、X.25 及交换百万位数据服务(SMDS)等流量的交换。WAN 交换机通常在 OSI 参考模型的数据链路层之下运行。

(3)调制解调器(Modem)

调制解调器包括对各种语音级(Voice Grade)服务的不同接口,信道服务单元/数字服务单元(CSU/DSU)是 T1/E1 服务的接口,终端适配器/网络终结器(TA/NT1)是综合业务数字网(ISDN)的接口。

(4)通信服务器(Communication Server)

通信服务器汇集拨入和拨出的用户通信。

2.广域网技术

彼此通信的多个设备构成了数据通信网,它分为交换网络和广播网络,交换网络又分为电路交换网络和分组交换网络(包括帧中继和 ATM);而广播网络包括总线型网络、环型网络和星型网络。由于广域网中的用户数量巨大,而且需要双向交互,如果采用广播网会产生广播"风暴",导致网络失效,因此在广域网中主要采用交换网络。

与数据广域网相关的技术问题主要介绍以下几个:

(1)路由选择

由于源和目的站不是直接连接的,所以网络必须将分组从一个节点选择路由传输到另一个节点,最后通过整个网络。

(2)分组交换

路由选择确定了输出端口和下一个节点后,必须使用交换技术将分组从输入端口传送到输出端口,实现传送的比特流通过该网络节点。

(3)拥塞控制

进入网络的通信量必须与网络的传输量相协调,以获得有效、稳定、良好的性能。

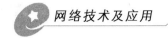

二、ADSL 技术

1. ADSL 简介

ADSL(Asymmetric Digital Subscriber Line,非对称数字用户环路)是一种速率非对称的铜线接入网络技术,它利用数字编码技术从现有铜质电话线上获取较大的数据传输速率,同时又不干扰在同一条线上进行的常规语音业务。ADSL 被欧美等发达国家誉为"现代信息高速公路上的快车",因具有下行速率高、频带宽、性能优越等特点而深受广大用户的喜爱,成为继 Modem、ISDN 之后的一种全新的、更快捷与更高效的 Internet 接入方式。

ADSL 是目前众多 DSL 技术中较为成熟的一种,其带宽较大、连接简单、投资较小,因此发展很快,目前我国电信部门推出的 ADSL 宽带接入服务已经成为全国主流的上网方式。但从技术角度看,ADSL 对宽带业务来说只能作为一种过渡性方法。ADSL 是一种通过现有普通电话线为家庭、办公室提供宽带数据传输服务的技术。ADSL 能够在现有的铜双绞线,即普通电话线上提供高达 8 Mbit/s 的高速下行速率(由于 ADSL 对距离和线路情况十分敏感,所以随着距离的增加和线路的恶化,速率会降低),远高于 ISDN 速率;而上行速率为 1 Mbit/s,传输距离达 3~5 km。ADSL 技术的主要优点是可以充分利用现有的铜缆网络(电话线网络),在线路两端加装 ADSL 设备即可为用户提供高速宽带服务。ADSL 的另外一个优点在于它可以与普通电话共存于一条电话线上,在一条普通电话线上接听、拨打电话的同时可进行 ADSL 传输而互不影响。用户通过 ADSL 接入宽带多媒体信息网与 Internet 的同时可以收看影视节目。

现在比较成熟的 ADSL 标准有两种:G. DMT 和 G. Lite。G. DMT 是全速率的 ADSL 标准,支持 8 Mbit/s/1.5 Mbit/s 的高速下行/上行速率,但是 G. DMT 要求用户端安装 POTS 分离器,比较复杂且价格昂贵;G. Lite 标准速率较低,下行速率与上行速率分别为 1.5 Mbit/s 和 512 Kbit/s,但省去了复杂的 POTS 分离器,成本较低且便于安装。就适用领域而言,G. DMT 比较适用于小型网络或家庭办公室(SOHO),而 G. Lite 则更适用于普通家庭用户。

2. ADSL 和电话语音共存

由于 ADSL 可以借用 POTS 的传统电话线路,所以可以和 POTS 共存。但是共存会带来一些问题:首先,铜线在用于老式电话部署时,负载线圈被安装在长距离环路中用于放大和平滑语音频带高频段的线路响应,但在 ADSL 中必须从本地环路中取消负载线圈。在连接和断开环路电缆的某些部分的过程中,有些开线路可能被误搭到工作线对上,导致环路频率响应出现变化。同时,照明和交换设备的瞬时开关也会导致脉冲噪音,双绞线的 RF 干扰也非常明显。因此,ADSL 和 POTS 共存时会带来很多问题。ISP 面临一个巨大的挑战:如何为更多的用户提供 ADSL 业务,由于 ADSL 受杂音干扰,需要用户离 CO 局端相对较近的距离才能取得较好的服务质量。对于 ADSL,当 1×10^{-7} 的误码率不能被维持的时候,可以采用自动降低速率的方法来维持。

为了在电话线上分隔有效带宽,产生多路信道,ADSL 调制解调器一般采用两种方法实现这一需求:频分多路复用(FDM)或回波消除(Echo Cancellation)技术。FDM 在现有带宽中分配一段频带作为数据下行通道,同时分配另一段频带作为数据上行通道。下行通道通过时采用多路复用(TDM)技术再分为多个高速信道和低速信道。同样,上行通道也由多路低速信道组成。而回波消除技术则使上行频带与下行频带叠加,通过本地回波抵消来区分两种频带。当然,无论使用两种技术中的哪一种,ADSL 都会分离出 4 kHz 的频带用于电话服务(POTS),这样就在保证语音传输的前提下,提供了数据传输服务,如图 5-22 所示。

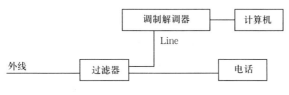

图 5-22　ADSL 数据和语音传输

3.ADSL 的特点

(1)ADSL 的优点

①无须改造线路。只要在现有的电话线上安装一个滤波器,即可使用 ADSL。

②速度较快。8 Mbit/s 的高速下载速度和 1 Mbit/s 的上传速度。虽然实际上达不到这个速度,但比起普通 Modem,上网速度还是快了许多。

③费用低廉。这是吸引用户的一个重要因素。由于并不占用电话线路,再加上一般都采取包月制,所以其费用很低廉。

④安装简单。只需配置好网卡,进行简单的连线,安装相应的拨号软件即可。

(2)ADSL 的缺点

①线路问题。由于仍然采用现有的电话线路,并且对电话线路的要求较高,所以当电话线路受干扰时,数据传输的速度将降低。

②传输距离较短。它限定用户与电信局机房的距离最远不得超过 3.5 km,否则,其间必须使用中继设备,这使得 ADSL 在偏远地区得不到普及。

4.ADSL 宽带接入方式

ADSL 接入 Internet 主要有虚拟拨号和专线接入两种方式。采用虚拟拨号接入方式的用户采用类似于 Modem 的拨号程序,在使用习惯上与原来的方式没什么不同。采用专线接入的用户只要开机即可接入 Internet。ADSL 接入 Internet 方式不同,它所使用的协议也略有不同。但是,不管 ADSL 使用怎样的协议,它都基于 TCP/IP 这个最基本的协议,并且支持所有 TCP/IP 应用程序。

(1)ADSL 虚拟拨号接入

顾名思义,ADSL 虚拟拨号接入就是上网的操作和普通 56 K Modem 拨号一样,有账号验证、IP 地址分配等过程。但 ADSL 连接的并不是具体的 ISP 接入号码,例如 00163 或 00169,而是 ADSL 虚拟专网接入的服务器。根据网络类型的不同又分为 ADSL 虚拟拨号接入和 Ethernet 局域网虚拟拨号接入两种方式,局域网虚拟拨号接入方式具有安装、维护简单等特点。

PPPoE 拨号目前已成为 ADSL 虚拟拨号接入的主流,并有自己的一套网络协议来实现账号验证、IP 分配等工作。PPPoE 的全称是 Point to Point Protocol over Ethernet(基于局域网的点对点通信协议),这个协议是为了满足越来越多的宽带上网设备和越来越快的网络之间的通信而最新制定开发的标准。

PPPoE 基于两个广泛接受的标准,即局域网 Ethernet 和 PPP 点对点拨号协议。对于最终用户来说,不需要了解比较高深的局域网技术,只需按照普通拨号上网方式操作就可以了;对于服务商来说,在现有局域网基础上不需要花费巨资来进行大面积改造,只要求设置 IP 地址绑定用户等来支持专线方式,这就使得 PPPoE 在宽带接入服务中比其他协议更具有优势,并因此逐渐成为宽带上网的最佳选择。

PPPoE 的实质是以太网和拨号网络之间的中继协议,它继承了以太网的快速、PPP 拨号的便捷、用户验证及 IP 分配等优势。

在实际应用时,PPPoE 利用以太网络的工作机理,将 ADSL Modem 的 10 M 接口与内部以太网互联,在 ADSL Modem 中采用 RFC1483 的桥接封装方式对终端发出的 PPP 包进行 LLC/SNAP 封装后,通过连接两端的 PVC 在 ADSL Modem 与网络侧的宽带接入服务器之间建立连接,实现 PPP 的动态接入。

PPPoE 接入利用在网络侧和 ADSL Modem 之间的一条 PVC 线缆就可以完成以太网上多用户的共同接入,使用方便,实际组网方式也很简单,大大降低了网络的复杂程度。PPPoE 因具备了以上特点而成为当前 ADSL 宽带接入的主流接入协议。目前的虚拟拨号都是基于该协议的接入方式。

(2)ADSL 专线接入

ADSL 专线接入是 ADSL 接入方式中的另一种,不同于虚拟拨号接入方式,而是采用一种直接使用 TCP/IP 协议(类似于专线)的接入方式,用户连接和配置好 ADSL Modem 后,在自己的 PC 网络设置里设置好相应的 TCP/IP 协议及网络参数(IP 和子网掩码、网关等都由局端事先分配好),开机后,用户端和局端会自动建立起一条链路。因此,ADSL 专线接入方式是指有固定 IP、自动连接等特点的类似专线的方式。

具备固定 IP 地址的 ADSL 专线接入方式一般被 ISP 应用在需求较高的网吧、大中型企业宽带应用中,其费用相比虚拟拨号接入方式一般更高,所以个人用户一般很少考虑采用。

(3)ADSL 局域网接入

ADSL 局域网接入只是 ISP 在 ADSL 虚拟拨号和专线接入方式基础上对 ADSL 接入方式的一种拓展。大家知道,ADSL 要提供局域网的接入可通过以下三种方法:

①在服务器上增加一块 10 M 或 10/100 M 自适应的网卡。把 ADSL Modem 用 Modem 附送的网线连接在这块网卡上,这时服务器上应该有两块网卡,一块连接 ADSL Modem,另一块连接局域网。只要在这台计算机上安装设置好代理服务器软件,例如 Windows ICS、SyGate、WinGate 等,就可以共享上网。

②采用专线方式。为局域网上的每台计算机向电话局申请一个 IP 地址,这种方法的好处是无须设置一台专用的代理服务网关,缺陷是费用较高。

③启动一些以太网接口。利用 ADSL 所具备的路由功能,然后用连接 ADSL Modem 的网线直接接在交换机的 Up-Link 口上通过交换机共享上网。这种方法的好处是局域网计算机的数目不受限制,只需多加一台交换机。

很多 ISP 利用第三种方法提供宽带业务,其将本应安装到用户家中的带路由功能的 ADSL Modem 直接安装在小区楼道中,然后再通过交换机以及 RJ-45 网线连接到各用户家中的计算机网卡上,每个用户不再需要单独配备 ADSL Modem,节省了 ADSL Modem 的投入。只要用户计算机上有网卡且接入网线连接好,则开机就可随时上网。

三、Cable Modem 技术

随着信息时代的到来,网络在人们的生活中显得越来越重要。随着全球 Internet 的迅猛发展,上网人数正以几何级数快速增长,以 Internet 技术为主导的数据通信在通信业务总量中的比例迅速上升,Internet 业务已成为多媒体通信业中发展最为迅速、竞争最为激烈的领域。

1. Cable Modem 与普通 Modem 的比较

Cable Modem 的通信和普通 Modem 一样,是数据信号在模拟信道上交互传输的过程,但也存在差异:普通 Modem 的传输介质在用户与访问服务器之间是独立的,即用户独享传输介质,而 Cable Modem 的传输介质是 HFC 网,将数据信号调制到某个传输带宽与有线电视信号共享介质。此外,Cable Modem 的结构较普通 Modem 复杂,它由调制解调器、调谐器、加/解密模块、桥接器、网络接口卡、以太网集线器等组成。它无须拨号上网,不占用电话线,可提供随时在线连接的全天候服务。

2. Cable Modem 的分类

Cable Modem 的类型大致可以分为以下几种:

(1)从数据传输方向上可分为单向和双向 Cable Modem。

(2)从传输方式上可分为对称式传输和非对称式传输。对称式传输速率为 2～4 Mbit/s,最高能达到 10 Mbit/s。非对称式传输下行速率理论值为 41.7 Mbit/s（Euro DOCSIS V1.1 标准/640QAM）,上行速率为 256 Kbit/s～10.24 Mbit/s（Euro DOCSIS V1.1 标准）。

(3)从网络通信角度上可分为同步(共享)和异步(交换)两种方式。同步方式是以 IP 交换的数据通信为基础的以太网技术,网络用户共享同样的带宽,当用户增加到一定数量时,其速率急剧下降,但采用有关技术可以避免或减少网络拥塞现象。异步方式基于 ATM 分组交换技术,其电路实现较前一种复杂,系统造价较前一种高。

(4)从接入角度上可分为个人 Cable Modem 和多用户宽带 Cable Modem,后者是多用户共享方式,可以具有网桥的功能,可以将一个计算机局域网接入,但存在安全性低等缺点。

(5)从硬件接口角度上可以分为外置式和内置式。外置式 Cable Modem 置于 PC 外,通过网卡与计算机连接,它提供一个标准的 10 Base-T/100 Base-T 以太网接口同用户的 PC 或以太网集线器连接,其优点是可以支持局域网上的多台计算机同时上网,内置式 Cable Modem 是一块 PCI 卡,其价格比外置式的便宜,缺点是只能用于台式计算机而

不能在笔记本电脑上使用。

（6）从功能上可分为数字电视机机顶盒、网络机顶盒和多媒体交互式机顶盒。多媒体交互式机顶盒是真正的 Cable Modem 的化身，它综合了前两种机顶盒的所有功能，可以支持几乎所有的广播和交互式多媒体应用。

3. Cable Modem 的标准体系

目前 Cable Modem 产品有欧、美两大标准体系，DOCSIS 是北美标准，DVB/DAVIC 是欧洲标准。

（1）北美标准体系

北美标准体系包括 MCNS（多媒体有线电视网络系统）和 Cable Labs（有线电视实验室）两大组织。1995 年 12 月，MCNS 组织先后发表了 MCNS 的 8 个文件，统称为"Data Over Cable 射频接口规范"，即后来的 DOCSIS 标准。1998 年，有线电视实验室提供了 DOCSIS 的正式程序以保证各个不同厂商的产品有兼容性。同年 3 月，国际电信联盟接受 DOCSIS 标准，并将其作为 Cable Modem 的标准，称为 ITU-J.112《交互式有线电视业务传输系统》。1999 年 4 月，有线电视实验室发表了第二代标准，即 DOCSIS1.1，其功能比以前有很大改进。2000 年，又发表了 Euro DOCSIS1.1 欧洲规范，它在频道划分、频道带宽、信道参数的规定上完全兼容欧洲标准。DOCSIS 提供了宽带、高质量的语音、商业级的数据服务以及通过网络共享 Cable Modem 提供的多媒体服务。

（2）欧洲标准体系

欧洲标准体系包括 DVB（数字视频广播）、DAVIC（数字音视频理事会）以及 ECCA（欧洲有线电视运营商联盟）三个组织。DVB 和 DAVIC 组织长期致力于数字视频标准的制定。DVB/DAVIC 是 DOCSIS 标准在欧洲的强有力的挑战者。Euro Cable Labs（欧洲有线电视实验室）在欧洲有线电视联盟的指导下，一直支持以 DVB/DAVIC 为基础的"欧洲调制解调器"。1999 年 5 月，欧洲有线电视实验室发布了基于 DVB/DAVIC 的 Euro Modem 规范，DVB Cable Modem 是欧洲经营者的首选。

上述两大标准体系的频道划分、频道带宽及信道参数等方面的规定，都存在较大差异，因而互不兼容。北美标准是基于 IP 的数据传输系统，侧重于对系统接口的规范，具有灵活的高速数据传输优势；欧洲标准是基于 ATM 的数据传输系统，侧重于 DVB 交互信道的规范，具有实时视频传输优势。从目前情况看，兼容欧洲标准的 Euro DOCSIS1.1 标准前景看好，我国信息产业部颁布的 CM 技术要求（征求意见稿）类似于这一标准。

4. Cable Modem 的工作过程

以 DOCSIS 标准为例，Cable Modem 的技术实现一般从 87～860 MHz 的电视频道中分离出一条 6 MHz 的信道用于下行传送数据。通常下行数据采用 64 QAM（正交调幅）调制方式或 256 QAM 调制方式。上行数据一般通过 5～65 MHz 的频谱进行传送，为了有效抑制上行噪音积累，一般选用 QPSK 调制（QPSK 比 64 QAM 更适于噪音环境，但速率较低）。CMTS（Cable Modem 的前端设备）与 CM（Cable Modem）的通信过程为：CMTS 从外界网络接收的数据帧封装在 MPEG-TS 帧中，通过下行数据调制（频带调制）后与有线电视模拟信号混合输出 RF 信号到 HFC 网络，CMTS 同时接收上行接收机输出的信号,并将数据信号转换成以太网帧给数据转换模块。用户端的 Cable Modem 的基本功能就是将用户计算机输出的上行数字信号调制成 5～65 MHz 的射频信号进入 HFC 网络的上行通道,同时,CM 还将下行的 RF 信号解调为数字信号传送给用户计算机。

5.Cable Modem 接入在有线电视网络的实现

(1)系统结构

Cable Modem 的前端设备 CMTS 采用 10 Base-T、100 Base-T 等接口通过交换型 HUB 与外界设备连接,通过路由器与 Internet 连接,或者直接连接到本地服务器,享受本地业务。Cable Modem 是用户端设备,放在用户的家中,通过 10 Base-T 接口与用户计算机连接。

(2)上行信道带宽的分配

MCNS(多媒体有线电视网络系统)把每个上行信道看成是一个由小时隙(Mini-slot)组成的流,CMTS 通过控制各个 CM 对这些小时隙的访问来进行带宽分配。CTMS 进行带宽分配的机制是分配映射(MAP)。MAP 是一个由 CMTS 发出的 MAC 管理报文,它描述了上行信道的小时隙的使用方法,例如,一个 MAP 可以把一些小时隙分配给一个特定的 CM,另外一些小时隙用于竞争传输。每个 MAP 可以描述不同数量的小时隙,最小为一个小时隙,最大可以持续几十毫秒,所有的 MAP 描述了全部小时隙的使用方式。MCNS 没有定义具体的带宽分配算法,只定义进行带宽请求和分配的协议机制,具体的带宽分配算法可由生产厂商自己实现。

有线电视 HFC 网络是一个宽带网络,具有实现用户宽带接入的基础。1998 年 3 月, ITU 组织接受了 MCNS 的 DOCSIS 标准,确定了在 HFC 网络内进行高速数据通信的规范,为电缆调制解调器(Cable Modem)系统的发展提供了保证。由于在 HFC 的数据通信系统 Cable Modem 中采用了 IP 协议,所以很容易开展基于 IP 的业务。通过 Cable Modem 系统,用户可以在有线电视网络内实现 Internet 访问、IP 电话、视频会议、视频点播、远程教育、网络游戏等功能。采用 Cable Modem 在有线电视网上建立数据平台已成为有线电视事业发展的必然趋势。

四、代理服务器

1.代理服务器的定义

代理服务器的英文是 Proxy Server,其功能就是代理网络用户去取得网络信息。代理服务器是介于浏览器和 Web 服务器之间的服务器。如果浏览器所请求的数据在它本机的存储器上已经存在而且是最新的,那么它就不再重新从 Web 服务器读取数据,而直接将存储器上的数据传送给用户的浏览器,这样就能显著提高浏览速度和效率。更重要的是:Proxy Server 是 Internet 链路及网关所提供的一种重要的安全功能,它的工作主要集中在开放系统互联(OSI)模型的对话层。

2.代理服务器的分类

(1)按匿名功能分类

①非匿名代理。不具有匿名功能。

②匿名代理。使用这种代理时,虽然被访问的网站不能知道用户的 IP 地址,但仍然

可以知道哪位用户在使用代理,有些侦测 IP 的网页也仍然可以查到其 IP 地址。

③高度匿名代理。使用这种代理时,被访问的网站不知道用户的 IP 地址,也不知道用户在使用代理进行访问,其隐藏 IP 地址功能最强。

(2)按请求信息的安全性分类

①全匿名代理。不改变用户的 Request Fields(报文),使服务器端看来就像有真正的用户浏览器在访问它。当然,用户的真实 IP 地址是隐藏起来的,服务器的网管不会认为用户使用了代理。

②普通匿名代理。能隐藏用户的真实 IP,但会更改用户的 Request Fields,有可能会被认为使用了代理,但仅仅是可能,一般说来是没问题的。不过大家不要被它的名称误导,其安全性可能比全匿名代理更高,有的代理会剥离用户的部分信息(类似于防火墙的 Stealth Mode),使服务器端探测不到用户的操作系统版本和浏览器版本。

③Elite 代理。匿名隐藏性更高,可隐藏系统及浏览器资料信息等,其安全性特强。

④透明代理(简单代理)。透明代理的意思是用户端根本不需要知道有代理服务器的存在,它改变用户的 Request Fields,并会传送真实 IP 地址。

注意:加密的透明代理属于匿名代理,其意思是不用设置使用代理了,例如 Garden 2 程序。

(3)按代理服务器的用途分类

①HTTP 代理。代理客户机的 HTTP 访问,主要代理浏览器访问网页,它的端口一般为 80、8080、3128 等。

②SSL 代理。支持最高 128 位加密强度的 HTTP 代理,可以作为访问加密网站的代理。加密网站是指网址以"https://"开头的网站,SSL 的标准端口为 443。

③HTTP Connect 代理。允许用户建立 TCP 连接到任何端口的代理服务器,这种代理不仅可用于 HTTP,还包括 FTP、IRC、RM 流服务等。

④FTP 代理。代理客户机上的 FTP 软件访问 FTP 服务器,其端口一般为 21。

⑤POP3 代理。代理客户机上的邮件软件,用 POP3 方式收邮件,其端口一般为 110。

⑥Telnet 代理。能够代理通信机的 Telnet,用于远程控制,入侵时经常使用,其端口一般为 23。

⑦Socks 代理。Socks 代理是全能代理,它就像有很多跳线的转接板,只是简单地将一端的系统连接到另外一端。支持多种协议,包括 HTTP、FTP 请求及其他类型的请求。它分为 Socks4 和 Socks5 两种类型,Socks4 只支持 TCP 协议;Socks5 支持 TCP/UDP 协议及各种身份验证机制,其标准端口为 1080。

⑧Tunnet 代理。经 HTTP Tunnet 程序转换的数据包封装成 HTTP 协议请求(Request)来穿透防火墙,允许利用 HTTP 服务器做任何 TCP 可以做的事情,功能相当于 Socks5。

⑨文献代理。可以用来查询数据库的代理,通过这些代理,可以获得 Internet 的相关科研、学术的数据库资源,例如查询 Science Direct 网站(简称 SD)、Academic Press、IEEE、Springer 等数据库。

⑩教育网代理。教育网代理指学术教育机构局域网通过特定的代理服务器可使无出国权限或无访问某 IP 段权限的计算机访问相关资源。

3. 代理服务器的主要功能

一般情况下,代理服务器对于普通用户具有以下作用:

(1)连接 Internet 与 Intranet,充当 Firewall(防火墙)。

(2)节省 IP 开销。

(3)通过它来加快用户浏览某些网站的速度。

(4)用户通过它可以访问一些平时无法访问的网站。

4. 搜索代理服务器的常用软件

Proxy Server 对于用户这么有用,那么究竟怎样才可以在偌大的网络上找到这些服务器呢?这就要靠一些专门找寻 Proxy Server 的软件了,搜索代理服务器的软件很多,下面介绍几款常用软件。

(1)Proxy Hunter

Proxy Hunter 是代理服务器搜索软件的"老大哥",自从推出以来,就备受全国网友热爱,它有什么特点呢? Proxy Hunter 的搜索速度居于同类软件之首,同时带有预测搜索任务完成时间的功能,除了教育网外,不限制搜索 IP 地址范围,同时支持 HTTP 与 Socks 类的搜索和验证,具备对已搜索到的 Proxy Server 地址进行管理、使用、自动调度、再验证等先进功能。当有一大堆 Proxy Server,不知用哪个好时,用户就需要自动调度功能,将网络软件的 Proxy 设置为本机 IP 地址(127.0.0.1),端口为 8080,然后在 Proxy Hunter 搜索结果列表中选择欲使用的 Proxy Server 并单击鼠标右键,将其设置为"使用(Enable)",这样 Proxy Hunter 就会根据当时各 Proxy Server 速度的快慢选择一个或数个使用,非常方便。

(2)Proxy NOW 系列

Proxy NOW 系列是由网站自动更新软件 Update NOW 的作者开发的,由 HTTP Proxy NOW、Socks Proxy NOW、FTP Proxy NOW 三部分组成,顾名思义,功能是分别搜索上述三类 Proxy Server。Proxy NOW 系列的优点是绝对不限制搜索 IP 地址范围,但未注册进入时会有延时,不过只有几秒钟,搜索速度还可以,算是中规中矩;其缺点是功能分散单一,可设置项较少,验证不够完善。

(3)Socks Cat

Socks Cat 是专门搜索 Socks Proxy 的,同样不限制搜索 IP 地址范围,速度也比较快,只比 Proxy Hunter 慢些,不过在验证 Socks Proxy 方面较好,同时支持 Socks4、Socks5 的 Proxy Server 的搜索和验证,支持设置供验证的网页,设置最高连接数等,经实际使用,效果不错,如果能加入对 HTTP Proxy 的搜索和验证功能可能会更好。

综上所述,上述三者以 Proxy Hunter 为最好,但应具体情况具体分析,选择一个合适的来用。

回顾与总结

网络发展的速度是很快的,那么是不是用户一定要选择最好的网络才是最佳选择?答案是否定的,用户只要选择自己需要的上网方式即可。上网方式有多种,哪一种才是自己需要的? 这是由各方面因素决定的,只有充分考虑到外在因素和内在因素两个方面,才能选择符合自己要求的上网方式。

小试牛刀

小丁家有 2 台计算机,其中一台通过 ADSL 拨号上网,欲将另一台也设置为相同上网方式,即 2 台计算机可以同时上网,请为其选择最佳方案。

项目 6
Internet 应用

项目描述

项目背景

Internet 将我们带入了一个完全信息化的时代,正在改变着人们的生活和工作方式。通过 Internet,我们除了进行常规的 E-mail 通信外,还可以进行各种各样的日常工作:讨论问题、发表见解、传送文件、查阅资料、开展远程教育、网络购物、逛电子市场以及在网络上开展采购、订货、交易、展览等各种经济活动。在个人生活和娱乐休闲方面,我们在网上也可以进行参观展览馆、听音乐、看影视、聊天、阅览网上电子报刊、备份数据等活动。

项目目标

本项目的主要目标是通过对网络的各种应用来说明 Internet 的功能,强调 Internet 的应用对人们工作和生活的影响,主要包括浏览器的应用、搜索引擎、收发电子邮件、资源下载、网络聊天以及网盘应用等。

任务 1　了解 WWW 浏览器的应用

任务描述

小玲想找一份办公自动化方面的工作,由于之前对计算机不了解,所以她只好先买了台计算机在家练习。我们可以如何帮助小玲学习计算机?

任务目标

掌握 WWW 浏览器的应用,包括打开网页、保存网页、收藏站点等。

⬭ 工作过程

1.启动和关闭浏览器

启动计算机,双击桌面上的"Internet Explorer"图标,如图 6-1 所示。

要关闭 IE9.0,单击如图 6-2 所示窗口右上角的关闭按钮即可。

图 6-1 IE 图标

图 6-2 浏览器启动后的窗口

2.IE 的基本操作

微软的 IE 浏览器在目前的全球浏览器市场上占据着绝对的统治地位,而且功能很强大。互联网上的大部分网站都以 IE 为目标浏览器进行设计,96％的市场占有率也决定了绝大多数的浏览器扩展功能插件都以 IE 为目标浏览器来制作。使用 IE 浏览器,用户有大量的扩展功能插件可选择,也能够保证看到的是网页制作者想要表现的效果,不必担心网页与浏览器兼容性方面的问题。

(1)安装 IE9.0

【步骤1】运行 IE9.0 安装应用程序后,出现如图 6-3 所示的窗口。

图 6-3 IE9.0 安装应用程序启动后的窗口

【步骤2】单击"安装"按钮,按照提示进行安装,完成后重新启动计算机,更新后安装即成功。可通过点击"工具"菜单中的"关于 Internet Explorer"查看安装的 IE 版本等信息,如图 6-4 所示。

图 6-4　查看 IE 版本

(2)功能介绍及操作说明

①设置主页

主页是每次打开 Internet Explorer 时最先显示的页面。可以选择一个经常浏览的网页或者自己最喜欢的网页作为主页。具体设置步骤如下:

【步骤1】打开自己要设置为主页的网页,如赛迪网。

【步骤2】选择"工具"→"Internet 选项"命令,如图 6-5 所示。

【步骤3】单击"常规"选项卡。

【步骤4】在"主页"栏中输入网址,单击"使用当前页"按钮,如图 6-6 所示。

图 6-5　设置 Internet 选项

图 6-6　设置主页

【步骤5】点击"确定"按钮,完成设置。

②共享收藏夹的内容

收藏夹在 Netscape Navigator 中称为书签(Bookmark),是保存和整理常用站点的捷径。IE9.0 会自动导入所有的 Netscape 书签。具体操作步骤如下：

【步骤1】在"文件"菜单下，单击"导入和导出"。

【步骤2】出现"导入/导出设置"窗口，如图 6-7 所示，单击"下一步"按钮。

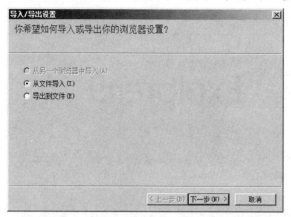

图 6-7　导入/导出设置

【步骤3】选定导入的内容，单击"下一步"按钮，完成导入，如图 6-8 所示。

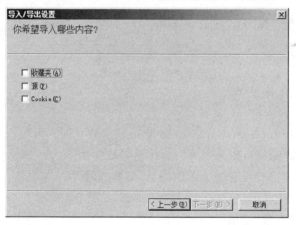

图 6-8　选定导入的内容

③查找最近访问过的网页

IE9.0 有多种方法可查找在过去几天、几小时或几分钟内曾经浏览过的网页。

a.查找最近几天访问过的网页。在工具栏中，点击"查看"→"浏览器栏"→"历史记录"，按需要选择日期进行查看，如图 6-9 所示。

b.查找刚才访问的网页。单击地址栏右侧的下拉箭头，将会看到用户最新访问的网页，如图 6-10 所示。

④将网页保存在本地

如果想在不上网的情况下浏览网站上的内容，可以

图 6-9　历史记录

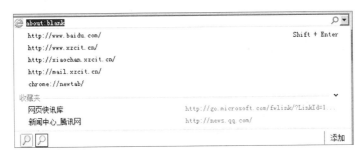

图 6-10　查找访问过的网页

将此页保存在本地计算机上。保存网页的方法很多，可以只保存文字，也可以保存所有的图像和文字，使这一页和在 Web 上显示的一样。具体操作步骤如下：

【**步骤 1**】选择"文件"→"另存为"命令。

【**步骤 2**】选择准备用于保存网页的文件夹。

【**步骤 3**】在"文件名"文本框中，输入网页的名称。

【**步骤 4**】在"保存类型"文本框中，选择文件类型，如图 6-11 所示。这里有四种类型可供选择。

图 6-11　选择文件类型

· "网页，全部"：保存显示该网页时所需的全部文件，包括图像、框架和样式表。该选项将按原始格式保存所有文件。

· "Web 档案，单一文件"：将显示网页所需的全部信息保存在一个 MIME 编码的文件中。该选项将保存当前网页的可视信息。

注意：只有安装了微软的 Outlook Express 5 或更高版本才能使用该选项。

· "网页，仅 HTML"：只保存当前 HTML 页。该选项保存网页信息，但不保存图像、声音或其他文件。

· "文本文件"：只保存当前网页的文本。该选项将以纯文本格式保存网页信息。

（3）IE9.0 的特色功能

① 对 Cookie 的管理

IE9.0 的 Cookie 策略可以设定成"阻止所有 Cookie"、"高"、"中高"、"中"、"低"、"接受所有 Cookie"六个级别（默认级别为"中"），分别对应从严到松的 Cookie 策略。可以选择"工具"→"Internet 选项"命令，对 Cookie 进行设定，如图 6-12 所示。

对于一些特定的站点，可以自行编辑 Cookie 规则，以更好地保护自己的信息，增强 IE 使用的安全性，如图 6-13 所示。

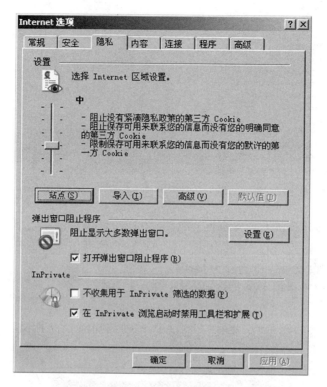

图 6-12　设置 Cookie 策略

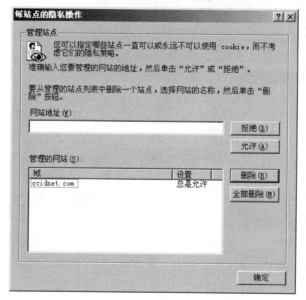

图 6-13　每站点的隐私操作

②禁用或限制使用 Java、JavaApplet、ActiveX 控件

选择"工具"→"Internet 选项"命令,单击"安全"选项卡,再单击"自定义级别"按钮,就可以对 Java、ActiveX 控件的使用情况进行设置。在这里可以设置"ActiveX 控件和插件"、"Java"、"脚本"、"下载"、"用户验证"以及其他安全选项。对于一些不安全或不太安全的控件或插件以及下载操作,应该予以禁止、限制或至少要进行提示,如图 6-14 所示。

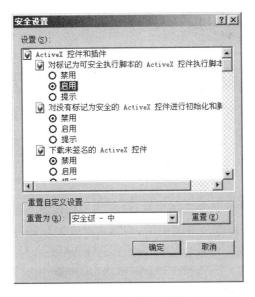

图 6-14 安全设置对话框

(4)设置默认拨号连接

如果是使用拨号上网,而且在系统上建立了多个拨号连接,常规做法是先拨通某个拨号网络后再启动浏览器进行浏览。但是实际上有更简便的方法,即直接启动 IE9.0 浏览器,浏览器会根据已设置好的默认拨号连接进行自动拨号。浏览器的默认连接设置步骤如下:

【步骤1】打开浏览器,选择"工具"→"Internet 选项"命令,单击"连接"选项卡,出现拨号连接的设置界面。

【步骤2】用鼠标单击欲作为默认连接的拨号连接项,如"拨号连接",并选中"始终拨默认连接"选项,单击"设置默认值"按钮,然后点击"确定"按钮退出设置对话框,如图6-15所示。

(5)设置代理服务

Proxy 是一种代理服务器,它接受用户对远程主机的请求信息,然后将请求信息传送至远程主机,并取回远程主机的响应信息回送至用户主机。

对须通过代理服务器才能联网的电脑,要设置代理服务。其具体操作步骤如下:

【步骤1】选择"工具"→"Internet 选项"命令,单击"连接"选项卡,再单击"局域网设

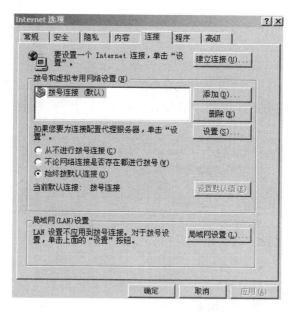

图 6-15　设置默认的拨号连接

置"按钮。

【步骤 2】在弹出的对话框中,选中"为 LAN 使用代理服务器"前的复选框,在"地址"栏中输入服务商提供的代理服务器的地址,如"210.74.241.90",在"端口"栏中输入端口号,如"80",如图 6-16 所示。

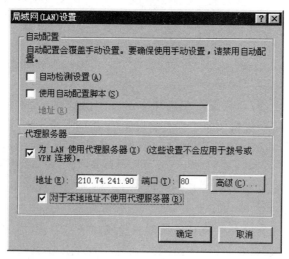

图 6-16　设置代理服务器

【步骤 3】单击"高级"按钮,弹出如图 6-17 所示的对话框。在"对于以下列开头的地址不使用代理服务器"文本框中输入不使用代理服务器的地址,地址之间用";"隔开。

3.收藏夹的使用

当用户上网发现一些自己喜欢的网站时,可以通过 IE 里的收藏夹把想收藏的网址记录在内。使用收藏夹的操作步骤如下:

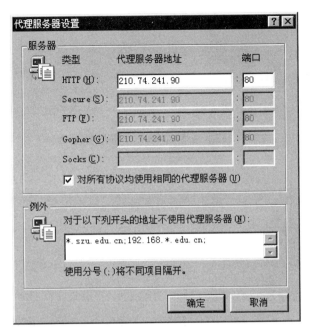

图 6-17　设置不使用代理服务器的网址

【**步骤 1**】登录一个网站,选择"收藏"→"添加到收藏夹"命令,弹出"添加收藏"对话框,填写好"名称"或"创建位置"后,单击"添加"按钮即可完成,如图 6-18 所示。

图 6-18　"添加收藏"对话框

【**步骤 2**】如果要分类保存网址,单击图 6-18 所示对话框中的"新建文件夹"按钮,弹出如图 6-19 所示的"创建文件夹"对话框,输入要创建的文件夹名,然后单击"创建"按钮。

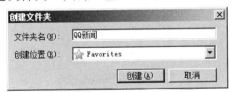

图 6-19　输入"文件夹名"和"创建位置"

【**步骤 3**】选择"收藏夹"→"添加收藏"命令,单击"创建位置"右侧的下拉箭头,可以看到新添加的文件夹,如图 6-20 所示。

【**步骤 4**】单击"确定"按钮,回到 IE 主页面。单击"收藏夹"按钮,就会看到所创建的文件夹,如图 6-21 所示。

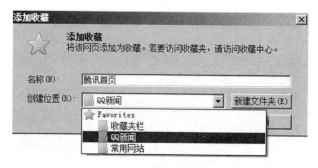

图 6-20　出现新添加的文件夹

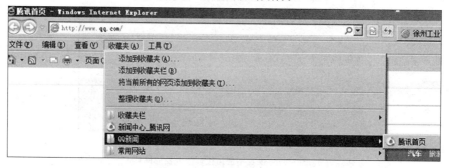

图 6-21　单击"收藏夹"按钮显示的内容

4.IE 使用的基本技巧

IE 还为用户提供离线浏览功能。具体操作步骤如下：

【步骤 1】选择"文件"→"脱机工作"命令，如图 6-22 所示。

图 6-22　脱机工作设置

【步骤 2】设置好脱机工作后，网页是以脱机方式打开的，如果打不开网页，则会进行联机打开，如图 6-23 所示。

图 6-23　联机打开网页

任务 2　了解搜索引擎的综合应用

⇨ 任务描述

小玲想在网络上查找一些 OFFICE 办公软件的使用技巧，她该如何操作？

⇨ 任务目标

掌握搜索引擎的基本操作，以百度为例。

⇨ 工作过程

这里以基本搜索为例来介绍有关搜索引擎的操作。具体操作步骤如下：

【步骤 1】打开 IE 浏览器，在地址栏中输入 http://www.baidu.com，回车后进入百度主页，如图 6-24 所示。

图 6-24　百度主页

【步骤 2】在百度主页中，直接把要搜索的内容输入到文本框中，点击"百度一下"按钮或直接按"回车"键，就可以查找到相应内容。例如，输入"OFFICE 办公软件的使用技巧"，按"回车"键，将看到如图 6-25 所示的百度查找结果。

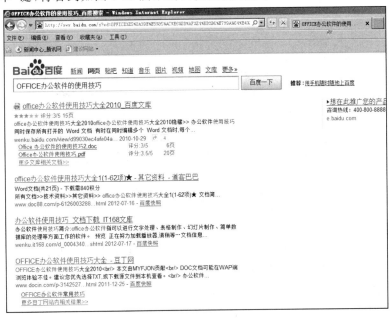

图 6-25　百度查找结果

159

任务3　收发电子邮件

➡️ 任务描述

小玲通过一段时间的学习,掌握了网络的一些基本操作。但是在现在网络办公系统中,收发电子邮件已经成为相当一部分工作人员每天的必做之事,所以对于小玲来说,要想胜任未来的工作,必须掌握电子邮件的收发操作。

➡️ 任务目标

掌握电子邮件的收发;掌握电子邮件附件的发送等。

➡️ 工作过程

目前,用于收发电子邮件的软件有很多,为大家所熟知的有微软公司的 Outlook Express,中国人自己编写的 FoxMail,Netscape 公司的 Mailbox,Qualomm 公司的 Eudora Pro 等。这里介绍功能强大的电子邮件软件 Outlook Express,只要安装了 Windows 系统,就会自动安装 Outlook Express 软件。

1. Outlook Express 的使用

(1)配置 Outlook Express

配置 Outlook Express 的具体步骤如下:

【步骤1】点击"开始"→"所有程序"→"Outlook Express",在第一次使用 Outlook Express 时,会自动出现"Internet 连接向导",在向导的指引下开始设置账号,如图 6-26 所示。

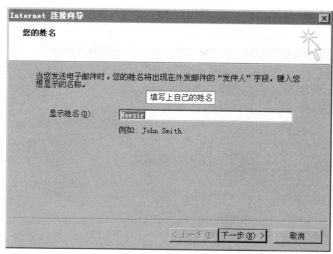

图 6-26　输入显示的名称

【步骤2】输入姓名。这项是给收信人看的,可以填写真实的姓名,也可以另取一个自己喜欢的名字,填好后,单击"下一步"按钮。

【步骤3】输入电子邮件地址。这项表示发送者正在使用的电子邮件地址。在办理入网手续时,ISP 曾给每个用户一份"入网登记表",那上面有一个电子邮件的地址,可以对照它正确地填写,如图 6-27 所示。完成后,单击"下一步"按钮。

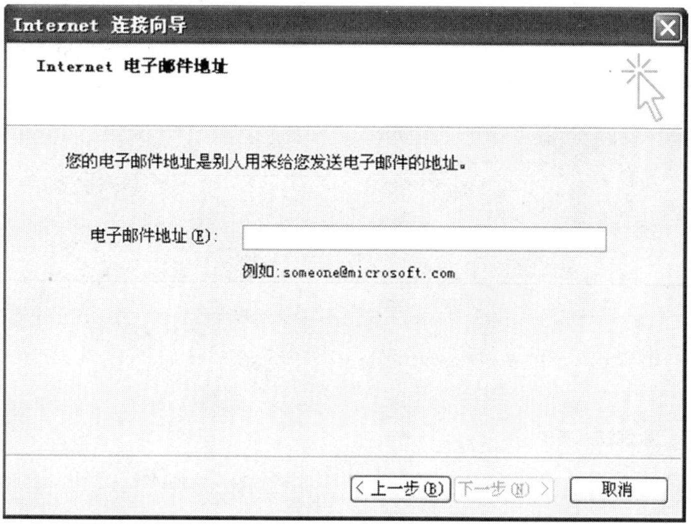

图 6-27　输入电子邮件地址

提示:如果想使用网上提供的免费 E-mail(如 163、263 等),这里就输入要申请的免费 E-mail 地址(申请免费 E-mail 时要看一下是否提供 POP3 和 SMTP 服务,如果提供要记下这两个服务器的地址,在下面的设置中将会用到)。

【步骤 4】输入电子邮件服务器名。这里的两项内容也需要对照"入网登记表"填写,第一个栏目是"邮件接收(POP3,IMAP 或 HTTP)服务器",这里的名称一定要与上一步填写的"电子邮件地址"的相应部分匹配。完成后,单击"下一步"按钮,如图 6-28 所示。

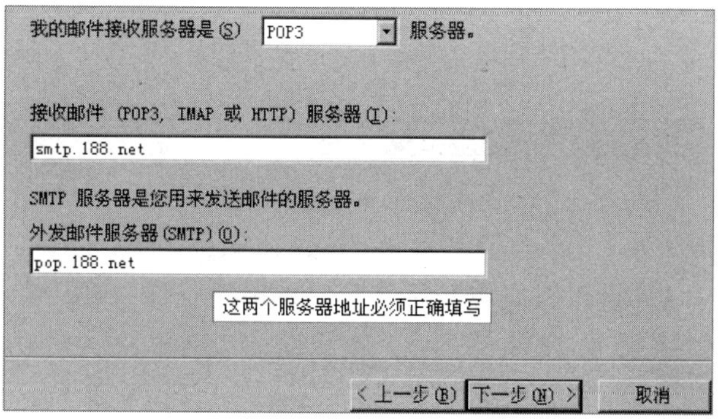

图 6-28　输入电子邮件服务器名

注意:如果使用免费的 E-mail,就输入该账号的相应服务器地址。

【步骤 5】输入账号名和密码。这两项是使用 POP3 服务器收取邮件必须提供的,也要对照"入网登记表"来填。然后单击"下一步"按钮,如图 6-29 所示。

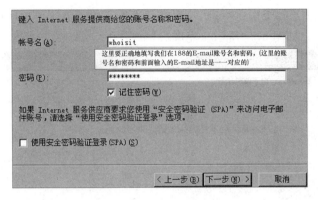

图 6-29　输入账号名和密码

【步骤 6】单击"完成"按钮,设置完成。

（2）发送邮件

发送邮件的具体步骤如下:

【步骤 1】启动 Outlook Express,单击工具栏中的"新邮件"按钮,如图 6-30 所示。

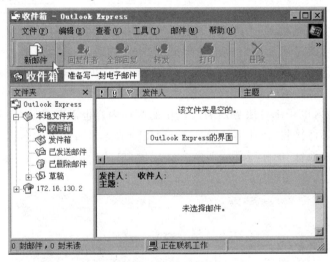

图 6-30　单击"新邮件"按钮

【步骤 2】填写"收件人"的电子邮件地址,如 mrzlg@163.net。在第一次发信时,最好也给自己发一份,这样可以检查邮箱是否可以准确地收信,如图 6-31 所示。

注意:"抄送"和"密件抄送"两项是把一封信同时发给多个人时使用的。这两种方式之间也是有区别的,利用"抄送"方式发送的信件,收件人可以看到其他收件人的 E-mail 地址,而利用"密件抄送"方式发送的信件,收件人收到 E-mail 后,不知道还有哪些人也收到了此信。

【步骤 3】填写邮件的主题。主题主要是让收信人能快速地了解邮件的大意,因此,最好填写主题,比如"春节快乐"。

【步骤 4】在下面的空白处书写正文,完成后,单击"发送"按钮。蓝色的进度条满100%后,表示发送结束。

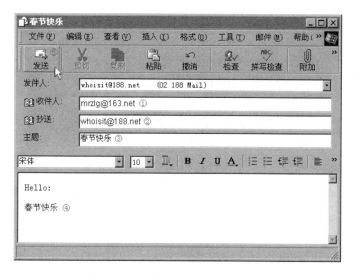

图 6-31 填写"收件人"的电子邮件地址

（3）接收邮件

【步骤 1】单击工具栏上的"发送/接收"按钮，窗口右上角的"地球"正在转动，表示正在查看邮箱，接收信件。

【步骤 2】在收件箱页面的左边"Outlook Express"栏下的"收件箱"旁边括号内标出蓝色的"3"，表示收到 3 封新邮件，如图 6-32 所示。

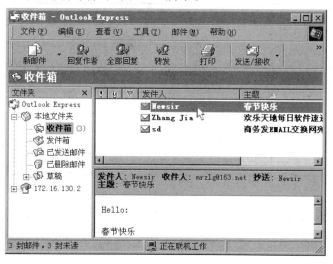

图 6-32 接收到的邮件

【步骤 3】单击"收件箱"文件夹，在右边就可以看到信箱里的信，未读信的标题都以粗体显示。

【步骤 4】用鼠标双击要查看的信件，在下面的信件"预览窗口"中就可以看到这封信的内容了。

（4）回复邮件

【步骤 1】选定要回复的信，单击工具栏里的"回复作者"按钮，如图 6-33 所示。

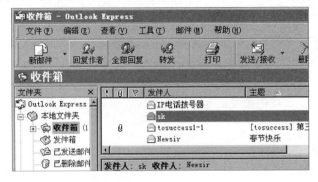

图 6-33　回复作者

屏幕上弹出回信的窗口，"收件人"、"主题"都已填好，信纸上也已经引用了原信的内容，最上面写着"----Original Message----"（原信内容），并在左边有一条黑色竖线标示，如图 6-34 所示。

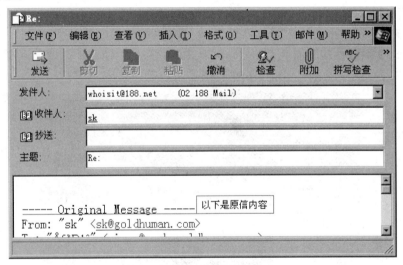

图 6-34　回信内容

【步骤 2】光标现在停在信纸的最上方，只需写下要回复的内容，再单击工具栏上的"发送"按钮，信就"寄"出去了。

（5）加入自己的签名

在书写信件时，我们总是在最后写上自己的名字或自己喜爱的一句格言。在 Outlook Express 中，可以通过建立自己的"签名"，使发送的每封信中都自动加上签名。具体操作步骤如下：

【步骤 1】选择"工具"→"选项"命令。

【步骤 2】在"签名"选项卡中单击"新建"按钮，创建第一个签名。

签名的方式有两种，一种是文本形式，一种是网页形式。如果仅使用文本签名，只需要在文本框中输入自己的签名即可。出于 E-mail 的礼仪和考虑到对方的阅读方便,文字签名最好不要超过四行。如果想把签名制作得很精美,可以使用网页形式,不过,网页中的图片最好不要超过 30K,图片链接路径要书写完整,不要写成相对路径;网页签名不要占用太大的幅面。

【步骤3】把签名设置为文本形式。选择"文本",输入签名,如图 6-35 所示。单击"确定"按钮。到此为止,签名就设置好了。

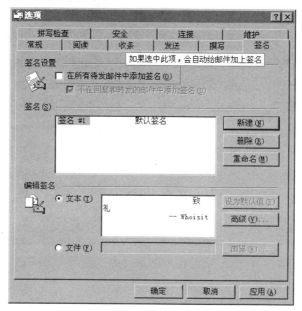

图 6-35 在"文本"栏中输入签名

【步骤4】单击"新邮件"按钮,然后用鼠标定位在下面的正文框,选择"插入"→"签名"命令,这时签名就出现在信件的下方了,如图 6-36 所示。

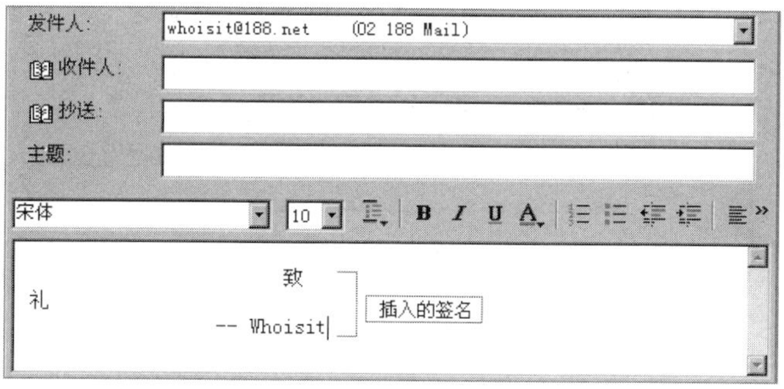

图 6-36 插入签名

(6)使用信纸

Outlook Express 提供了很多漂亮的信纸,可以在发电子邮件时随意挑选。具体操作步骤如下:

【步骤1】选择"格式"→"应用信纸"→"常青藤"命令,这时"新邮件"窗口下方的"信纸"就变成一幅画了,如图 6-37 所示。

注意:其实这个信纸就是一个网页,如果会制作网页,也可自己动手制作信纸。

【步骤 2】在"收件人"栏写上收件人的地址,如 mrzlg@163.net,其余内容填写完整,点击"发送"按钮发送信件即可。

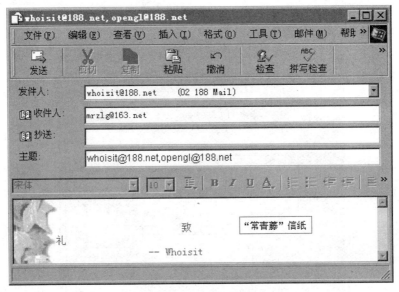

图 6-37 常青藤信纸

(7)在邮件中加入附件

给邮件附加文件的类型是没有限制的,附加文件的大小根据对方的邮箱而定,不要太大,否则收件人的信箱可能无法接收此邮件。具体操作步骤如下:

【步骤 1】单击工具栏上的"附加"按钮,如图 6-38 所示。

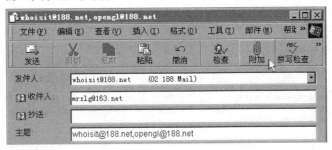

图 6-38 单击工具栏上的"附加"按钮

【步骤 2】在"插入附件"对话框中选择要发送的文件,然后单击"附件"按钮,如图6-39所示。

这时,在"新邮件"窗口下方打开了一个文本框,里面是添加的附加文件的图标、名称和大小。附件不仅可以是 Word 文稿,也可以是制作的一张图片或是一首 WAV 歌曲,如图 6-40 所示。

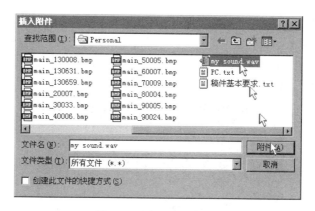

图 6-39　选择要插入的附件

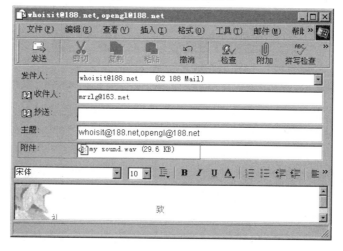

图 6-40　附件文本框

（8）阅读邮件中的附件

收到邮件后，在"收件箱"的邮件列表中选择此邮件，这时，在下面的预览窗格的蓝色标题栏上可以看到一个曲别针，这表示这封邮件包含附件。单击该曲别针，出现附件选择菜单，其中列有附件的名称，如图 6-41 所示。

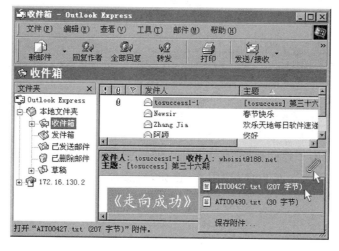

图 6-41　附件标识

注意：如果附件是执行文件，或是 HTML 文件，或是其他具有危险性的文件，Outlook Express 都将弹出"警告"提示，这一点很重要，当我们收到一封来历不明的邮件并包含附件时，一定要小心，有可能里面就是一个病毒。如果对这样的邮件放心的话，可以选择"打开"来阅读附件，如图 6-42 所示。

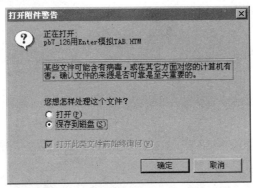

图 6-42　选择"打开"阅读附件

（9）建立通信簿

在操作和管理上，Outlook Express 还提供了许多更为方便、快捷的功能。比如，可以把朋友的 E-mail 地址都放在"通信簿"中，想给谁发信，只需从"通信簿"中选择，不需要每次都敲入地址。具体操作步骤如下：

【步骤 1】单击"工具"栏中的"通信簿"按钮，这时可以看到一个"新建"按钮，单击"新建"按钮，然后再从弹出的菜单中选择"联系人"命令。

【步骤 2】这时就可以输入相关信息了，可以只填写"姓名"选项卡中的内容，"姓名"选项卡中可以只填"显示"栏，但建议最好把"姓"、"名"、"昵称"也都填好，如图 6-43 所示。

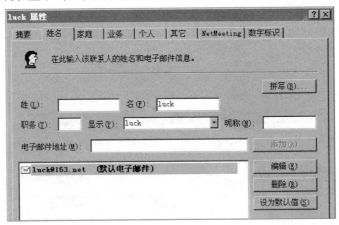

图 6-43　输入信息

【步骤 3】在"电子邮件地址"栏里填上收件人的 E-mail 地址，如果需要把多个收件人的 E-mail 地址都填上，可以单击"添加"按钮，然后再分别录入其他的地址，最后单击"确定"按钮结束。

如果想给"老朋友"发信,只要在"通信簿"中选择他的名字,然后单击工具栏中的"操作"按钮,再选择"发送邮件"命令即可,如图 6-44 所示。

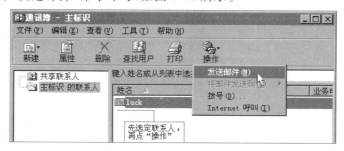

图 6-44 选定联系人

【步骤 4】出现"新邮件"窗口,"收件人"的地址已经填好,然后写好信的内容,单击"发送"按钮,如图 6-45 所示。

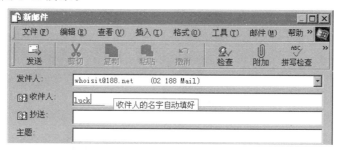

图 6-45 发送邮件

(10)转发邮件

Outlook Express 还提供了转发信件的功能。比如,我们收到一封信想把它发给另一个朋友阅读时,可以按下列步骤操作:

【步骤 1】在"收件箱"的邮件列表中选择这封邮件,然后单击工具栏中的"转发"按钮,如图 6-46 所示。

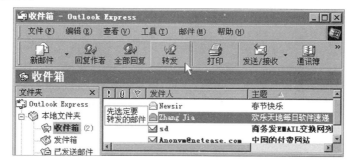

图 6-46 选定要转发的邮件

【步骤 2】在"收件人"处填上新的地址(也可以单击"收件人"按钮,然后从左边框中选定收件人的地址,再单击"收件人"按钮,看到右边框中出现所选的名字后,单击"确定"按钮返回)后,就可以把信件发出去了。

(11)建立文件夹

如果收到的邮件越来越多,收件箱里堆满了信,管理起来会非常麻烦。Outlook Express 已经考虑到了这一点,允许用户建立不同的文件夹,也就是"目录",把来自四面八方的信件分门别类地放在各个文件夹中。比如,可以建立文件夹(目录)"朋友的来信",专门存放来自朋友们的信件。具体操作步骤如下:

【步骤 1】在左边的"收件箱"上单击鼠标右键,选择快捷菜单中的"新建文件夹"命令,如图 6-47 所示。

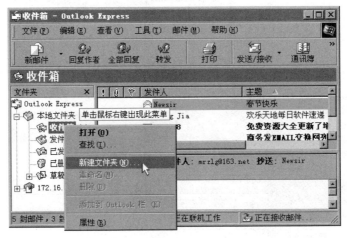

图 6-47　新建文件夹

【步骤 2】在出现的对话框中,输入文件夹名称,如"朋友的来信",如图 6-48 所示。在下面的选择框中选择新文件夹创建的位置,比如选定"收件箱",然后单击"确定"按钮返回。

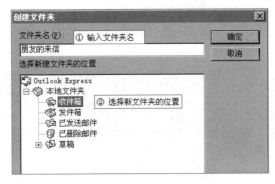

图 6-48　输入文件夹名称

这时可以看到,左侧的"收件箱"中出现了"朋友的来信"文件夹。

(12)移动、删除邮件

①信件的移动

下面把刚收到的信件放在新文件夹"朋友的来信"中。具体操作步骤如下:

【步骤 1】单击页面左边的"收件箱",在邮件列表中选择来信。

【步骤2】用鼠标拖动邮件到文件夹"朋友的来信"上,然后松开鼠标按键,该邮件就被移动到"朋友的来信"文件夹中了,如图6-49所示。

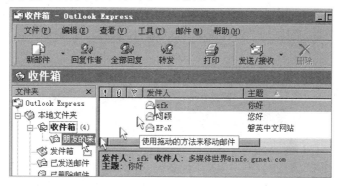

图6-49 拖动信件到"朋友的来信"文件夹中

②信件的删除

有时我们会收到一些来历不明而且毫无用处的信件,可以把它们删除。具体操作步骤如下:

【步骤1】打开"收件箱",选择其中的一封信,然后单击工具栏中的"删除"按钮,信件立刻就消失了,如图6-50所示。但其实还没有真正把它删除,打开"已删除邮件"文件夹,会发现这封信被放在了这里。

图6-50 删除信件

【步骤2】选定这封信,再单击工具栏中的"删除"按钮,Outlook Express会给出一个提示,即让用户确认是否真的要删除邮件,单击"是"按钮,这封信件就彻底被清除了。

(13)建立不同的账号

【步骤1】选择"工具"→"账号"命令,第一次建立的账号将出现在列表中。

【步骤2】单击"添加"→"邮件"按钮,这时,屏幕上出现连接向导。

【步骤3】在"连接向导"的指引下,可以建立另一个新的邮件账号。在Outlook Express接收邮件时,会按照列表的顺序依次接收每一个账号中的信件。

Outlook Express还提供了多账号管理的功能,如果拥有多个不同的邮件账号,可以为每个邮箱分别设置账号和密码,同时收取多个邮箱中的信件。

（14）使用邮件规则

是否可以在收信时就自动地把不同的来信分类放在相应的文件夹中呢？答案是肯定的，这需要借助 Outlook Express 的"邮件规则"来实现。具体操作步骤如下：

【步骤1】选择"工具"→"邮件规则"→"邮件"命令，屏幕上便出现了"邮件规则"对话框。

【步骤2】单击"新建"按钮，如图 6-51 所示，此时又会出现一个新的设置窗口。

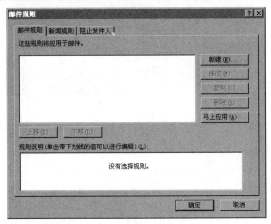

图 6-51 "邮件规则"对话框

比如我们要将从 luck@163.net 发来的邮件自动放到"朋友的来信"文件夹中，就可以按照此方法操作。

【步骤3】在"选择规则条件"中选择"若'发件人'行中包含用户"选项，如图 6-52 所示。

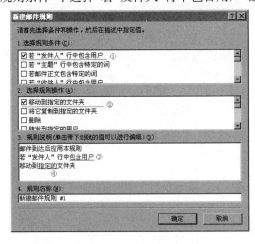

图 6-52 选择"若'发件人'行中包含用户"

【步骤4】在"选择规则操作"中选择"移动到指定的文件夹"，此时"规则说明"栏目中便出现具体的规则说明，其中"包含用户""指定的"都变成了蓝色可点的链接。

【步骤5】单击"包含用户"，屏幕上又会弹出一个选择用户的窗口，然后单击"地址簿"按钮，选择朋友的地址，单击"确定"按钮返回。

【步骤6】单击"指定的",从文件夹中选择"朋友的来信",单击"确定"按钮结束,如图6-53所示。

图6-53 选择"朋友的来信"

在实际使用中我们可以制定多条规则。规则是按照从上到下的顺序依次执行的,而规则前面带有对勾的方框表示规则是使之再发挥作用。

(15)定时收取邮件

我们可以设置定时收取邮件,如果用户每天都要收取信件的话,那么这种设置将会给用户带来很大的方便。

选择"工具"→"选项"命令,单击"常规"选项卡,其中有一项是"每隔30分钟检查一次新邮件",可以修改检查的时间间隔,范围是1~480分钟。当然这需要一直运行Outlook Express,如图6-54所示。

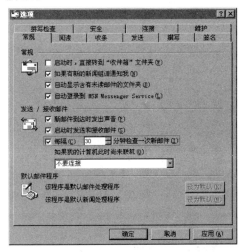

图6-54 设置时间间隔

(16)邮件的编码

有时我们收到一份电子邮件,打开之后,看到的却是一些无法识别的乱码,如图6-55所示。这就涉及邮件所使用的文字编码了。我们目前使用的简体中文采用GB2312文字编码,而有些人使用的电子邮件软件在默认的情况下并没有使用GB2312文字编码,例如,使用的是BIG5编码,这时我们用Outlook Express来阅读看到的就是一片乱码了,我们可以通过选择编码来使这些邮件显现其"面目"。

选中邮件的标题,选择"查看"→"编码"→"简体中文(GB2312)"命令,这时邮件中的文字就正确地显示出来了,如图6-56所示。

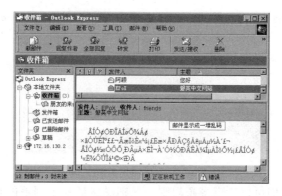

图 6-55　乱码信件

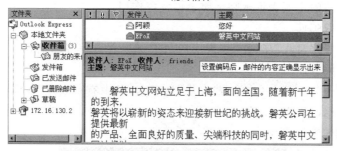

图 6-56　乱码变为简体中文

提示：选择"工具"→"选项"命令，单击"阅读"选项卡，再单击"国际设置"按钮，屏幕上会出现一个新窗口，窗口中写有默认编码是"简体中文 GB2312"，下面还有选项"为接受的所有邮件使用默认编码"，选择该选项，这样不论接收的邮件使用何种编码，在阅读时 Outlook Express 都将其按照 GB2312 编码显示。

2.使用免费邮箱

（1）申请免费邮箱

现以网易提供的免费邮箱为例，介绍申请免费邮箱的操作步骤。

【步骤 1】在地址栏中输入 www.163.com，回车，进入网易主页，如图 6-57 所示。

图 6-57　网易主页

【步骤2】在页面上方，单击"注册免费邮箱"按钮，弹出免费邮箱注册页面。选择"注册字母邮箱"（默认为"注册手机号码邮箱"），并填写相应内容，如图6-58所示。

【步骤3】点击"立即注册"按钮，出现如图6-59所示的页面，则注册成功。牢记用户名和密码，然后单击"跳过这一步，进入邮箱"（不需要填写手机号码）。

图6-58 填写个人资料　　　　　　　　　　　图6-59 注册成功

【步骤4】单击"进入2G免费邮箱"，弹出如图6-60所示页面，即可在其中收发电子邮件。

图6-60 免费邮箱窗口

（2）发送电子邮件

【步骤1】在地址栏中输入www.mail.163.com，登录网易邮箱主页。

【步骤 2】在"用户名"和"密码"栏中分别输入之前申请的 E-mail 账号和口令,单击"登录"按钮,如图 6-61 所示。

图 6-61 输入"用户名"和"密码"

【步骤 3】进入邮箱以后,单击"写信"按钮,如图 6-62 所示。

图 6-62 单击"写信"按钮

【步骤 4】在"发送"页面中填写收件人的邮箱地址、主题和内容,其中内容和主题可以不填,填写完毕后,单击"发送"按钮,如图 6-63 所示。

图 6-63　填写收件人的邮箱地址、主题和内容

（3）接收电子邮件

【步骤1】进入邮箱以后，单击"收信"按钮，页面右边即显示所接收到的所有邮件。

【步骤2】单击"发件人"的电子信箱地址，即可以看到该邮件的内容。

任务4　下载网络资源

⇨ 任务描述

小玲在学习的同时也会抽空看看电视剧或电影，但由于网速不稳定，因此小玲看电影时网络时连时断，直到晚上10点以后网速才趋于稳定。有没有什么办法可以让小玲顺利看电影而不用熬夜？这里将介绍一种网络下载工具——迅雷，即先把电影下载到本地，然后抽时间再看。

⇨ 任务目标

掌握迅雷软件的使用，包括单个文件下载或连续多个文件下载等操作。

⇨ 工作过程

1. 下载并安装迅雷

下载并安装迅雷的具体操作步骤如下：

【步骤1】进入迅雷官网首页，找到迅雷下载链接，如图 6-64 所示。

图 6-64　迅雷官网首页

【步骤 2】 对下载的软件执行安装，如图 6-65～图 6-68 所示。

图 6-65　迅雷 7 的安装步骤(1)

图 6-66　迅雷 7 的安装步骤(2)

图 6-67　迅雷 7 的安装步骤(3)

图 6-68　迅雷 7 的安装步骤(4)

2.迅雷 7 基本操作

(1)下载单个软件

【步骤 1】打开 IE,找到要下载的软件资源,这里以下载 QQ 软件为例,如图 6-69 所示。

图 6-69　QQ 软件下载链接

【步骤 2】单击"立即下载",弹出"新建任务"对话框,选择好路径后,单击"立即下载"按钮,如图 6-70 所示。下载完成后,可通过点击"已完成"文件夹查看下载任务。

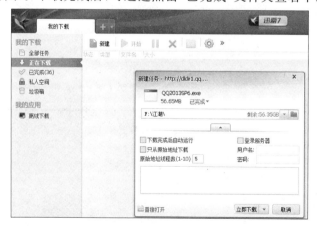

图 6-70　"新建任务"对话框

（2）下载连续的资源

如图 6-71 所示，单击迅雷 7 主页面上的"新建"按钮，弹出"新建任务"对话框，单击下面的"按规则添加批量任务"，弹出如图 6-72 所示的批量任务下载设置界面。

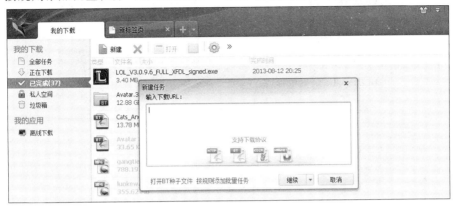

图 6-71　新建任务

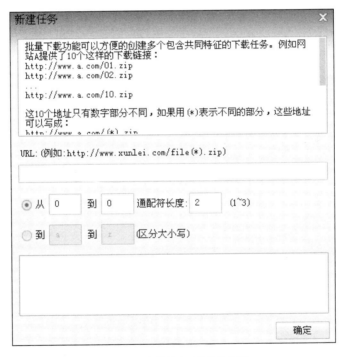

图 6-72　批量任务下载设置界面

详细设置数据，则根据所要下载的资料情况而定，有些需要手动设置，有些则自动加载，这里不再一一列出。

（3）会员权利

在迅雷 7 的主页面单击左上角图标，打开会员登录窗口（迅雷会员非免费），如图6-73所示。输入注册账号和密码后，单击"登录"按钮，进入迅雷会员界面。在会员登录成功后,下载速度会明显提高,同时还提供了离线下载功能。

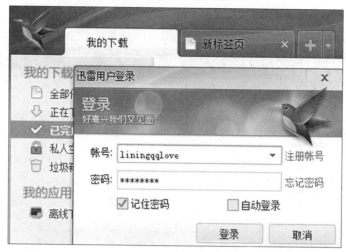

图 6-73　会员登录

迅雷中还有很多配置选项,这些都需要通过多次操作练习后才能熟练掌握,这里不再一一列出。

任务5　应用网络通信软件

➡ 任务描述

小玲由于在计算机操作方面是新手,总是出现这样或那样的问题,自己通过网络学习又很费劲,因此常常需要电话联系一些好朋友帮忙,而打电话不仅表述不清,而且费用很高。如何帮助小玲使她既可以解决问题又不用花费太多呢?这里以 QQ 为例,介绍网络通信软件能够实现的功能。

➡ 任务目标

掌握 QQ 软件的实用性功能。

➡ 工作过程

1. QQ 软件下载和安装

这里的操作与迅雷下载和安装过程相似,不再详述。下载途径有多种,可以通过 QQ 官网,也可以通过如 360 安全卫士软件来安装 QQ。

2. QQ 应用

QQ 应用有很多,包括聊天、语音、视频、截屏、远程协助、传送文件等。

（1）聊天

作为网络通信软件最基本的功能——QQ 聊天,每天都被数以亿计的用户使用,不仅效率高,而且免费、安全性高。QQ 聊天界面如图 6-74 所示。

聊天操作很简单,只需要将要说的话键入对话框中,点击"发送"按钮,就可以直接发送到聊天对方的 QQ 软件中。还可以通过话筒直接语音或通过摄像头进行视频聊天,这

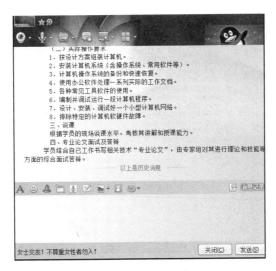

图 6-74 QQ聊天界面

些应用不会产生除上网费用外的其他费用,前提是网速必须稳定,否则会断断续续。如果想要语音或视频聊天,单击聊天对话框上面的话筒或摄像头图标,打开相应对话框进行简单设置即可。

(2)发送文件

QQ 软件可以给对方传送文件或文件夹,单击如图 6-75 所示的界面按钮,选择相应功能即可。

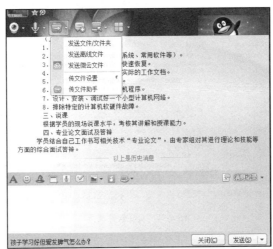

图 6-75 发送文件

(3)远程协助

对不熟悉电脑操作的人来说,遇到问题是十分棘手的事情。如果电脑接入网络,可以直接通过 QQ 远程协助请求别人帮忙,如图 6-76 所示。

远程协助可以实现对方远距离控制计算机,从而远程解决各种问题。远程协助在日常中应用较为广泛。

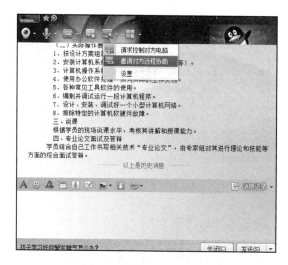

图 6-76　邀请对方远程协助

（4）截屏

在进行网络办公时，经常需要在文档中加入一些图片，特别是软件界面，以前都是拿着相机拍照，然后再传到电脑中，费时费力。如今通过 QQ 软件可以很方便地将这些图片截取下来，如截取 WPS 界面，只需登录 QQ 软件，按住"Ctrl＋Alt＋A"键，就会出现截屏的指示，按照要求去截取图片，双击鼠标完成截屏，如图 6-77 所示。

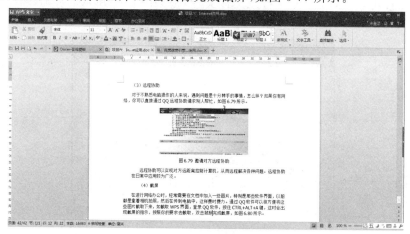

图 6-77　QQ 软件截屏

任务6　使用网盘

➡️ 任务描述

小玲在学习电脑的过程中，经常去朋友家请教问题。有时朋友给她很多电子资料，小玲都是用 U 盘拷贝后带回家，时间一长，资料越来越多，而 U 盘的容量却不够用了。小玲舍不得删除这些资料，她该怎么办？要解决这个问题很简单，这里介绍一种现在比较流行的解决方案,即注册一个网盘。

➡ 任务目标

掌握网盘的应用。

➡ 工作过程

以金山快盘为例,要使用金山快盘首先需要注册一个网盘的账号。打开 IE 浏览器,输入 http://k.wps.cn,打开金山快盘主页,如图 6-78 所示。

图 6-78　金山快盘主页

单击"免费注册"按钮,根据提示注册一个账号即可。金山快盘提供 2TB 的免费空间,并且不时有一些免费送空间的活动,无形中为用户增加快盘的容量。注册完成后,登录到金山快盘个人账号中,如图 6-79 所示。

图 6-79　金山快盘个人账号主页

登录完成后,可以在图 6-79 所示的界面中上传和下载文件,也可以新建文件夹、分

享文件等。

在页面的下方有多种登录金山快盘的方式,包括通过手机、平板电脑、苹果设备、客户端软件登录等。

在页面的左侧提供了几项功能,其中最引人注意的是"我的共享",即将用户上传的文件以网址链接的形式发给其他人,以供下载。如果对方与你是好友,在他的界面中就可以看到你所有的共享资源,操作起来就如同操作自己电脑上的资源一样。

金山快盘中的文件可以直接在线打开,如图6-80所示。

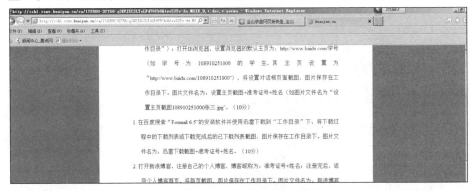

图6-80　金山快盘中的文件在线打开

◈ 相关知识

一、IE

1. IE基本介绍

浏览器是专门用来上网的软件,主要用来浏览网页、检索和查看网上的信息。浏览器的英文名称是Browser,现在最为流行的是微软的浏览器Microsoft Internet Explorer,简称IE。如果电脑的操作系统是Windows XP,那么系统自带的IE版本为6.0。现在电脑的操作系统一般都是Windows 7,使用的IE版本为9.0。如果浏览器版本低,网页无法正常浏览,我们也可以随时从网站上下载高版本的IE浏览器,以及升级低版本的浏览器。当然除微软IE之外,还有其他浏览器产品,如安装QQ软件后,也会随之安装另一特色的网页浏览器TT。TT虽有自己的特色,但基本功能与微软IE相似。

2. IE9.0界面

IE9.0浏览器界面中包含以下栏目:

(1)菜单栏:列有IE9.0浏览器界面的所有命令。

(2)地址栏:显示当前网址。单击右端的下拉箭头可显示曾经访问过的网址列表,可从中选择需要的网址。

(3)标准按钮栏:IE9.0浏览器窗口操作按钮,其功能详见下面介绍。

(4)链接栏:含事先设置好的网址。单击其中的某个网址,可打开对应的网页。

(5)网页区:显示当前网页的内容。网页上有许多热链接,指向某个热链接时,鼠标变为手形,单击该链接,可打开一个新的网页。

(6)浏览器栏:包含历史记录、收藏夹、搜索、文件夹、每日提示等浏览工具,使使用户可以方便快捷地访问搜索引擎和常用的 Web 站点。

- 搜索:显示几种流行的 Internet 搜索引擎。
- 收藏夹:显示指定为常用的文件、文件夹、频道和 Web 站点的快捷方式的文件夹。
- 历史记录:列出以前查看过的 Web 站点和文件,按天和星期分组。
- 频道:显示频道栏,它是接收 Internet 内容的特殊途径。
- 文件夹:显示可用的驱动器和文件夹的层次。

(7)状态栏:其中的内容是动态的,左边为当前主页的网址。

3.浏览器工具栏

IE9.0 的工具栏包含标准按钮栏、地址栏、链接栏和自定义等工具。

标准按钮栏是较常用的,按钮在正常情况下是黑白色,当把鼠标移到其上之后会变为彩色。使用标准按钮栏可以在网页之间移动、搜索 Internet 或刷新网页内容。IE9.0 浏览器标准按钮栏中各按钮的功能见表 6-1。

表 6-1　　　　　　　　　　IE9.0 浏览器标准按钮栏中各按钮的功能

按　钮	说　明
后退	切换到访问顺序中的前一个网页
向前	切换到访问顺序中的后一个网页
停止	如果在当前网页中打开某个链接网页的时间过长,单击该按钮可中止当前的打开操作
刷新	更新当前所显示的网页(重新加载当前所显示的页面)
主页	默认初始页,即刚打开 Internet 时自动显示的网页
搜索	打开列出可用的搜索引擎的网页
收藏夹	存储指向最常访问的站点或文档的链接
历史记录	记录已访问过的站点列表
邮件	打开电子邮箱
字体	选择显示屏字体大小
打印	打印正在浏览的网页内容
编辑器	打开网页编辑软件,用于对当前网页进行编辑
讨论	添加或编辑讨论服务器

4.IE9.0 的快捷键

IE9.0 提供了大量的快捷键,包括查看和浏览网页、打印预览、地址栏、收藏夹、编辑等 6 大类,见表 6-2。

表 6-2　　　　　　　　　　IE9.0 的快捷键

快捷键	说　明
Ctrl+A	选择全部网页
Ctrl+B/Ctrl+I	快速打开收藏夹,整理收藏夹
Ctrl+C	复制当前网页内容
Ctrl+D	将当前页添加到收藏夹

（续表）

快捷键	说　明
Ctrl＋E/Ctrl＋F3	搜索有键入内容的网页
Ctrl＋F	在当前页中查找
Ctrl＋H	查看历史记录
Ctrl＋L	输入网址进入想去的网页
Ctrl＋N	以当前页打开,快速打开新的网页窗口
Ctrl＋P	打印所选的文字
Ctrl＋R/F5	刷新当前页
Ctrl＋S	保存当前页
Ctrl＋W	快速关闭当前窗口
Alt＋←/→	前进/后退一页
F4	打开地址栏
F11	切换到全屏幕或常规窗口

二、搜索引擎

搜索引擎是指根据一定的策略、运用特定的计算机程序从互联网上搜集信息,在对信息进行组织和处理后,为用户提供检索服务,将用户检索到的相关信息展示给用户的系统。搜索引擎包括全文索引、目录索引、元搜索引擎、垂直搜索引擎、集合式搜索引擎、门户搜索引擎与免费链接列表等功能。百度和谷歌是搜索引擎的代表。搜索引擎的大体工作流程如图 6-81 所示。

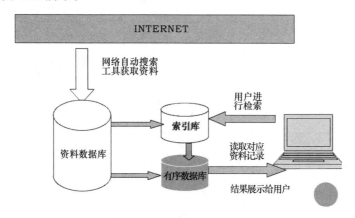

图 6-81　搜索引擎的大体工作流程

百度搜索分为基本搜索、并行搜索、百度快照等。在使用百度搜索引擎的过程中,要注意以下几点:

(1)百度搜索引擎简单方便。仅需输入查询内容并按"回车"键,即可得到相关资料。或者输入查询内容后,用鼠标点击"百度一下"按钮,也可得到相关资料。输入的查询内容可以是一个词语、多个词语、一句话。

(2)百度搜索引擎严谨认真,要求搜索内容"一字不差"。

(3)输入多个词语搜索。输入多个词语搜索(不同字词之间用一个空格隔开),可以获得更精确的搜索结果。

三、电子邮件

电子邮件翻译自英文的 Email 或 E-mail，它表示通过电子通信系统进行信件的书写、发送和接收。现在使用最多的通信系统是互联网，同时电子邮件也是互联网上最受欢迎的功能之一。通过电子邮件系统，用户可以用非常低廉的价格（不管发送到哪里，都只需负担电话费和网费），以非常快速的形式（几秒钟之内可以发送到世界上任何指定的目的地），与世界上任何一个角落的网络用户联络。邮件可以是文字、图像、声音等各种方式。同时，用户可以得到大量免费的新闻、专题邮件，并实现轻松的信息搜索。这是任何传统的方式都无法相比的。正是由于电子邮件使用简易、投递迅速、收费低廉、易于保存、全球通信畅通无阻，使得其被广泛应用。它使人们的交流方式得到了极大的改变。

或许，在一位朋友递给你的名片上就写着类似这样的联系方式："E-mail：luck@163.net"。E-mail 的书写格式示例如图 6-82 所示。

图 6-82　E-mail 的书写格式示例

其中，符号@是电子邮件地址的专用标识符，它前面的部分是对方的信箱名称，后面的部分是信箱所在的位置，这就好比"信箱"luck 放在"邮局"163.net 里。当然这里的"邮局"是 Internet 上的一台用来收信的计算机，当收信人取信时，就把自己的电脑连接到这个"邮局"，打开自己的信箱，取走自己的信件。

四、网络应用软件

1.迅雷

迅雷（Thunder）是一款集 Flashget 和 BT 优点于一身的新型 P2P 下载软件。它在多线程下载的同时，摆脱了传统 P2P 软件只能在客户端进行点对点内容传递的局限性，即在没有其他（种子）用户分享资源的时候，迅雷一样能对有网络镜像的流行游戏和电影实现多服务器超速下载。在下载的过程中，迅雷会动态地实现互联网上的智能路由和下载源的实时筛选，从而保证下载效率的最优化，包括更快的速度、更高的下载成功率和更大的可扩展性。同时，Thunder 支持页面右键点击下载、断点续传等下载功能。

（1）任务分类说明

在迅雷 7 的主页面左侧就是任务管理窗口，该窗口中包含一个目录树，分为"正在下载""已完成""私人空间"和"垃圾箱"四个分类，在某一个分类上点击鼠标左键，就会看到这个分类里的任务。每个分类的作用如下：

•正在下载——没有下载完成或者出现错误的任务都在这个分类中，当开始下载一个文件的时候就可以点击"正在下载"查看该文件的下载状态。

•已完成——下载完成后任务会自动移动到"已完成"分类中，如果发现下载完成后文件不见了，点一下"已完成"分类就看到了。

• 垃圾箱——用户在"正在下载"和"已完成"中删除的任务都存放在"垃圾箱"中。"垃圾箱"的作用就是防止用户误删。在"垃圾箱"中删除任务时,系统会提示是否把存放于硬盘中的文件一起删除。

• 私人空间——用户可以将下载完成后的一些资料移到该处单独存放,具有一定的保护作用。

(2)更改默认文件的存放目录

迅雷安装完成后,会自动在 C 盘建立一个"download"目录,如果用户希望把文件的存放目录改成"D:\下载",那么就需要右键点击任务分类中的"已完成"选项,在弹出的快捷菜单中选择"属性",使用"浏览"更改目录为"D:\下载",然后点击"确定"按钮。

(3)子分类的作用

在"已完成"分类中迅雷自动创建了"视频""软件""音乐""图片"和"文档"五个子分类,了解这些分类的作用可以帮助用户更好地使用迅雷。

①每个分类对应的目录。大家都习惯把不同的文件放在不同的目录中,迅雷允许用户在下载完成后自动把不同类别的文件保存在指定的目录中。例如,保存音乐文件的目录是"D:\音乐",现在想下载一首歌名为"东风破"的 mp3,先右键点击迅雷"已完成"分类中的"mp3"分类,选择"属性",更改目录为"D:\音乐",然后点击"配置"按钮,在"默认配置"中的分类那里选择"mp3",会看到对应的目录已经变成了"D:\音乐",这时右键点击"东风破"的下载地址,选择"使用迅雷下载",在新建任务面板中选择文件类别为"mp3",然后点击"确定"按钮。下载完成后,文件会自动保存"D:\音乐"中,而下载任务在"mp3"分类中,以后下载音乐文件时,只要在新建任务的时候指定文件分类为"mp3",那么这些文件都会自动保存到"D:\音乐"目录下。

②新建一个分类。如果想下载一些学习资料,放在"D:\学习资料"目录下,但是迅雷中默认的没有这个分类,这时可以新建一个分类。右键点击"已完成"分类,选择"新建类别",然后指定类别名称为"学习资料"、目录为"D:\学习资料"后点击"确定"按钮,这时可以看到"学习资料"这个分类。以后要下载学习资料,在新建任务时选择"D:\学习资料"分类即可。

③删除一个分类。如果不想使用迅雷默认建立的某些分类,则可以删除。例如,删除"软件"这个分类,右键单击"软件"分类,选择"删除",迅雷会提示是否真的要删除该分类,点击"确定"按钮即可。

④任务的拖拽。把一个已经完成的任务从"已完成"分类中拖拽(鼠标左键点住一个任务不放并拖动该任务)到"正在下载"和"重新下载"分类中的功能是一样的,迅雷会提示是否重新下载该文件;如果想从迅雷的"垃圾箱"中恢复任务,只需把迅雷"垃圾箱"中的一个任务拖拽到"正在下载"分类中,如果该任务已经下载了一部分,那么会继续下载,如果是已经完成的任务,则会重新下载;在"已完成"分类中,可以把任务拖动到子分类中,例如,设定了 mp3 分类对应的目录是"D:\音乐",下载歌曲"东风破.mp3",在新建任务时没有指定分类,则该任务在"已完成"分类中,文件在"D:\download"中,现在把这个歌曲拖拽到"mp3"分类中,则迅雷会提示是否移动已经下载的文件,如果选择"是",则"东

风破.mp3"这个文件就会移动到"D:\音乐"中。

(4)任务管理窗口的隐藏/显示

任务管理窗口可以折叠起来,方便用户查看任务列表中的信息,具体操作为:点击"折叠"按钮,则任务管理窗口就看不到了,需要的时候点击"恢复"按钮即可。

点击迅雷页面右上角的"×",或者双击悬浮窗可以进行迅雷界面的关闭。

(5)雷区和雷友

在下载了最新版本的迅雷并安装之后,在页面的左边会出现登录或注册提示,如果已注册,直接输入用户名和密码就可以登录,即进入雷区成为雷友。如果还没有注册,那么可以先注册,按照提示依次输入项目即可(在输入注册邮箱时注意最好不要使用 sina 的邮箱,因为 sina 拒绝迅雷发送的邮件;在注册时请记住 ID,如果丢失了就不太好找回)。如果没有注册也不用担心,即使不成为雷友依旧可以下载文件。

2. 网络通信软件

随着计算机网络技术突飞猛进地发展,即时通信(IM)已成为目前互联网上最为流行的通信方式之一,深受广大网民的喜爱。无论是国内的腾讯 QQ 还是微软的 MSN Messenger,都拥有相当大的用户群。即时通信软件给人们带来了极大的便利,使人们可以随时随地和亲朋好友进行在线交流和沟通,拉近了人与人之间的距离,丰富了人们的精神生活,正逐渐成为人们生活和工作中不可或缺的一部分。

QQ 是腾讯公司开发的一款基于 Internet 的即时通信软件。腾讯 QQ 支持在线聊天、视频电话、点对点断点续传文件、共享文件、网络硬盘、自定义面板、QQ 邮箱等多种功能,并可与移动通信终端等多种通信方式相连。1999 年 2 月,腾讯正式推出第一个即时通信软件——OICQ,后改名为腾讯 QQ。QQ 在线用户由 1999 年的 2 人(马化腾和张志东)到现在已经发展到数亿用户。2010 年 3 月 5 日 19 时 52 分 58 秒,腾讯 QQ 同时在线用户数突破一亿,是中国目前使用最广泛的聊天软件之一。

除 QQ 软件外,网络通信软件还包括以下几种:

(1)ICQ

ICQ 作为 SMS 服务的最早运行软件,是当今世界使用范围最广的软件之一。依靠 AOL 这个媒体巨人的强大资源,ICQ 具有许多信息源的优势。但是,它并没有推出适合中国市场的中文版,由于"水土不服",最终将机会让给了模仿其技术的腾讯公司,所以对于中国这个庞大的市场,ICQ 只能望洋兴叹。虽然它现在已经推出中文版,但为时已晚,而且资源也没有本土化,所以远远没有达到腾讯 QQ 的效果。

(2)MSN

1995 年 8 月,在互联网潜力初露端倪之际,微软推出了 Microsoft Network(简称 MSN)。然而,尽管 MSN 的最早版本与 Windows 95 捆绑推出,但在开始的一两年时间里却没有引起预期的轰动。直到 1997 年 12 月,在微软收购了 Hotmail 以后,MSN 才声名大振。Hotmail 被收购时,其电子邮件用户数量只有 800 万,到 2001 年,Hotmail 的活跃用户数超过了 1 亿。目前 Hotmail 的活跃用户数量已经增加到 2.15 亿。

MSN 有近 30 种语言的不同版本,可让用户查看谁在联机并交换即时消息,在同一个对话窗口中可同时与多个联系人进行聊天。另外,用户还可以使用此免费程序拨打电话、用交谈取代输入、监视新的电子邮件、共享图片或其他任何文件、邀请朋友玩 Direct-Play 以及兼容游戏等。

（3）Skype

Skype 是一家全球性互联网电话公司,它通过在全世界范围内向客户提供免费的高质量通话服务,正在逐渐改变电信业。Skype 是网络即时语音沟通工具,具备 IM 所需的其他功能,比如视频聊天、多人语音会议、多人聊天、传送文件、文字聊天等功能。用户可以通过它免费、清晰地与其他用户语音对话,也可以拨打国内和国际电话,无论固定电话、手机还是小灵通均可直接拨打,并且可以实现呼叫转移、短信发送等功能。

3. 网盘

网盘,又称网络 U 盘、网络硬盘,是由网络公司推出的在线存储服务。网盘为用户提供文件的存储、访问、备份、共享等文件管理功能,用户可以把网盘看成是一个放在网络上的硬盘或 U 盘。不管是在家中、单位或其他任何地方,只要能够连接到因特网,就可以管理、编辑网盘里的文件。它不需要随身携带,更不用担心丢失。

目前网盘从功能上主要分为以下几种类型:

（1）分享为主,存储为辅型。主要有共享盘、119G 盘、一木禾网盘、千易网盘等。

（2）存储为主,分享为辅型。主要有金山快盘、115 网盘、百度云盘、360 云盘、新浪微盘、迅雷网盘、咕咕网盘等。

上述所提及网盘的详细功能这里不再一一介绍,具体可通过网络学习相应操作。

回顾与总结

信息技术在现代生活、工作中的应用极大地推动了网络的发展,越来越多的人依靠网络来完成相应的工作。作为生活中不可或缺的一部分,网络应用的学习和掌握是必要的。本项目给出了网络应用的很少一部分知识,更多、更全、更实用的知识还需要大家自己去摸索。未来网络的发展将覆盖生活、医疗、教育、卫生、安全、食品等各个方面。

网络为人们提供了多姿多彩的生活,但也潜藏着各种不安全的隐患。所以我们要理性上网,安全上网;重视网络,而不依赖网络。

小试牛刀

小丁在办公室的电脑上花了很长时间做好了一份文件,他需要将这份文件拷贝到自己家中的电脑上。当他使用 U 盘时,发现 U 盘坏了,他该怎么办?请你尽可能多地给出解决办法。

项目 7
无线网络组建

项目描述

项目背景

无线局域网(Wireless Local Area Network, WLAN)是一种利用无线技术提供无线对等(如 PC 对 PC)和点到点(如 LAN 到 LAN)连接的数据通信系统。无线局域网因具有架设灵活、移动方便和受环境影响小等优点,被运用到越来越多的企、事业单位及家庭网络架设中。它作为传统有线网络的补充和延伸,使得我们的办公、生活更加便捷、灵活。

项目目标

了解无线局域网的相关知识,例如硬件设备等;了解无线局域网的组网方式;掌握不同结构的无线局域网的组建;掌握无线 AP 的配置;了解移动电子商务的应用。

任务 1　组建无线局域网

➡️ 任务描述

随着无线产品和技术的不断发展和应用,越来越多的单位或个人使用无线设备连接网络,本任务主要介绍有关无线局域网的基础知识及相关组建技术。

➡️ 任务目标

通过相应的无线技术及无线设备实现无线局域网的组建。

➡ 工作过程

1.无线局域网组建所需设备

（1）无线网卡一块

型号：TP-Link TL-WN321G；无线标准：IEEE 802.11b、IEEE 802.11g；传输速率：54 Mbps；接口类型：USB 接口；覆盖范围：室内 100 米，室外 300 米。

（2）无线路由器一个

型号：D-Link DIR-605，主要参数见表 7-1。

表 7-1　　　　　　　　　　D-Link DIR-605 无线路由器主要参数表

网络标准	IEEE 802.11g、IEEE 802.11b、IEEE 802.11n、IEEE 802.3、IEEE 802.3u
最高传输速率/（Mbit·s^{-1}）	300
频率范围/GHz	2.4～2.497
调制方式	OFDM、CCK
网络接口	1 个百兆 WAN 接口、4 个百兆 LAN 接口
天线类型	两个外部固定不可拆天线
网络功能	WEP 64/128-Bit、Wi-Fi Protected Access（WPA/WPA2）

就无线局域网本身而言，其组建过程是非常简单的。当一块无线网卡与无线 AP（或另一块无线网卡）建立连接并实现数据传输时，一个无线局域网便完成了组建过程。然而考虑到实际应用要求，数据共享并不是无线局域网的唯一用途，大部分用户（包括企业和家庭）所希望的是一个能够接入 Internet 并实现网络资源共享的无线局域网。此时，Internet 的连接方式以及无线局域网的配置在组网过程中就显得尤为重要。

当组建家庭无线局域网时，最简单的莫过于两台安装有无线网卡的计算机实施无线互联，其中一台计算机还连接着 Internet，如图 7-1 所示。这样，一个基于 Ad-Hoc 结构的无线局域网便完成了组建，其总花费不过几百元（视无线网卡品牌及型号而定）。其缺点主要是范围小、信号差、功能少、使用不方便。

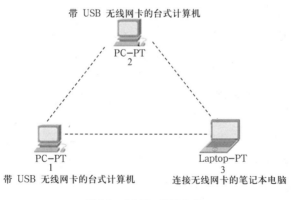

带 USB 无线网卡的台式计算机

PC-PT
2

PC-PT
1
带 USB 无线网卡的台式计算机

Laptop-PT
3
连接无线网卡的笔记本电脑

图 7-1　Ad-Hoc 连接方式

2.无线局域网组建过程

在组建无线网络时，由于设备之间使用无线信号进行通信，所以几乎不需要连线，只要将各无线设备安放在合适的位置即可。无线网络配置主要是对各种无线设备的配置，例如无线网卡、无线路由器等。

(1)对等无线网络配置

对拥有两台以上计算机且安装了宽带的家庭或小型办公室用户，只需要在每台计算机中安装一块无线网卡(笔记本电脑通常内置网卡)，就可组成一个小型对等无线网络。这样，用户既不用在漂亮的墙上钉难看的槽板，也不必让笔记本电脑"总拖一条尾巴"，就可以舒服地躺在床上或坐在客厅的沙发上上网。

(2)利用 Windows XP 实现无线局域网组建

如果几台计算机只安装了无线网卡而没有无线路由器，那么，这几台计算机就可以使用无线网卡组建一个简单的对等网络，相互之间不需要电缆就可以直接通信。同样，配置计算机直连时也可使用 Windows XP 配置程序和无线网卡配置程序。Windows XP 内置了无线网络支持功能，Windows XP SP2 更是提供了无线网络安全向导。因此，可以直接在 Windows XP 系统中配置无线网络。

①添加无线网络

【步骤 1】在安装了无线网卡的计算机上，从"控制面板"中打开"网络连接"窗口，如图 7-2 所示。

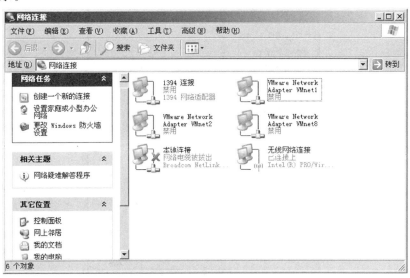

图 7-2　"网络连接"窗口

【步骤 2】右键单击"无线网络连接"图标，选择快捷菜单中的"属性"选项，打开如图 7-3 所示的"无线网络连接 属性"对话框，选择"无线网络配置"选项卡中的"用 Windows 配置我的无线网络设置"复选框，启用无线网络自动配置。

【步骤 3】单击"首选网络"选项区域中的"添加"按钮，弹出如图 7-4 所示的无线网络属性对话框，用来设置一个网络。

a."网络名(SSID)"：可输入一个名称，无线对等网中的每台计算机都需要使用该网络名进行连接。

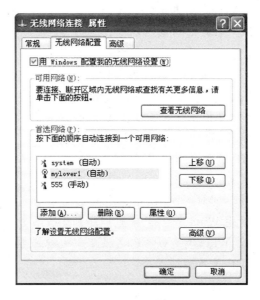

图 7-3 "无线网络连接 属性"对话框

图 7-4 无线网络属性对话框

b. "网络身份验证"：选择网络身份验证方式，有开放式、共享式和 WPA-None 三种。

c. "数据加密"：可选择是否启用加密，默认为 WEP 加密方式。如果不想加密，可选择"已禁用"选项。

【步骤 4】单击"确定"按钮，返回"无线网络连接 属性"对话框，所添加的网络显示在"首选网络"列表框中。

【步骤 5】单击"高级"按钮，弹出如图 7-5 所示的"高级"对话框，选择"仅计算机到计算机(特定)"单选按钮。

注意:在首选访问点无线网络中,如果有可用网
络,通常会首先尝试连接到访问点无线网络。如果访
问点无线网络不可用,则尝试连接到对等无线网络。
例如,如果工作时在访问点无线网络中使用笔记本电
脑,然后将笔记本电脑带回家使用,自动无线网络配
置将会根据需要更改无线网络设置,这样无须用户进
行任何设置就可以直接连接到家庭网络中。

【步骤6】单击"关闭"按钮返回,再单击"确定"按
钮完成配置。

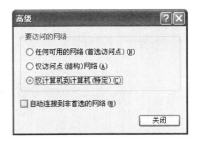

图 7-5 "高级"对话框

按照上述步骤在其他计算机上也进行同样设置,计算机便会自动搜索网络并自动连接了。

打开如图7-6所示的"选择无线网络"窗口,单击其左侧上方的"刷新网络列表",即可
看到已经搜索到的无线网络。Windows XP 系统可以自动为计算机分配 IP 地址,即使没
有为无线网卡设置 IP 地址,计算机也将自动获得一个 IP 地址(169.254.0.1~169.254.
0.254),并实现彼此之间的通信,从而实现 Internet 连接和资源共享。

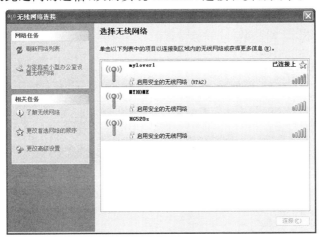

图 7-6 搜索到的无线网络及已连接的无线网络

注意:在其他计算机上进行相同设置(必须使用相同的网络名),然后,在"无线网络连接"
窗口中反复单击"刷新网络列表",找到对应的无线网络,建立计算机之间的无线连接。

②无线网络安装向导

Windows XP 系统还提供了"无线网络安装向导"来设置无线网络,并将其他计算机
加入该对等网络。

【步骤1】在"无线网络连接"对话框中单击"为家庭或小型办公室设置无线网络"选
项,弹出如图7-7所示的"无线网络安装向导"对话框。

【步骤2】单击"下一步"按钮,弹出如图7-8所示的"为您的无线网络创建名称"对话
框。在"网络名(SSID)"文本框中为网络设置一个名称,例如"mylover1"。然后选择网络
密钥的分配方式,默认为"自动分配网络密钥"。

如果希望用户必须手动输入密码才能加入网络,可选择"手动分配网络密钥",然后单击"下一步"按钮,弹出如图 7-9 所示的"输入无线网络的 WEP 密钥"对话框,在这里可以设置一个网络密钥。当然,网络密钥越长越安全。不过,网络密钥必须符合以下条件:①正好 5 或 13 个字符;②正好 10 或 26 个字符,并使用 0~9 和 A~F 之间的字符。

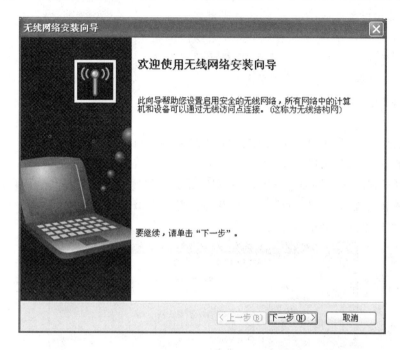

图 7-7 "欢迎使用无线网络安装向导"对话框

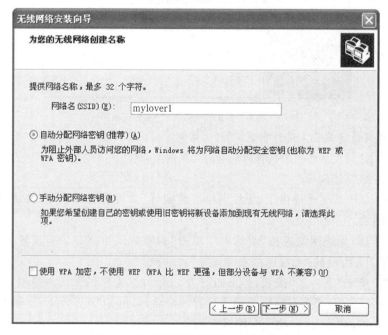

图 7-8 "为您的无线网络创建名称"对话框

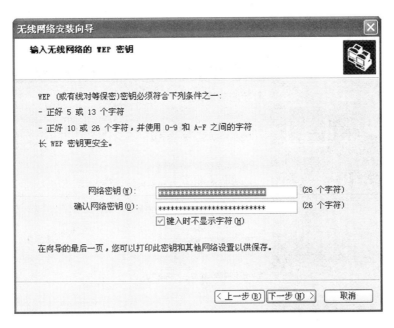

图 7-9 "输入无线网络的 WEP 密钥"对话框

【步骤3】单击"下一步"按钮,弹出如图 7-10 所示的"您想如何设置网络?"对话框,选择创建无线网络的方法。这里可以选择"使用 USB 闪存驱动器"和"手动设置网络"两种方式,选择前者比较方便。但如果没有闪存盘,则可选择"手动设置网络",这时需手动设置每一台计算机加入网络。

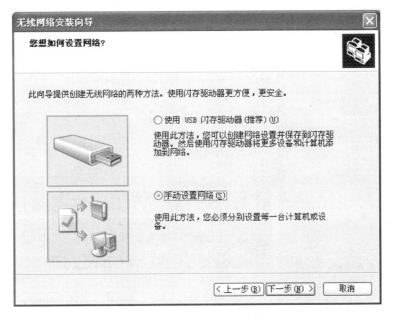

图 7-10 "您想如何设置网络?"对话框

【**步骤 4**】单击"下一步"按钮,弹出如图 7-11 所示的"向导成功地完成"对话框,单击"完成"按钮,完成安装。

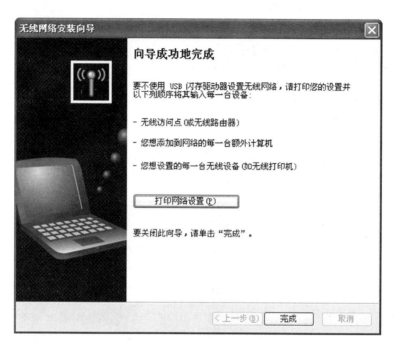

图 7-11 "向导成功地完成"对话框

按照上述步骤在其他计算机进行无线网络安装向导并加入"mylover1"网络,这样,无须使用无线路由器,几台计算机就可以组成一个对等网络,如图 7-12 所示。

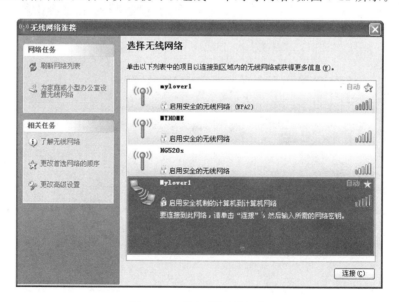

图 7-12 已搜索到的无线网络

在其他计算机上进行相同的设置(必须使用相同的网络名),然后在"无线网络连接"选项卡中重复单击"刷新网络列表",找到对应的无线网络,建立计算机之间的无线连接。

任务2 组建无线与有线一体的局域网

➡ 任务描述

尽管现在很多家庭用户都选择了有线方式来组建局域网,但同时也会受到种种限制,例如布线会影响房间的整体设计,而且也不雅观等。通过家庭无线局域网不仅可以解决线路布局问题,而且在实现有线网络所有功能的同时,还可以实现无线共享上网。因此,越来越多的用户开始把注意力转移到无线局域网上,越来越多的家庭用户开始组建属于自己家庭的无线局域网。

➡ 任务目标

利用有线与无线相结合的方式,组建一个拥有多台计算机(台式计算机及笔记本电脑)的家庭无线局域网和小型办公无线网络。

➡ 工作过程

1.组建家庭有线和无线局域网

(1)选择组网方式

家庭无线局域网的组网方式和有线局域网有一些区别,最简单、最便捷的方式就是选择对等网,即以无线 AP 或无线路由器为中心(传统有线局域网使用 HUB 或交换机),其他计算机通过无线网卡、无线 AP 或无线路由器进行通信。该组网方式具有安装方便、扩充性强、故障易排除等特点。此外,还有一种对等网方式,即不通过无线 AP 或无线路由器,直接通过无线网卡来实现数据传输。不过,它对计算机之间的距离、网络设置要求较高,相对较麻烦。

(2)硬件安装

下面,我们以 D-Link DIR-605 无线宽带路由器、TP-LINK TL-WN250 2.2 无线网卡(PCI 接口)为例进行介绍。

关闭电脑,打开主机箱,将无线网卡插入主板闲置的 PCI 插槽中,重新启动电脑。在重新进入 Windows XP 系统后,系统提示"发现新硬件"并试图自动安装网卡驱动程序,并会弹出"找到新的硬件向导"对话框让用户进行手工安装。单击"自动安装软件",将随网卡附带的驱动程序盘插入光驱,单击"下一步"按钮,即可进行驱动程序的安装。最后单击"完成"按钮即可。打开"设备管理器"对话框,我们可以看到"网络适配器"中已经有了安装好的无线网卡。在成功安装无线网卡之后,在 Windows XP 系统任务栏中会出现一个连接图标(在"网络连接"窗口中还会增加"无线网络连接"图标),在该图标上单击鼠标右键,在弹出的快捷菜单中选择"查看可用的无线连接",在弹出的对话框中会显示搜索到的可用无线网络,选择该网络,单击"连接"按钮即可连接到该无线网络中。

接着,在室内选择一个合适位置摆放无线路由器并接通电源即可。为了保证以后能无线上网,应将无线路由器摆放在离 Internet 网络入口比较近的地方。此外,我们需要注意无线路由器与安装了无线网卡计算机之间的距离,因为无线信号会受到距离、穿墙能力等性能的影响,距离过长会影响计算机接收信号和数据传输速度,所以最好保证距离在 30 m 以内。

(3)设置网络环境

安装好硬件后,我们还需要对无线路由器以及对应的无线客户端进行设置。

①设置无线路由器。在配置无线路由器之前,首先要认真阅读随产品附送的《用户手册》,从中了解到默认的管理 IP 地址以及访问密码。例如,我们这款无线路由器默认的管理 IP 地址为 192.168.1.1。连接到无线网络后,打开 IE 浏览器,在地址框中输入"192.168.1.1",再输入登录用户名和密码(用户名和密码默认都是"admin"),单击"确定"按钮,弹出路由器设置窗口。在左侧窗格中单击"基本设置"选项,在右侧窗格中设置 IP 地址,默认为"192.168.1.1"。保证在"无线设置"选项组中选择"允许",在"SSID"选项中可以设置无线局域网的名称,在"频道"选项中选择默认数字,在"WEP"选项中可以选择是否启用密钥,默认选择"禁用"。

提示:SSID 即 Service Set Identifier,是无线 AP 或无线路由器的标志字符,其实就是无线局域网的名称。该标志主要用来区分不同的无线网络,最多可以由 32 个字符组成,例如 Wireless。

我们使用的这款无线宽带路由器支持 DHCP 服务器功能,通过 DHCP 服务器可以自动给无线局域网中的所有计算机自动分配 IP 地址,这样就不需要手动设置 IP 地址,从而避免 IP 地址冲突。具体的设置方法如下:打开路由器设置窗口,在左侧窗格中单击"DHCP 设置"选项,然后在右侧窗格中的"动态 IP 地址"选项中选择"允许",表示为局域网启用 DHCP 服务器。默认情况下,"起始 IP 地址"为"192.168.1.100",这样第 1 台连接到无线网络的计算机的 IP 地址为 192.168.1.100、第 2 台的 IP 地址为 192.168.1.101……用户还可以手动更改起始 IP 地址最后的数字,也可以设定用户数(默认为 50)。最后单击"应用"按钮。

提示:通过启用无线路由器的 DHCP 服务器功能,无线局域网中任何一台计算机的 IP 地址都需要手动设置为"自动获取 IP 地址",让 DHCP 服务器自动分配 IP 地址。

②设置无线客户端。设置完无线路由器后,还需要对安装了无线网卡的客户端进行设置。

在客户端计算机中,在系统任务栏中"无线连接"图标上单击鼠标右键,在弹出的快捷菜单中选择"查看可用的无线连接",在弹出的对话框中单击"高级"按钮,在弹出的对话框中选择"无线网络配置"选项卡,单击"高级"按钮,在弹出的对话框中选择"仅访问点(结构)网络"或"任何可用的网络(首选访问点)",单击"关闭"按钮即可。

提示:在 Windows 98/2000 系统中不能进行无线网卡的配置,因此在安装完无线网卡后还需要安装随网卡附带的客户端软件,通过该软件来配置网络。

此外,为了保证无线局域网中的计算机顺利实现共享、进行互访,应统一局域网中的所有计算机的工作组名称。在"我的电脑"处单击鼠标右键,在弹出的快捷菜单中选择

"属性",弹出"系统属性"对话框。选择"计算机名"选项卡,单击"更改"按钮,在弹出的对话框中输入新的计算机名和工作组名称,输入完毕后单击"确定"按钮。

注意:在网络环境中,必须保证工作组名称相同,例如"Workgroup",而计算机名称可以不同。

重新启动计算机后,打开"网上邻居",单击"网络任务"中的"查看工作组计算机"选项,就可以看到无线局域网中的其他计算机名了。以后还可以在每一台计算机中设置共享文件夹,实现无线局域网中的文件共享;也可以设置共享打印机和传真机,实现无线局域网中的共享打印和传真等操作。

2.组建小型办公无线局域网

组建办公无线局域网与组建家庭无线局域网差不多,但是,因为办公网络中通常拥有的计算机较多,所以对所实现的功能以及网络规划等方面要求比较高。下面我们以拥有 8 台计算机的小型办公网络为例进行介绍,其中包括 3 个办公室:经理办公室(2 台)、财务室(1 台)以及工作室(5 台),Internet 接入采用以太网接入(10 M)。

(1)组建前的准备

对于这种规模的小型办公网络,采用无线路由器的对等网连接是比较合适的。此外,考虑到经理办公室和财务室等重要部门网络的稳定性,准备采用交换机和无线路由器(D-LINK DIR-605)连接的方式。这样,除了要配备无线路由器外,我们还需要准备 1 台交换机(D-LINK 1024R+),至少 4 根网线,用于连接交换机和无线路由器、服务器、经理用笔记本电脑以及财务室计算机。还需要为工作室的每台笔记本电脑配备 1 块无线网卡(如果已经内置就不需要了),考虑到 USB 无线网卡即插即用、安装方便、高速传输、无须供电等特点,所以工作室全部采用 USB 无线网卡(TP-Link TL-WN827N)与笔记本电脑连接的方式。

提示:出于成本以及兼容性考虑,在组建无线局域网时最好选择同一品牌的无线网络产品。

(2)安装网络设备

在办公室中,首先需要给每台笔记本电脑安装 USB 无线网卡(假设全部都安装了Windows XP 操作系统):将 USB 无线网卡和笔记本电脑的 USB 接口连接,Windows XP 会自动提示发现新硬件,然后打开"找到新的硬件向导"对话框。将随网卡附带的驱动程序盘插入光驱,选择"自动安装软件"选项,然后单击"下一步"按钮,即开始驱动程序的安装。这样,只要打开"网络连接"对话框,就可以看到自动创建的"自动无线网络连接"。同时,在系统"设备管理器"对话框中的"网络适配器"中可以看到已经安装的 USB无线网卡。

接着,使用网线连接 D-LINK 1024R+交换机的 UPLINK 端口和进入办公网络的Internet 接入端口,另外选择一个端口(UPLINK 旁边的端口除外)与 D-LINK DIR-605无线宽带路由器的 WAN 端口连接,其他端口分别用网线和财务室、经理办公室的计算机连接。因为该无线宽带路由器本身集成 5 端口交换机,除了提供一个 10/100 Mbit/s自适应 WAN 端口外,还提供 4 个 10/100 Mbit/s 自适应 LAN 端口,选择其中的一个端

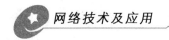

口和服务器连接,并通过服务器对该无线路由器进行管理。最后,分别接通交换机、无线路由器的电源,使无线网络正常工作。

(3)设置网络环境

在安装完网络设备后,我们还需要对无线路由器以及安装了无线网卡的计算机进行相应的网络设置。

①设置无线路由器。通过无线路由器组建的局域网中,除了进行常见的基本设置外,还需要进行 WAN 连接类型以及访问控制等内容的设置。

首先,让我们来看看如何进行基本设置:当连接到无线网络后,在局域网中的任何一台计算机中打开 IE 浏览器,在地址框中输入"192.168.1.1",再输入登录用户名和密码(用户名和密码都默认是"admin"),单击"确定"按钮,弹出路由器设置页面。在左侧窗格单击"基本设置"选项,在右侧窗格中除了可以设置 IP 地址、是否允许无线设置、SSID 名称、频道、WEP 外,还可以为 WAN 端口设置连接类型,包括自动获取 IP、静态 IP、PPPoE、RAS、PPTP 等。例如,使用以太网方式接入 Internet 的网络,可以选择静态 IP,然后输入 WAN 端口 IP 地址、子网掩码、缺省网关、DNS 服务器地址等内容。最后单击"应用"按钮完成设置。

在上述设置过程中,为了省去为办公网络中的每台计算机设置 IP 地址的操作,用户可以单击左侧窗格中的"DHCP 设置"选项,在右侧窗格中的"动态 IP 地址"选项组中选择"允许"选项来启用 DHCP 服务器。为了限制当前网络用户数目,还可以设定用户数,例如,更改为"6"。最后单击"应用"按钮。

完成以上基本设置后,我们还需要为网络环境设置访问控制:为了能有效地促进员工在办公网络中提高工作效率,可以通过无线路由器提供的访问控制功能来限制员工对网络的访问。常见的操作包括 IP 访问控制、URL 访问控制等。

首先,在路由器管理窗口左侧窗格中单击"访问控制"链接,接着在右侧窗格中可以分别对 IP 访问、URL 访问进行设置,在 IP 访问设置对话框中输入用户希望禁止的局域网 IP 地址和端口号,例如,要禁止 IP 地址为 192.168.1.100 到 192.168.1.102 的计算机使用 QQ,那么可以在"协议"列表中选择"UDP"选项,在"局域网 IP 范围"框中输入"192.168.1.100～192.168.1.102",在"禁止端口范围"框中分别输入"4000"和"8000"。最后单击"应用"按钮。

如果要设置 URL 访问控制功能,可以在访问控制页面中单击"URL 访问设置"选项,在弹出的对话框中单击"URL 访问限制"选项中的"允许"选项。接着,在"网站访问权限"选项中选择访问的权限,可以设置"允许访问"或"禁止访问",例如,要禁止访问 http://www.xxxx.com,就可以在"限制访问网站"框中输入"http://www.xxxx.com",最后单击"应用"按钮即可。

提示:最多可以限制访问 20 个网站。

②设置客户端。在办公无线局域网中,客户端设置的方法与家庭无线局域网中的客户端设置方法大致相同,要注意工作室中的所有计算机需要设定相同的访问方式,例如,同为"仅访问点(结构)网络"或同为"任何可用的网络(首选访问点)"。此外,还要将每台

计算机的工作组设置为相同的名称。

任务3 应用无线AP

任务描述

某办公室共有员工五人,每人使用一台笔记本办公,办公室提供上网端口一个,无线AP一台,网线一根,公司上网采用DHCP分配地点,请为办公室各员工设置好上网条件。

任务目标

通过无线AP的配置实现网络连接。

工作过程

1.无线局域网组建所需设备

无线AP一台(TP-LINK TLWA801N 300M)。

2.无线AP的配置

(1)启动和登录

将无线AP连接电源,然后将本人操作的计算机利用网线连接到无线AP的LAN端口,并将计算机IP地址设置为自动获取,计算机获取地址后,网关地址为192.168.1.254,默认子网掩码为255.255.255.0。

打开IE浏览器,在地址栏中输入http://192.168.1.254,回车后将弹出无线AP登录界面,如图7-13所示。

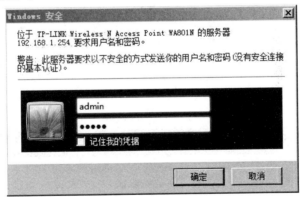

图7-13 无线AP登录界面

用户名和密码都默认是admin,正确输入后点击"确定"按钮,进入无线AP配置主界面,如图7-14所示。

(2)运行状态查看

在图7-14所示的界面中点击"运行状态",即可以查看接入器当前的状态信息,包括版本信息、有线状态、无线状态和流量统计等,如图7-15所示。

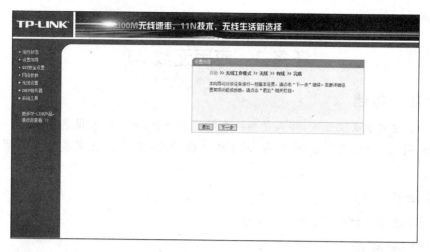

图 7-14　无线 AP 配置主界面

图 7-15　无线 AP 运行状态

（3）无线 AP 配置

在图 7-15 所示的界面中，点击左侧的"网络参数"，弹出如图 7-16 所示的界面。

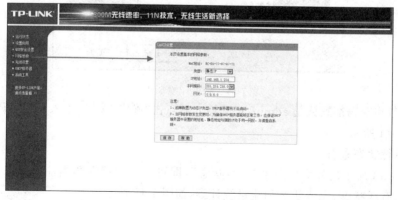

图 7-16　网络参数

从图中可以看到 IP 地址为 192.168.1.254，可根据实际情况修改该地址，但注意修改地址后，计算机的 IP 地址必须重新获取。

3. 无线设置

点击图 7-15 所示界面左侧的"无线设置"，无线设置功能列表如图 7-17 所示。单击下方子项，根据自己的需求进行相应设置。

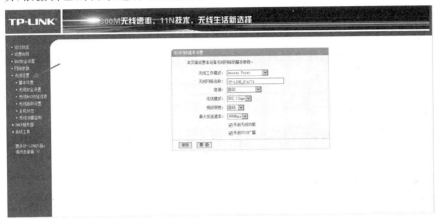

图 7-17 无线设置功能

(1) 无线 AP 的工作模式

① Access Point 模式

Access Point 模式允许多个无线工作站点接入，如图 7-18 所示。

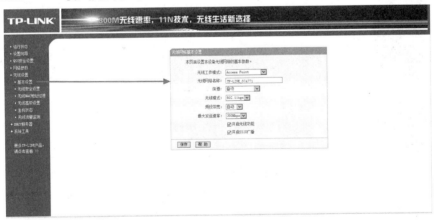

图 7-18 Access Point 模式

• SSID：标识无线网络的网络名称，最大支持 32 个字符。

• 信道：用于确定本网络工作的频率段，选择范围为 1～13。如果选择"自动"，设备将根据当前各个频段的信号强度，选择干扰较小的频率段。

• 模式：接入器的工作模式，推荐保持默认设置。

• 频段带宽：选择要使用的频段带宽，推荐保持默认设置。

• 最大发送速率：选择一个速率值，限制无线的最大发送速率。

- 开启无线功能:若要启用接入器的无线功能,请勾选此项。
- 开启 SSID 广播:开启后无线工作站点将可以通过搜索无线 SSID 来发现本接入器。
- 开启 WDS:若选择该项功能,将可以桥接多个无线局域网。如果开启了这项功能,最好确保以下的信息输入正确。
  - 桥接 AP 的 SSID:要桥接的 AP 的 SSID。
  - 桥接 AP 的 BSSID:要桥接的 AP 的 BSSID。
- 扫描:可以通过这个按钮扫描本接入器周围的无线局域网。
- 密钥类型:这个选项需要根据桥接的 AP 的加密类型来设定,最好保持加密方式和桥接的 AP 的加密方式相同。
- WEP 密钥序号:如果是 WEP 加密的情况,这个选项需要根据桥接的 AP 的 WEP 密钥序号来设定。
- 认证类型:如果是 WEP 加密的情况,这个选项需要根据桥接的 AP 的认证类型来设定。
- 密钥:根据桥接的 AP 的密钥设置来设置该项。

②Multi-SSID 模式

该模式支持 4 个 SSID。Multi-SSID 模式如图 7-19 所示。

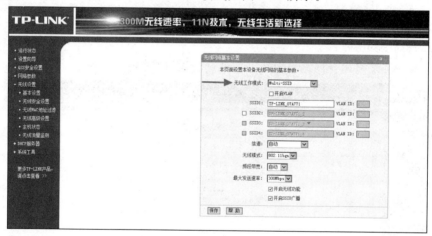

图 7-19   Multi-SSID 模式

- 开启 VLAN:开启后,接入器可以结合带 VLAN 功能的交换机一起使用,建立最多 4 个无线子网。如果需要设置不同子网之间的安全性能,可以在"无线安全设置"处进行密码设置。
- SSID(1-4):标识无线网络的网络名称。最大支持 32 个字符。当开启 VLAN 后,接入不同 VLAN ID 的无线工作站点将无法互相访问。
- 信道:用于确定本网络工作的频率段,选择范围为 1～13。如果选择"自动",设备将根据当前各个频段的信号强度,选择干扰较小的频率段。
- 模式:选择接入器的工作模式,推荐保持默认设置。
- 频段带宽:选择要使用的频段带宽,推荐保持默认设置。

- 最大发送速率：选择一个速率值，限制无线的最大发送速率。
- 开启无线功能：若要启用接入器的无线功能，请勾选此项。
- 开启 SSID 广播：开启后，无线工作站点将可以通过搜索无线 SSID 来发现本设备。

③Client 模式

该模式下接入器将等同于一个无线网卡，可以连入其他无线网络，Client 模式如图 7-20 所示。

图 7-20 Client 模式

- 开启 WDS：开启后，接入器将使用 4 地址包格式与 AP 通信，否则使用 3 地址包格式。
- SSID：如果勾选此项，则可以填入一个已有的 SSID，指定接入该无线网络。
- AP 的 MAC 地址：如果勾选此项，则可以填入一个已有的 AP MAC 地址，指定接入该 AP 的无线网络。
- 频段带宽：选择要使用的频段带宽，推荐保持默认设置。
- 开启无线功能：若要启用接入器的无线功能，请勾选此项。

④Repeater 模式

该模式下接入器会转发来自指定的远端 AP 数据，从而扩大无线的覆盖范围，Repeater 模式如图 7-21 所示。

图 7-21 Repeater 模式

⑤Universal Repeater 模式

该模式与 Repeater 模式相似,可扩大无线网络的覆盖范围,且兼容性更佳。Universal Repeater 模式如图 7-22 所示。

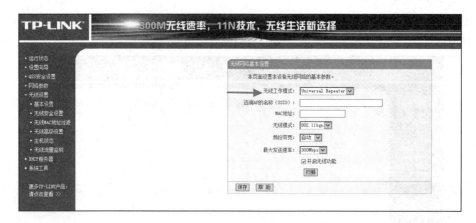

图 7-22　Universal Repeater 模式

⑥Bridge with AP 模式

该模式允许接入器桥接不超过 4 个 AP,用于连接多个局域网。Bridge with AP 模式如图 7-23 所示。

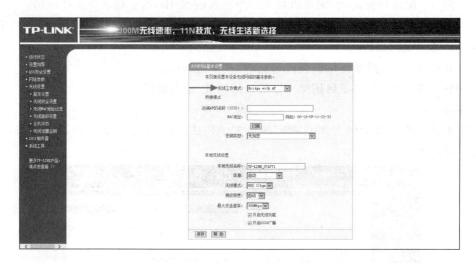

图 7-23　Bridge with AP 模式

(2)无线安全设置

选择"无线设置"→"无线安全设置"命令,在图 7-24 所示的界面中设置无线网络的安全认证选项。

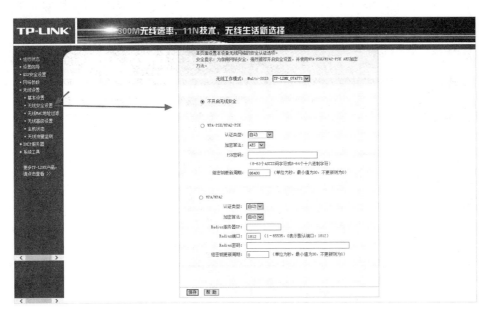

图 7-24　无线安全设置

- 无线工作模式:显示当前接入器的无线模式。

- 关闭无线安全选项:不启用无线安全设置。

可以选择以下无线安全类型:WEP、WPA/WPA2、WPA-PSK/WPA2-PSK。部分无线模式支持的安全类型会有少许不同,请根据需要进行选择。

注意:这里的无线安全类型与无线路由器中的无线安全类型相同,不再重复介绍。

(3)DHCP 服务器设置

DHCP 是动态主机控制协议(Dynamic Host Control Protocol)。

在无线 AP 配置主界面点击"DHCP 服务器"选项,可以看到如图 7-25 所示的 DHCP 设置菜单,单击各个子项,可进行相应设置。

例如,点击"DHCP 服务"选项,将看到 DHCP 设置界面,如图 7-26 所示。

本接入器有一个内置的 DHCP 服务器,它能够自动分配 IP 地址给局域网中的计算机。对用户来说,为局域网中的所有计算机配置 TCP/IP 协议参数并不是一件容易的事,

图 7-25　DHCP 设置菜单

它包括 IP 地址、子网掩码、网关以及 DNS 服务器的设置等。若使用 DHCP 服务则可以解决这些问题。按照下面各子项说明正确设置这些参数。

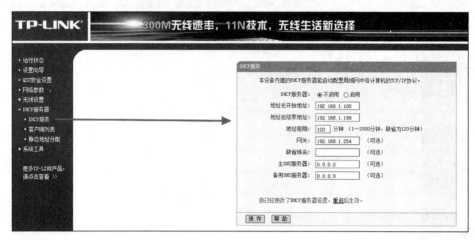

图 7-26　DHCP 设置界面

• 地址池开始地址、地址池结束地址：这两项为 DHCP 服务器自动分配 IP 地址时的起始地址和结束地址。设置这两项后，内网主机得到的 IP 地址将介于这两个地址之间。

• 地址租期：设置 DHCP 分配地址的有效时长。

• 网关：可选项，如果填入"0.0.0.0"表示使用系统缺省值。系统缺省值是当前 LAN 端口的 IP。

• 缺省域名：可选项，填写本地网域名。

• 主 DNS 服务器：可选项，填写 ISP 提供的 DNS 服务器，不清楚可以向 ISP 询问。如果填入"0.0.0.0"表示使用系统缺省值。系统缺省值是当前 LAN 端口的 IP。

• 备用 DNS 服务器：可选项，如果 ISP 提供了两个 DNS 服务器，则可以把另一个 DNS 服务器的 IP 地址填于此处。如果填入"0.0.0.0"表示使用系统缺省值。系统缺省值是当前 LAN 端口的 IP。如果主 DNS 服务器已经使用缺省值，备份 DNS 服务器的缺省值将无效。

完成更改后，点击"保存"按钮。

7. 客户端列表

选择"DHCP 服务器"→"客户端列表"命令，可以查看所有通过 DHCP 服务器获得 IP 地址的主机的信息，如图 7-27 所示。单击"刷新"按钮可以更新表中信息。

图 7-27　客户端信息

（5）客户端设置

以上步骤完成后，可以进行客户端的设置。

通过无线网卡搜索无线网络信号，找到对应的 SSID，输入正确的密码后，显示连接成功，即完成客户端设置。

注意：客户端 IP 地址最好设置为自动获取。

任务4　了解移动电子商务应用

任务描述

正在上班途中的张强，为了打发路途的无聊，便拿出手机上网。他可以很方便地利用手机查看新闻，收发电子邮件，甚至在线购物。他是如何做到的？

任务目标

通过移动电子商务案例的介绍了解并掌握移动电子商务的应用。

工作过程

2008 年 2 月 27 日，阿里巴巴旗下的两大子公司——淘宝网和支付宝，联合发布移动电子商务战略，宣布进入无线网络互联网，即手机版淘宝（wap. taobao. com）上线测试。

手机淘宝的使用步骤如下：

（1）开通手机上网功能。

（2）手机绑定支付宝，并开通手机支付功能。

手机淘宝的开通步骤如图 7-28～图 7-33 所示 。

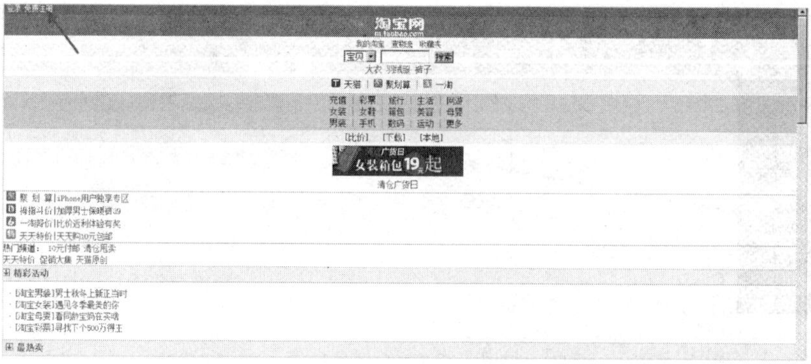

图 7-28　手机淘宝开通步骤(1)

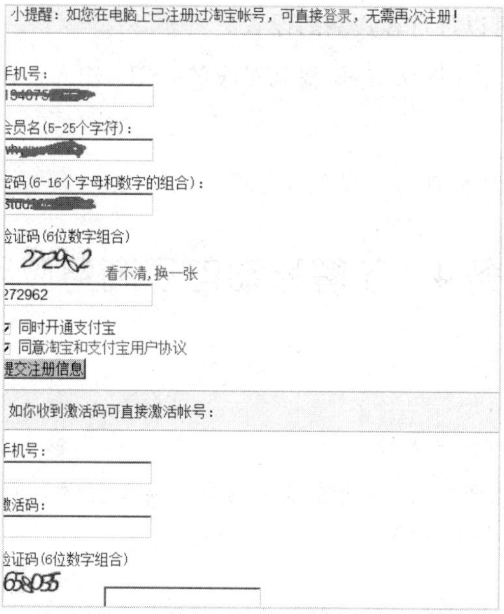

图 7-29　手机淘宝开通步骤(2)

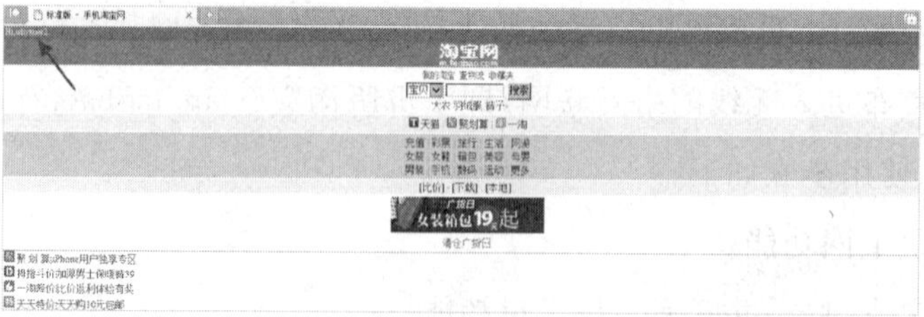

图 7-30　手机淘宝开通步骤(3)

图 7-31　手机淘宝开通步骤（4）

图 7-32　手机淘宝开通步骤（5）

图 7-33　手机淘宝开通步骤（6）

手机淘宝购物流程,如图 7-34 所示。

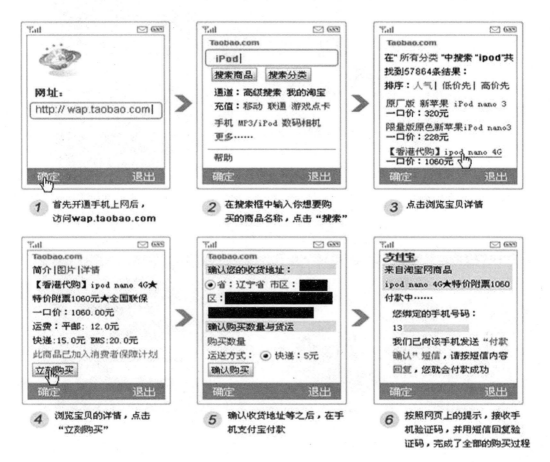

图 7-34 手机淘宝购物流程

通过上述案例,大家可以清楚地了解网络操作的简单性和快速性,但在实际应用中,务必保持清醒的头脑,以免上当受骗。

➡ 相关知识

一、无线网络基础知识

1. 无线网络的概念和发展

20 世纪 90 年代以来,移动通信和 Internet 是信息产业中发展最快的两个领域,它们直接影响了亿万人的生活,显著改变了人类的生活方式。移动通信使人们可以在任何时间、任何地点和任何人进行通信,Internet 使人们可以获得丰富多彩的信息。

那么,如何把移动通信和 Internet 结合起来,以达到可以和任何人、在任何地方都能联网通信呢?无线网络的出现解决了这个问题。

无线网络和个人通信网(PCN)代表了21世纪通信网络技术的发展方向。PCN主要用于支持速率小于56 Kbit/s的语音/数据通信,而无线网络主要用于支持速率大于1 Mbit/s的局域和室内数据通信,并为未来多媒体应用(语音、数据和图像)提供了一种潜在手段。

1997年6月26日,IEEE 802.11标准制定完成,于1997年11月26日正式发布,该标准的制定是无线网络技术发展的一个里程碑。承袭IEEE 802系列,IEEE 802.11标准规范了无线局域网络的媒体访问控制(Medium Access Control,MAC)层及物理(Physical,PHY)层。IEEE 802.11标准使得各种不同厂商的无线产品得以互联。IEEE 802.11标准的颁布,使得无线局域网在各种有移动要求的环境中被广泛接受。

2000年8月,IEEE 802.11标准得到了进一步的完善和修订,并成为IEEE/ANSI和ISO/IEC的联合标准。这次IEEE 802.11标准的修订内容包括用一个基于SNMP的MIB来取代原来基于OSI协议的MIB。此外,还增加了以下两项新内容:

(1)IEEE 802.11a

IEEE 802.11a扩充了标准的物理层,规定该层使用5.8 GHz的ISM频带。该标准采用正交频分(OFDM)调制数据,传输速率范围为6～54 Mbit/s。这样的速率既能满足室内的应用要求,又能满足室外的应用要求。

(2)IEEE 802.11b

IEEE 802.11b是IEEE 802.11标准的另一个扩充,规定采用2.4 GHz的ISM频带,调制采用补偿编码键控(CCK)方法。

2.无线网络和有线网络的对比

无线网络具有无须布线、安装周期短、后期维护容易、网络用户容易迁移和增加等特点。它可以在有线网络难以实现的情况下大展身手。

(1)受地理环境的限制

例如,山地、港口和开阔地等特殊地理位置和环境将对有线网络的布线工程有着极强的制约力,这时如果坚持采用有线网络将出现施工周期长和后期维护困难等问题。但是如果采用无线网络产品,用户就可轻松地在距离为几十千米、传输速度为11 Mbit/s的条件下与服务器或其他计算机进行通信,而无须为地理位置和环境担心。

(2)原有端口不够用

当由于种种原因原有布线所预留的端口不够用、需要增加新用户时,就必须为新用户重新布置数条电缆,这时就会碰到施工烦琐、施工周期长和可能会破坏原有线路等问题。此时如果采用无线网络产品,则只需为每个新用户配置一个无线网卡即可,而不会牵扯到布线问题。

(3)工作地点不确定

当遇到一些比较特殊的情况时,工作人员可能不会固定在某一点工作,而是在某一范围内工作,例如库房管理、施工现场和实地勘测等,这时如采用有线网络将带来诸多不便。还有一种情况是如建筑、公路铺设、煤矿和油田等工作单位,不会有一个长期不变的工作地点,那么使用有线网络就意味着每个工程都要进行一次布线。如果使用无线网络产品进行联网,则不论走到哪里,只要在信号覆盖范围内就能联网,而不用重新布线。

无论是现在还是将来,无论是局域网还是城域网,无线网络都不会完全代替有线网络。这两者之间永远是互补的关系,就像我们既需要听广播又要看电视和既要在海底铺设光缆又要在太空放置卫星一样。

3.无线网络的优点

(1)移动性

无线网络设置允许用户在任何时间、任何地点访问网络,不需要指定明确的访问地点,因此用户可以在网络中漫游。移动性让用户在使用笔记本电脑、掌上电脑或数据采集器等设备的同时能自由地变换位置,这极大地方便了工作时需要不断移动位置的人员,例如仓库管理员、驾驶员等。与之相对应,有线网络将用户限制在一定的物理连线上,当用户在建筑物中移动或离开建筑物时,都会断开网络连接。

(2)低成本

使用无线网络可以避免铺设线缆的大量费用、租用线路的费用以及因设备移动而增加的相关费用,所以无线网络可以极大地降低组网成本。

(3)高可靠性

有线网络不可靠的一个不可克服的问题是线缆故障。在有线网络中,线缆故障常常是网络瘫痪的主要原因。例如,用户在连接和断开网络时,偶尔会意外地损坏连接器;线缆的断开或者扭曲等都可能会干扰用户的正常工作。使用无线网络技术由于没有线缆,所以彻底避免了由线缆故障造成的网络瘫痪问题。

此外,无线局域网采用直接序列扩展频谱(DSSS)传输和补偿编码键控(CCK)调制编码技术进行无线通信,具有抗射频干扰能力强的特点。同时,它采用的智能放大器和智能天线等产品具有理想的接收灵敏性,且能够提供强大和可靠的无线传输。

4.无线网络的应用

与有线局域网相比,无线局域网的应用范围更加广泛,而且开发运营成本低,时间短,投资回报快高,易扩展,受自然环境、地形及灾害影响小,组网灵活快捷。无线局域网主要应用在以下几个方面:

(1)固定网络间的无线连接

如果设计和施工的局域网络都在自己所属的范围内,那么一切就轻松多了。如果碰巧不得不跨越公路,或者两个局域网络间的距离较远,恐怕就要叫苦不迭了。在被公路分隔开的两座建筑物之间布线时,除了事先要征得市政部门和城建部门的同意外,还必须进行勘测、挖掘管道、重新铺路。而如果两个网络之间相隔几千米或十几千米(如某些新合并的高校),问题就更严重了。由于所跨越的均为公共区域,所以不可能被准许架设自己的线路,只能租用他人的电杆挂线,这个费用是一般的单位根本无力承受的。当然,除了租用电杆之外,也可以考虑租用电信局的线路,但每月所支付的费用同样惊人。而使用无线网络,这一切都可以轻松解决。无论建筑物是只隔一条街道还是距离十几千米甚至几十千米,都可以在几个小时之内以非常低廉的成本实现 11 Mbit/s 的网络连接,而且除了设备投资外,无须再支付任何其他额外的费用。

（2）移动用户接入固定网络

在局域网络中,有些人的位置其实并不是固定的。例如,在机场,装卸货物和包裹的工作人员在搬运车上使用终端设备,通过网络来获得诸如航班信息或大门开关等信息;在校园中,身处草坪和教室的学生,通过便携式电脑在网络中查询图书和其他信息资料;在市内公共汽车上,利用车上的终端设备,实现乘务人员与调度人员之间进行的行车路线和发车时间等信息的交换;在单位内部,乘坐交通工具的工作人员（或交通工具本身）或需要经常移动的用户,必须连续地存取网络数据等。利用无线网络,可以很好地将这些移动用户连接到固定的局域网络,从而实现无线与有线的无缝集成。

（3）移动无线网络

在很多时候,根本不可能架设固定的网络,此时恐怕只能使用移动无线网络来解决计算机之间互联的问题了。例如,在军事演习中,命令、通信以及后勤保障车辆几乎每时每刻都在移动过程中,有线网络应如何架设？又如,地质勘探工作需要非常频繁地变换办公地点,架设有线网络实在是太过烦琐。再如,在紧急事故现场或受灾地区,根本没有条件架设有线网络,计算机之间应如何进行通信？此时就是无线网络锋芒毕露的时候了。无线网络具有覆盖范围广、抗干扰能力强等特点,并具有极高的安全性。因此,可以充分满足上述要求,提供可靠的室外网络连接。

（4）Internet 接入与共享

无线网络不仅可以用于连接局域网络,而且还可以直接连接至 Internet,甚至可以借助于 Internet 及其他公用通信网络建立自己的虚拟专网,提供的带宽可达 11～300 Mbit/s。由于无线网络具有可任意移动的特点,因此,无论用户身在何时何处,只要附近十几千米、甚至几十千米之内有基站,就都可以随时随地地接入 Internet 以浏览信息、收发电子邮件。此外,由于无线网络具有非常高的完全性,所以它是建立虚拟网络的完美解决方案之一。

（5）难以布线的环境

凡是难以布线的环境,无论是银行、金融部门、证券业,还是乡镇边远地区、矿业、发电厂厂区、野外水电站、大型码头、历史建筑、展览会和交易会等,均可使用无线网络作为其解决方案。

（6）特殊项目或行业专用网络

在众多网络当中,有许多网络是专用网络,例如银行数据备份网、政府财政专网、航空公司网、军队网和公安网等。目前,这些网络通常采用传统的通信手段,效率低、安全性差、费用高。如果采用无线网络,不仅可以节约可观的线路租赁费,而且通信速率会大大提升,交互性、抗风险能力会大大增强,安全性、稳定性也会大大提高。

（7）连接较远的分支机构

当企业发展到一定规模之后,总会产生（建立或购买）许多分支机构,而且这些分支机构彼此之间可能相距较远。事实上,除了企业的分支机构以外,目前业已存在着的其他分支机构也不少,例如政府下属机关、税务总局及下属分局、银行及下属支行等。如何连接这些分支机构呢? 自己架设专线或租用专线等方式的费用都太高,即使是以 Internet 接入实现 VPN 的方式花费也不会太少。因此,如果中心与分支机构之间的距离不太远,可以考虑采用无线网络,既节约了租赁费用,又节约了线路铺设费用,还提高了网络的安全性和稳定性,实在是一举多得的好事。

(8)科学监控

利用无线网络可灵活移动的特点,还可以将其用于仪器监控、城市环境监控、交通信号控制、高速公路收费站、自动数据采集和调度监控系统,随时将现场的数据信息及时反馈至控制中心和数据采集中心进行处理。

二、无线局域网标准

1. IEEE

IEEE 802.11 是 IEEE 制定的无线局域网标准,主要对网络的物理(PHY)层和媒质访问控制(MAC)层进行了规定。目前,已经产品化的无线网络标准主要有四种,即 IEEE 802.11b、IEEE 802.11a、IEEE 802.11g 和 IEEE 802.16a。

(1)IEEE 802.11b

IEEE 802.11b 工作于 2.4 GHz 的频带,传输速率因环境干扰或传输距离而变化,可在 11 Mbit/s、5.5 Mbit/s、2 Mbit/s 和 1 Mbit/s 之间切换,而且在 2 Mbit/s、1 Mbit/s 速率时与 IEEE 802.11 兼容。室内通信距离为 30～50 m,信号传输不受墙壁的阻挡。IEEE 802.11b 是目前技术最为成熟、价格最为低廉、应用最为广泛的普及型产品。目前,借助于先进的调制解调技术,IEEE 802.11b 完全可以提供高达 22 Mbit/s 和 44 Mbit/s 的传输速率,已成为无线产品市场的新宠。

IEEE 802.11b＋是一个非正式的标准,称为增强型 IEEE 802.11b,与 IEEE 802.11b 完全兼容,只是采用了特殊的数据调制技术,能够实现高达 22 Mbit/s 的通信速率。同时,由于 IEEE 802.11b＋产品在价格上与 IEEE 802.11b 相差无几,因此,具有很好的市场前景。

(2)IEEE 802.11a

IEEE 802.11a 工作于 5.8 GHz 的频带,最高传输带宽可高达 54 Mbit/s,基本满足了现行局域网绝大多数应用的速度要求,而且采用了更为严密的算法。由于 IEEE 802.11b 与 IEEE 802.11a 工作的频带不同,所以两种标准的产品无法兼容。同时,IEEE 802.11a 芯片价格过于昂贵,因此,与 IEEE 802.11g 相比,IEEE 802.11a 显得缺乏竞争力。

(3)IEEE 802.11g

IEEE 802.11g 工作于 2.4 GHz 的频带,最高传输带宽也高达 54 Mbit/s。由于该标准与 IEEE 802.11b 均工作于 2.4 GHz 的频带,所以两者可以相互兼容,可与原有的 IEEE 802.11b 产品实现正常通信。虽然在价格上与 IEEE 802.11a 相差无几,但由于能够与 IEEE 802.11b 充分兼容,并可以有效地保护用户原有投资,所以其前景一片光明。需要注意的是,IEEE 802.11b 与 IEEE 802.11g 必须借助于无线 AP 才能进行通信,如果只是单纯地将 IEEE 802.11g 和 IEEE 802.11b 混合在一起,彼此之间将无法联络。

(4)IEEE 802.16a

IEEE 802.16a 是 IEEE 802.16 的扩展,它的特性表现在以下几个方面:传送距离高达 50 km;使用的频率为 2~11 GHz;每个区段的最大传输速率是每扇区 70 Mbit/s;每个基站最多有 6 个扇区;不同的服务质量支持不同的服务等级。此外,还支持语音和视频。

2.WAPI

WAPI 是 WLAN Authentication and Privacy Infrastructure 的英文缩写,是中国的无线局域网安全标准,经由 ISO/IEC 授权的 IEEE Registration Authority 审查获得认可,与 IEEE"有线加强等效保密(WEP)"安全协议类似。

中国标准化办公室决定,2003 年 12 月 1 日是所有在我国销售无线网络设备生产商开始使用"无线局域网鉴别和保密基础结构(WAPI)"规范的最后期限。截至 2004 年 6 月,所有公司和商业性机构都禁止进口、生产和销售没有使用 WAPI 的无线网络设备。

不过,经中美双方谈判,中方同意美方提出的要求,不在 2004 年 6 月 1 日最后期限到来时强制实施 WAPI 技术标准,并将无限期推迟实施 WAPI 技术标准的时间。与此同时,中方将与国际标准组织 IEEE(电气与电子工程师协会)协作,对 WAPI 技术标准进行修改和完善。2009 年 6 月 15 日,WAPI 技术标准正式成为国际标准。

3.Wi-Fi 与 WiMAX

Wi-Fi 是 Wireless Fidelity 的缩写,即无线保证联盟。Wi-Fi 是一个非营利性的国际贸易组织,主要工作就是测试那些基于 IEEE 802.11(包括 IEEE 802.11b、IEEE 802.11a 和 IEEE 802.11g)标准的无线设备,以确保 Wi-Fi 产品的互操作性。Wi-Fi 认证的意义在于,只要是经过 Wi-Fi 认证的产品,就能够在家庭、办公室、公司、校园,或者在机场、旅馆、咖啡店及其他公众场所随时连接、随处上网。Wi-Fi 认证商标作为唯一的保障,说明该产品符合严谨的测试要求,并保证它能和不同厂家的产品互相操作,即只要我们购买的无线设备上有 Wi-Fi 认证商标,就可以保证用户购买的无线设备能够融入其他无线网络,也可以保证其他无线设备能够融入用户的无线网络,实现彼此之间的互联互通,即 Wi-Fi 认证=无线互联保证!

因为通过 Wi-Fi 认证的无线 LAN 产品能够确保相互之间的连接性,所以用户无须再像以前那样必须购买同一厂商的产品,这样既可以有效地满足以前的投资和网络扩展的需要,又有利于厂商间价格的竞争。因此,有理由相信在可预见的 3~5 年内,无线产品在价格上将非常接近现有的以太网产品。

WiMAX(World Interoperability for Microwave Access)特指 IEEE 802.16a 标准,是 IEEE 于 2004 年 1 月制定的标准,用于解决无线 MAN(城域网)和宽带接入"最后一千米"的问题。

WiMAX 相当于无线 LAN IEEE 802.11 的 Wi-Fi,其目标是促进 IEEE 802.16a 的应用,包括产品认证和相互连接的确保等。由于 WiMAX 目前仍未进入市场,所以大规模网络应用尚需时日。

4. IEEE 802.11b 与 IEEE 802.11g 的兼容性

随着无线产品价格的不断降低,无线产品不仅被广泛应用于家庭和小型网络,而且被作为大中型网络的有效补充,实现移动用户的灵活接入。然而,在无线产品选购和使用时,许多用户对 IEEE 802.11g 与 IEEE 802.11b 无线产品的兼容性存在着重大的误解。

事实上,IEEE 802.11g 与 IEEE 802.11b 的兼容性不仅不是无条件的,而且存在着许多问题,绝对不像人们想象的那样,可以将两者无缝集成在一起。大家之所以对两者的兼容性存在误解,是因为无线产品厂商的刻意误导。

(1)两者无法搭建对等无线网络

无论是借助于 IEEE 802.11g 无线网卡,还是借助于 IEEE 802.11b 无线网卡,都可以搭建对等无线网络。即使没有无线 AP,也可实现计算机之间的无线通信。然而,却不能使用 IEEE 802.11g 和 IEEE 802.11b 无线网卡搭建无线网络,因为两者的解码方式不同,根本无法直接通信,所以只能借助于无线 AP 才能实现。

(2)IEEE 802.11b 将导致 IEEE 802.11g 的传输速率下降

IEEE 802.11g 可提供以下几种工作模式:混合(Mixed)模式、纯 G(G-Only)模式或自动(Auto)模式。

然而,无论工作于哪种工作模式,以下两点是肯定会发生的:

①一旦有 IEEE 802.11b 的设备连接到 IEEE 802.11g 无线网络,所有 IEEE 802.11g 设备的性能就会降低。即使 IEEE 802.11b 设备处于待机状态,性能的降低程度也非常明显。

②当 IEEE 802.11b 设备处于传送或接收状态时,所有 IEEE 802.11g 设备的传输速率都变得很慢。

由此可见,尽管 IEEE 802.11b 与 IEEE 802.11g 可以在网络中共存,并且也可以实现彼此之间的通信,但是,这是以牺牲其中一个的性能和带宽为代价的。也就是说,两者的兼容性远没有无线厂商宣传得那么好。

(3)兼容性并非无限

有很多网络产品宣称其"全面"兼容,这是在某种程度上歪曲了事实,误导了消费者。原因在于:如果该产品已经通过 Wi-Fi 认证,那么,它将只能保证兼容其他同样通过 Wi-Fi 认证的无线产品。对于那些没有通过 Wi-Fi 认证的产品,是无法保证其"全面"兼容的。

即使与其他无线产品兼容,也只能实现 IEEE 802.11 标准所标称的传输速率和覆盖范围,而所有借助于其他技术所获得的额外的传输速率和覆盖范围,将无法得到保证,特别是在两种无线产品采用不同的无线扩展技术时。因此,这种"兼容性"是大打折扣的。

除非无线产品同时支持 IEEE 802.11a/b/g,否则,IEEE 802.11g 只能实现与其他 IEEE 802.11g 和 IEEE 802.11b 产品的兼容,而不能实现与 IEEE 802.11a 产品的兼容。因此,号称全面兼容是没有道理的。

三、无线局域网介质访问控制规范

1. 介质访问控制(MAC)层

IEEE 802.11 无线局域网的所有工作站和访问节点都提供介质访问控制(MAC)服务,MAC 服务是指 LLC(逻辑链路控制)层在 MAC 服务访问节点(SAP)之间交换 MAC 服务数据单元(MSDU)的能力,包括利用共享无线电波或红外线介质进行 MAC 服务数据单元的发送。

MAC 层具有三个主要功能:无线介质访问、网络连接、数据验证和保密。

2. 无线介质访问

在 IEEE 802.11 标准中定义了两种无线介质访问控制的方法,即分布式访问(DCF)方式和中心网络控制(PCF)方式。

(1)分布式访问方式

分布式访问方式类似于 IEEE 802.3 有线局域网的介质访问控制协议,它采用具有冲突避免的载波侦听多路访问方式。

分布式访问方式是物理层兼容的工作站和访问节点(AP)之间自动共享无线介质的主要访问协议。IEEE 802.11 网络采用 CSMA/CA 协议进行无线介质的共享访问,该协议与 IEEE 802.3 以太网标准的 MAC 协议(CSMA/CD)类似。载波侦听可以让 MAC 层监测介质处于繁忙或空闲状态。物理层提供信道的物理检测,把物理信道评估结果发送到 MAC 层,作为确定信道状态信息的一个因素。

MAC 控制机制利用帧中持续时间字段的保留信息实现虚拟监测协议,这一保留信息发布(向所有其他工作站)本工作站将要使用介质的消息。MAC 层监听所有 MAC 帧的持续时间字段,如果监听到的值大于当前的网络分配矢量(NAV)值,就用这一信息更新该工作站的 NAV,它工作起来就像一个计数器,开始值是最后一次发送的帧的持续时间字段值,然后倒计时到 0。当 NAV=0 且物理层控制机制表明有空闲信道时,这个工作站就可以发送帧了。

(2)中心网络控制方式

中心网络控制方式是一个无竞争访问协议,它是一种基于优先级别的访问,适用于节点安装有点控制器的网络。

PCF 方式提供可选优先级的无竞争的帧传送。在这种工作方式下,由中心控制器控制来自工作站的帧的传送,所有工作站均服从中心控制器的控制,在每一个无竞争期的开始时间设置它们的 NAV 值。当然,对于无竞争的轮询(CF-Poll 帧),工作站可以有选择地进行回应。

在无竞争期开始时,中心控制器首先获得介质的控制权,并遵循 PIFS 对介质进行访问。因此,中心控制器可以在无竞争期保持控制权,等待比工作在分布式访问方式下更短的发送间隔。

四、无线网络的硬件

无线网络与有线网络在组网的硬件上并无太大差异,总体上,组建无线局域网需要的硬件设备主要包括:无线网卡(信号接收器)、无线 AP(无线接入点)、无线路由器(中心接入点)和无线天线(发射红外线或无线电波,即"传输介质")等。在组建无线局域网之前,必须对这些相关设备有一定的认识和了解。

1. 无线网卡

无线网卡的作用类似于以太网中的网卡,是实现计算机与其他无线设备连接的接口,是计算机连接无线网络的接口。计算机如果要与其他网络设备进行无线通信,就必须安装一块无线网卡。根据接口类型的不同,将无线网卡分为三种类型:PCI 无线网卡、USB 无线网卡和 PCMCIA 无线网卡。

(1)PCI 无线网卡

PCI 无线网卡仅适用于普通台式计算机,使用前需将网卡插入计算机主板的 PCI 插槽中,不支持热插拔,且安装相对麻烦,如图 7-35 所示。

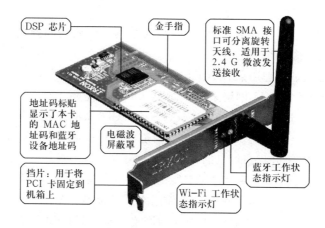

图 7-35　PCI 无线网卡示例

(2)USB 无线网卡

USB 无线网卡适用于普通台式机和笔记本电脑,使用时把网卡插入计算机的 USB 接口中,支持热插拔。USB 无线网卡具有即插即用、安装方便、高速传输等特点,只要配备了 USB 接口就可以安装使用,如图 7-36 所示。

(3)PCMCIA 无线网卡

PCMCIA 无线网卡仅适用于笔记本电脑,使用时把网卡插入笔记本电脑的 PCMCIA 插槽中,支持热插拔。PCMCIA 无线网卡主要针对笔记本电脑设计的,具有和 USB 相同的特点,如图 7-37 所示。

图 7-36　USB 无线网卡示例　　　　图 7-37　PCMCIA 无线网卡示例

2.无线 AP

AP 是 Access Point 的简称,一般翻译为"无线访问节点",它主要是提供无线工作站对有线局域网和从有线局域网对无线工作站的访问,在访问接入点覆盖范围内的无线工作站可以通过它进行相互通信。通俗地讲,无线 AP 是无线网和有线网之间沟通的桥梁。由于无线 AP 的覆盖范围是一个向外扩散的圆形区域,因此,应当尽量把无线 AP 放置在无线网络的中心位置,而且各无线客户端与无线 AP 的直线距离最好不要超过 30 米,以避免因通信信号衰减过多而导致通信失败。

无线 AP 的工作原理是将网络信号通过双绞线传送过来,经过 AP 产品的编译,将电信号转换成无线电信号发送出去,形成无线网络覆盖。根据功率的不同,其可以实现不同程度、不同范围的网络覆盖,一般无线 AP 的最大覆盖距离为:室内 100 m、室外300 m。这仅是理论值,在实际网络通信中会碰到许多障碍物,其中以玻璃、木板、石膏墙对无线信号的影响最小,以混凝土墙壁和铁对无线信号的屏蔽最大。因此,一般情况下其实际使用范围是:室内 30 m、室外 100 m(没有障碍物)。目前大多数的无线 AP 都支持多用户(30~100 台计算机)接入、数据加密、多速率发送等功能,在家庭、办公室内,一个无线 AP 便可实现所有计算机的无线接入。

多数单纯性无线 AP 本身不具备路由功能,包括 DNS、DHCP、Firewall 在内的服务器功能都必须由独立的路由或计算机来完成。目前主要技术为 IEEE 802.11 系列。无线 AP 亦可对装有无线网卡的计算机进行必要的控制和管理,即可以通过 10 Base-T(WAN)端口与内置路由功能的 ADSL Modem 或 Cable Modem(CM)直接相连,也可以在使用时通过交换机/集线器、宽带路由器再接入有线网络。大多数无线 AP 还带有接入点客户端(AP Client)模式,可以和其他 AP 进行无线连接,延展网络的覆盖范围。

3.无线网桥(Wireless Bridge)

无线网桥是为使用无线(微波)进行远距离数据传输的点对点网间互联而设计的,它是一种在数据链路层实现网络互联的存储转发设备,可用于固定数字设备与其他固定数字设备之间的远距离(可达 20 km)、高速(可达 11 Mbit/s)无线组网。

无线网桥有三种工作方式:点对点、点对多点和中继连接。无线网桥通常是用于室外,主要用于连接两个或多个独立的网络段,这些独立的网络段通常位于不同的建筑物内,相距几百米到几十千米。它可以广泛应用在不同建筑物间的互联,特别适用于城市中的远距离通信。

无线网桥不可单独使用,必须两个以上同时使用,而 AP 可以单独使用。无线网桥功率大,传输距离远(最远可达约 50 km),抗干扰能力强,不自带天线,一般配备抛物面天线以实现长距离的点对点连接。根据协议不同,无线网桥又可以分为2.4 GHz 频段的IEEE 802.11b 或 IEEE 802.11 以及采用 5.8 GHz 频段的 IEEE 802.11a 无线网桥,如图7-38 所示。

4. 无线路由器(Wireless Router)

无线路由器是单纯性无线 AP 与宽带路由器合二为一的产物,又名为扩展性 AP。它既有无线 AP 的功能,也有宽带路由器的功能。通过无线路由器可以连接很多带有无线网卡的计算机组成无线网络;同时还能接入其他网络以及无线网络中的计算机共享上网,实现 ADSL 和小区宽带的无线共享接入。此外,无线路由器可以把通过它进行无线和有线连接的终端都分配到一个子网,这样子网内的各种设备交换数据就非常方便了。

目前无线产品支持的主流协议标准为 IEEE 802.11g,并且向下兼容。无线路由器信号强弱同样受环境的影响较大。无线网络覆盖范围理论值是:室内 100 m,室外 400 m。它因

图 7-38　无线网桥示例

网络环境的不同而异,通常室内 50 m,室外 100～200 m,都有较好的无线信号。

常见的无线路由器一般都有一个 RJ-45 接口为 WAN 接口,也就是 UPLink 到外部网络的接口,其余 2～4 个接口为 LAN 接口,用来连接普通局域网,内部有一个网络交换机芯片,专门处理 LAN 接口之间的信息交换。无线路由的接口和 LAN 之间的路由工作模式一般都采用 NAT(Network Address Transfer)方式。因此,无线路由器也可以作为有线路由器使用,如图 7-39 所示。

图 7-39　无线路由器示例

5. 无线天线

为了缓解远距离网络通信中信号衰减与传输速率快速下降的情况,无线通信设备通常使用无线天线,有助于对所接收或发送的信号进行增益(放大)。

根据方向性的不同,无线天线可分为全向(Omni-direction)和定向(Uni-direction)两种。全向无线天线无方向性,对四周都有放大效果,一般用于中心对四周的点对点网络环境;定向无线天线一般是某一个方向的信号放大效果强,一般适于远距离点对点通信。根据其使用环境不同,无线天线可分为室内无线天线和室外无线天线。前者的优点是方便灵活,缺点是增益小,传输距离短;后者的优点是距离远,比较适于远距离传输,并且类型比较多,如图 7-40 所示。

(a)室内定向无线天线　　(b)室外抛物面定向无线天线　　(c)室外锅状定向无线天线　　(d)室外扇区板状无线天线

图 7-40　无线天线示例

6.其他无线网络设备

随着无线网络技术的迅猛发展与广泛应用,无线网络设备越来越多,除了以上介绍的几种主要网络设备外,还有许多其他无线网络设备为人们所使用。例如无线摄像机、无线键盘、无线鼠标、无线麦克风、无线投影仪、无线打印机、无线网络电话等,如图 7-41 所示。

(a)无线投影仪　　　　　(b)无线摄像机　　　　　(c)无线鼠标　　　　　(d)无线键盘

图 7-41　其他无线网络设备示例

构建小型无线网络所需的硬件设备主要就是以上介绍的几种,当然,并不是所有无线网络都需要用到上述的所有设备。通常用户在组建一个家庭或办公室对等式无线网络时,只需要用到无线网卡;当需要将无线网络与原有线局域网连接时,才需要用到无线AP 或者无线路由器。

五、无线网络的组网模式

目前,无线网络的接入方式主要有以下几种:对等无线网络、独立无线网络、接入以太网的无线网络、无线漫游网络、点对点和点对多点无线网络。

1.对等无线网络

对等无线网络方案只使用无线网卡。因此,只要为每台计算机插上无线网卡,就可以实现计算机之间的连接,构建最简单的无线网络,如图 7-42 所示。它们之间可以相互直接通信。其中一台计算机可以兼做文件服务器、打印服务器和代理服务器,并通过 Modem 接入 Internet。这样,只需使用诸如 Windows 2000/XP 等操作系统,就可以在服务器的覆盖范围内,无须使用任何电缆,即可实现计算机之间共享资源和 Internet 连接。在该方案中,台式计算机和笔记本电脑均使用无线网卡,没有任何其他无线接入设备,是名副其实的对等无线网络。

图 7-42　对等无线网络

　　无线网络的传输距离有限,且要求所有计算机必须在有效传输距离内;否则,根本无法实现彼此之间的通信,即无线网络的有效传输距离为该无线网络的最大直径,室内通常为 30 m 左右,因此,对等无线网络的覆盖范围非常有限。此外,由于该方案中所有的计算机之间都共享连接带宽,而且廉价的 IEEE 802.11b 无线产品的最高带宽只有 11 Mbit/s。因此,它只适用于接入计算机数量较少,并对传输速率没有较高要求的小型网络。可见,对等无线网络方案最适用于组建小型的办公网络和家庭网络。

　　注意:虽然该方案可以借助于 Internet 接入设备,实现与 Internet 的连接,但却无法实现与其他以太网的连接。

　　2.独立无线网络

　　所谓独立无线网络,是指无线网络内的计算机之间构成一个独立的网络,无法实现与其他无线网络和以太网的连接,如图 7-43 所示。独立无线网络使用一个无线访问点和若干无线网卡。

图 7-43　独立无线网络

　　独立无线网络方案与对等无线网络方案非常相似,所有的计算机中都安装有一块网卡。不同之处是,独立无线网络方案中加入了一个无线访问点。无线访问点类似于以太网中的集线器,可以对网络信号进行放大处理,一个工作站到另外一个工作站的信号都可以经由该 AP 放大并进行中继。因此,拥有 AP 的独立无线网络的网络直径将是无线网络有效传输距离的 2 倍,在室内通常为 60 m 左右。

　　对等无线网络由唯一网络名标志,需要连接至该网络并配备所需硬件的所有设备均必须使用相同的网络名进行配置。

　　提示:网络名是逻辑连接无线网络中的设备的值。该值(也称为 SSID)通常被指定为公司名称或其他,用于区分与之相邻的无线网络。为了保证无线网卡在不同的 AP 之间漫游,需要为这些 AP 设置相同的网络名;否则,将无法支持漫游。同样,网卡的网络名需要设置成与 AP 的网络名相同;否则,将无法接入网络。只要在网络基站的传输速率内,无线移动工作站就可以与对等无线网络保持通信。

　　注意:该方案仍然属于共享式接入,也就是说,虽然传输距离比对等无线网络增加了 1 倍,但所有计算机之间的通信仍然共享无线网络带宽。由于带宽有限,所以该无线网络方案仍然只能适用于小型网络(一般不超过 20 台计算机)。

3.接入以太网的无线网络

当无线网络用户足够多时,应当在有线网络中接入一个无线接入点(AP),从而将无线网络连接至有线网络主干。AP 在无线工作站和有线网络主干之间起网桥的作用,实现了无线与有线的无缝集成,既允许无线工作站访问网络资源,又为有线网络增加了可用资源,如图 7-44 所示。

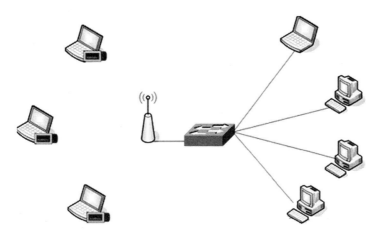

图 7-44　有线网络中接入 AP

该方案适用于将大量的移动用户连接至有线网络,从而以低廉的价格实现网络覆盖面的迅速扩展,并为移动用户提供更灵活的接入方式。

4.无线漫游网络

无线漫游网络的访问点可作为无线基站和现有网络分布系统(网络中枢)之间的桥梁。当用户从一个位置移动到另一个位置时,以及一个无线访问点的信号变弱或访问点由于通信量太大而拥塞时,可以连接到新的访问点,从而不中断与网络的连接。它与蜂窝移动电话非常相似,可将多个 AP 各自形成的无线信号覆盖区域进行交叉覆盖,实现各覆盖区域之间无缝连接。所有 AP 通过双绞线与有线网络主干相连,形成以固定有线网络为基础,无线覆盖为延伸的大面积服务区域。所有无线终端通过就近的 AP 接入网络,访问整个网络资源。蜂窝覆盖大大扩展了单个 AP 的覆盖范围,从而突破了无线网络覆盖半径小的限制,用户可以在 AP 群覆盖的范围内漫游,而不会和网络失去联系,通信也不会中断。

无线蜂窝覆盖结构具有以下优势:

(1)增加覆盖范围,实现全场覆盖。

(2)实现众多终端用户的负载平衡。

（3）可以动态扩展，系统可伸缩性大。

（4）对用户完全透明，保证覆盖区域内服务无间断。

由于多个 AP 信号覆盖区域相互交叉重叠，所以各个 AP 覆盖区域所占频道之间必须遵守一定的规范，邻近频道之间不能相互覆盖，否则会造成 AP 在信号传输时的相互干扰，从而降低 AP 的工作效率。在可用的 11 个频道中，仅有 3 个频道是完全不覆盖的，它们分别是频道 1、频道 6 和频道 11，利用这些频道作为蜂窝覆盖频道是最合适的。

在无线漫游网络中，客户端的配置与接入点在网络中的配置完全相同。用户在移动过程中，根本感觉不到无线 AP 间的切换。

无线蜂窝覆盖技术的漫游特性使其成为应用最广泛的无线覆盖方案，适于在学校、仓库、机场、医院、办公室和会展中心等不便于布线的环境中使用，可快速简便地建立起区域内的无线网络，用户可以在区域内的任何地点进行网络漫游，从而解决了有线网络无法解决的问题，为用户带来了最大的便利。

5. 点对点和点对多点无线网络

点对点和点对多点无线网络用于实现局域网络的无线连接。当建筑物之间相距较远时，可使用高增益室外天线的无线网桥以提高覆盖范围，实现远程建筑物之间的连接。双方均使用定向天线时，可实现点对点连接，如图 7-45 所示。

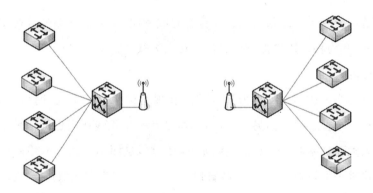

图 7-45　点对点无线网络

一方使用全向天线，其他各方使用定向天线时，则可实现点对多点连接，从而实现多建筑和多局域网络的接入，如图 7-46 所示。

除了利用计算机和无线设备相结合的方式实现无线网络连接以外，目前还有非常流行的手机上网。手机上网是指利用支持网络浏览器的手机，通过 WAP 协议连接 Internet，从而达到网上冲浪的目的。手机上网具有方便性、随时随地性，其应用越来越广泛，已经逐渐成为现代人们生活中重要的上网方式之一。

手机上网操作步骤（以加入移动网的手机用户为例）是：首先用户需要有一部支持

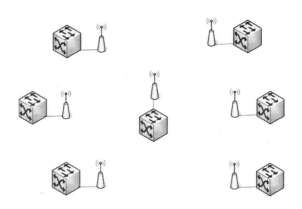

图 7-46　点对多点无线网络

WAP 和 GPRS 的手机(最好是彩屏手机)。其次,用户需要先开通 GPRS 服务,用户只需要拨打免费电话 10086 进行开通就可以了(GPRS 具有不同的服务种类,用户可根据自己的需要设定)。目前中国移动正在逐步为用户自动启用 GPRS 功能。最后,用户需要在手机上进行正确的上网参数设置(详细设置需根据手机品牌和型号来操作)。需要强调的是,目前手机的收费标准是按照上网流量来计算的,因此手机上网用户一定要关注自己的上网流量,以免造成不必要的损失。

六、移动互联网

1.3G 网络

(1)3G 网络的概念

3G 网络是指使用支持高速数据传输的蜂窝移动通信技术的第三代移动通信技术的线路和设备铺设而成的通信网络。3G 网络将无线通信与国际互联网等多媒体通信手段相结合,是新一代移动通信系统。

(2)3G 网络与 2G 网络的区别

3G 网络与 2G 网络的主要区别是在传输声音和数据速度上的提升。它能够在全球范围内更好地实现无线漫游,并处理图像、音乐、视频流等多种媒体形式,提供包括网页浏览、电话会议、电子商务等多种信息服务,并与已有第二代系统兼容。为了提供这种服务,无线网络必须能够支持不同的数据传输速度,也就是说,在室内、室外和行车的环境中能够分别支持至少 2Mbps、384 Kbps 以及 144 Kbps 的传输速度(此数值根据网络环境的变化而变化)。

3G 网络是第三代通信网络,目前国内不支持除 GSM 和 CDMA 以外的网络,GSM 设备采用的是频分多址,而 CDMA 使用码分扩频技术,先进功率和话音激活至少可提供大于 3 倍 GSM 网络容量,业界将 CDMA 技术作为 3G 的主流技术,国际电联确定三个无线接口标准,分别是 CDMA2000、WCDMA、TD-SCDMA,也就是说国内 CDMA 可以平滑过渡到 3G 网络。3G 网络的主要特征是可提供移动宽带多媒体业务。2G 网络向 3G 网络的演进路线如图 7-47 所示。

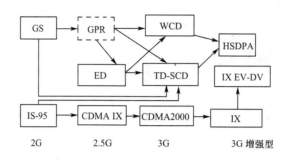

图 7-47 2G 网络向 3G 网络的演进路线

2.移动客户端及其操作系统

(1)移动客户端

客户端(Client)或称为用户端,是指与服务器相对应,为客户提供本地服务的程序。除了一些只在本地运行的应用程序之外,用户端一般安装在普通的客户机上,需要与服务端互相配合运行。因特网发展以后,较常用的用户端包括万维网使用的网页浏览器,收寄电子邮件时的电子邮件客户端,以及即时通信的客户端软件等。对于这一类应用程序,需要网络中有相应的服务器和服务程序来提供相应的服务,如数据库服务、电子邮件服务等。因此在客户机和服务器端,需要建立特定的通信连接,来保证应用程序的正常运行。移动客户端是在原有利用计算机上网的基础上,推出的利用手机、平板电脑等移动通信设备实现网络连接的一种新的方法。移动客户端可为用户提供随时随地、方便快捷的服务,主要功能包括实时在线沟通、实时获取留言、便捷统计监控等。同时使用户实现不在电脑前也可随时收发电子邮件、上传资料等,前提条件是所使用的设备可以直接连接网络。

(2)操作系统

①Android 操作系统。Android 是一种基于 Linux 的自由及开放源代码的操作系统,主要适用于移动设备,如智能手机和平板电脑,由 Google 公司和开放手机联盟领导及开发,尚未有统一的中文名称,如中国大陆地区较多人使用"安卓"或"安致"。Android 操作系统最初由 Andy Rubin 开发,主要支持手机,于 2005 年 8 月由 Google 收购注资。2007 年 11 月,Google 与 84 家硬件制造商、软件开发商及电信营运商组建开放手机联盟,共同研发改良版 Android 系统。随后 Google 以 Apache 开源许可证的授权方式,发布了 Android 的源代码。第一部 Android 智能手机发布于 2008 年 10 月,此后,Android 逐渐扩展到平板电脑及其他领域上,如电视、数码相机、游戏机等。2011 年第一季度,Android 在全球的市场份额首次超过塞班系统,跃居全球第一。2012 年 11 月数据显示,

Android 占据全球智能手机操作系统市场 76％的份额,中国市场占有率为 90％。2013年 9 月 24 日,谷歌开发的操作系统 Android 迎来了"5 岁生日",全世界采用这款系统的设备数量已经达到 10 亿台。

②苹果 iOS。苹果 iOS(iPhone Operation System)是由苹果公司开发的手持设备操作系统。苹果公司最早于 2007 年 1 月 9 日的 Macworld 大会上公布这个系统,最初是设计给 iPhone 使用的,后来陆续套用到 iPod Touch、iPad 以及 Apple TV 等产品上。iOS与苹果的 Mac OS X 操作系统一样,也是以 Darwin 为基础的,因此同样属于类 Unix 商业操作系统。原本这个系统名为 iPhone OS,直到 2010 年 6 月 7 日 WWDC 大会上才宣布将其改名为 iOS。截至 2011 年 11 月,Canalys 的数据显示,iOS 已经占据了全球智能手机系统市场份额的 30％,在美国的市场中的占有率达到 43％。

iOS 具有简单易用的界面、令人惊叹的功能以及超强的稳定性,已经成为 iPhone、iPad 和 iPod Touch 的强大基础。尽管其他竞争对手一直努力地追赶,但 iOS 内置的众多技术和功能让 Apple 设备始终保持着遥遥领先的地位。

③Symbian 系统。Symbian 系统是塞班公司为手机而设计的操作系统。2008 年 12月 2 日,塞班公司被诺基亚收购。2011 年 12 月 21 日,诺基亚官方宣布放弃塞班(Symbian)品牌。由于缺乏新技术支持,塞班的市场份额日益萎缩。截至 2012 年 2 月,塞班系统的全球市场占有率仅为 3％,中国市场占有率则降至 2.4％。2012 年 5 月 27 日,诺基亚宣布,彻底放弃继续开发塞班系统,取消塞班 Carla 的开发,但是服务将一直持续到2016 年。

2013 年 1 月 24 日晚间,诺基亚宣布,今后将不再发布塞班系统的手机,意味着塞班这个智能手机操作系统在使用长达 14 年之后迎来了谢幕。2013 年 10 月,诺基亚应用商店表示将不再接受塞班和 MeeGo 系统的新应用和应用更新。不过应用商店中现有的塞班和 MeeGo 系统应用将继续提供下载。

回顾与总结

设备是单一的,而实际应用和组网方式则是多样化的。在无线网络的组建中,有些过程可以简化,有些方案可以更加完善,这一切都要靠组网过程中经验的不断积累,从而找到最佳的解决方案。就家庭无线组网而言,无线 AP 的功能选择是至关重要的,用户根据自己的实际情况来购买合适的产品,往往会起到事半功倍的效果。在掌握常规网络设备应用的同时,要紧跟时代步伐,熟悉当今流行的网络应用功能,掌握移动电子商务的相关应用。

小试牛刀

　　某集团公司各企业分布在不同的建筑物内办公,按常规设计必须使用专线连接,每月需支付昂贵的租赁和维护费用,并且无法解决移动站点访问和存取公司网上信息等问题。采用 2.4 GHz 频段无线局域网产品,可以比较灵活地组成一体化企业网络,达到与专线相同的性能,并解决移动站点问题,且安装维护方便,无须缴纳频率使用费。具体方法是使用无线接入点的桥接功能:一端与建筑物间天线相连,一端与有线网络 HUB 相连,从而把两栋大楼互相连接起来替代专线功能。周围移动站点通过无线接入点与公司有线网络互联,以访问和存取公司信息。

項目 **8**

网络故障的诊断与排除

 **项目描述**

项目背景

某公司办公局域网由交换机、服务器、PC机组成，局域网内所有计算机通过路由器访问公共网络(Internet)，及时诊断和排除网络故障，以确保网络畅通，是该公司正常运营的基础和前提，意义重大。

项目目标

当出现网络故障时，能及时诊断和排除，尽快恢复网络，使其正常工作。

任务 1　诊断与排除网络故障

➡ 任务描述

某公司网络近日出现下列故障现象，请及时诊断并排除：计算机无法登录服务器；用户在其计算机的"网上邻居"中看不到自己的计算机，也无法在网络中访问其他计算机，且不能使用其他计算机上的共享资源和共享打印机；用户虽然在其计算机的"网上邻居"中能看到自己的计算机和其他成员，但无法访问其他计算机；计算机无法通过局域网访问 Internet。

➡ 任务目标

能对该公司网络近日出现的故障现象进行检查和维护，尽快恢复网络，使其正常工作。

工作过程

网络问题非常复杂,一般情况下很难迅速定位,要耐心细致地进行诊断,认真听取网络管理员和当事人的故障描述,借助于网络检测工具,采用常见的网络故障诊断方法,实现故障的定位和排除。

(1)在确保电源正常的情况下,查看网卡、交换机、HUB、路由器等网络设备的 LED 灯显示是否正常。如不正常,应重新把线缆插头插好;如仍不正常,应替换网卡等相应网络设备,观察网络设备是否有故障。

(2)用"ipconfig"命令查看 IP 地址配置是否正确,如不正确,在桌面上的"网上邻居"处单击鼠标右键,在弹出的快捷菜单中单击"属性",然后在弹出的对话框中的"本地连接"处单击鼠标右键,在弹出的快捷菜单中单击"属性",弹出"本地连接 属性"对话框,双击"Internet 协议(TCP/IP)",在弹出的"Internet 协议(TCP/IP) 属性"对话框中重新配置 IP 地址、子网掩码、默认网关、DNS 服务器地址等。

如果别人抢占了自己的 IP 地址且造成 IP 地址冲突,用户可先临时更改自己的 IP 地址,可使用 nbtstat-a 命令确定抢占自己 IP 地址的计算机的 MAC 地址和主机名,要求其退让。

捆绑 MAC 地址和 IP 地址,以预防 IP 地址冲突,即在 DOS 命令提示符下输入"ipconfig/all",查出自己 IP 地址及对应的 MAC 地址,例如,IP 地址为"192.168.20.18",MAC 地址为"00-E0-4C-A0-02-A4",输入"arp -s 192.168.20.18 00-E0-4C-A0-02-A4"命令,即可把 IP 地址和 MAC 地址捆绑在一起。

(3)用"ping 本机 IP 地址"或"ping 127.0.0.1"命令测试网络连通性。如果能 ping 通,则说明计算机的网卡和网络协议设置都没有问题,问题可能出在计算机与网络的连接上,应检查网线及其与网络设备的接口状态。

如果出现错误提示信息,例如"Destination Host Unreachable",则表明目标主机不可达。检查网卡是否安装正确(通过设备管理器查看,如果在系统硬件列表中没有发现网络适配器,或网络适配器前方有一个黄色的"!",则说明网卡未安装正确,需将未知设备或带有黄色"!"标志的网络适配器删除,刷新后重新安装网卡,并将该网卡正确安装且为其配置网络协议;如果网卡无法正确安装,则说明网卡可能被损坏,换一块网卡重试)。

如果网卡安装正确,则检查 TCP/IP 和 NetBEUI 通信协议是否正确安装。如果安装不正确,则需要卸载后重新安装,并把 TCP/IP 参数配置好。检查网线是否连接正常,用测线仪测试是否连通。如果没有异常情况,则说明网卡和 TCP/IP 协议安装均没有问题,即没有连通性故障。

(4)通过"ping 网关地址"命令查看返回信息是否正常。如不正常,则从网卡和网线方面寻找原因。检查计算机到网关段网络的连接状态。如能连通,则说明计算机到网关这一段网络没有问题,但不能确定网关是否有问题。

(5)通过"ping 外网 IP 地址"命令查看返回信息是否正常,如不正常,则检查网关设置。

（6）使用"nslookup"命令检查DNS是否工作正常,如果出现不能正常解析域名的情况,则需要检查DNS是否设置正常。

（7）检查防火墙策略是否有限制。

（8）在"控制面板"的"网络"属性中,单击"文件及打印共享"按钮,在弹出的"文件及打印共享"对话框中,选择"允许其他用户访问我的文件"和"允许其他计算机使用我的打印机",否则将无法使用共享文件夹和共享打印机。

（9）对于服务器故障,例如某项服务被停止、BIOS版本太低、管理软件或驱动程序有BUG、应用程序有冲突、人为造成的软件故障、开机无显示、上电自检阶段故障、安装阶段故障、操作系统加载失败、系统运行阶段故障等,应请服务器系统管理员协助采取启用服务、使用安全模式恢复系统、故障恢复控制台等措施,一起排除故障。

➡ 相关知识

一、网络故障诊断与排除的基本思路

在网络出现故障时,"望闻问切"是网络故障诊断和排除的基本思路。

1."望"

"望"就是观察,通过观察PC机和路由器的初始化信息、网络设备的指示灯信息、操作系统或应用软件的运行速度,来达到网络故障诊断和排除的目的。

（1）初始化信息

计算机或网络设备在刚开机时,都有一段初始化信息,这段信息通常表示了计算机或网络设备的基本配置情况,例如CPU、主板、内存、硬盘、显卡、声卡、网卡的配置情况等,观察这些信息,可以初步判断硬件故障的位置,对网络故障诊断和排除是很有帮助的。

（2）网络设备的指示信息

计算机已经开始工作后,观察网卡、HUB、Modem、路由器面板上的LED指示灯。正常情况下,绿灯表示连接正常,红灯表示连接故障,不亮表示无连接或线路不通。根据数据流量的大小,指示灯会时快时慢地闪烁。

（3）操作系统或应用软件运行速度

观察系统启动速度或应用软件运行速度是否突然变慢,如果系统在没有同时开很多窗口和多任务处理的情况下,启动或处理文件的速度突然大幅度下降,尤其是显示软件版权的画面有明显停顿的现象出现,那么这往往意味着有计算机病毒的侵袭。

2."闻"

"闻"就是听声音、闻气味。计算机和网络设备正常工作时,风扇和磁盘读取数据的声音是有规律的,当听到异常声响时,就要采取紧急措施,例如关闭电源等。正常工作的机房或机箱内是不会发出异味的。当发出塑料的焦煳味时,往往是电源出了问题或芯片被烧毁。

3."问"

"问"就是当网络出现故障时,应向网络管理者或当事人询问以下问题:

（1）故障什么时候出现？

（2）故障表现为什么现象？是连续故障还是间断故障？

（3）当被记录的关注现象发生时，操作者正在对计算机进行什么操作（正在运行什么程序或命令）？这个程序或命令以前运行成功过吗？

（4）网络结构发生变化（如新增路由器、交换机、集线器以及将大网络分成小网络）了吗？

（5）网络用户组发生变化（如由于工作关系由一组用户变为另一组用户）了吗？

（6）是否新增或删除了广域网路由？

（7）安装新协议了吗？

（8）是否安装了新服务器？

4. "切"

"切"就是借助于网络故障诊断工具进行网络故障诊断和排除。

二、网络故障诊断与排除的方法

网络故障现象形形色色，几乎没有任何一种单一的检测方法或工具可以诊断出所有网络问题。分层法、分段法、替换法是网络故障诊断与排除最常用的三种方法。

1. 分层法

分层法就是对网络协议的物理层、数据链路层、网络层、传输层和应用层进行诊断，可以把故障定位到具体某一层，然后就可以分析该层可能会出现的问题并进行有针对性的排除。

（1）物理层

物理层的主要故障有以下几个方面：线缆方面，例如电缆测试中存在不连通、开路、短路、衰减等问题，光缆测试中存在熔接或光缆弯曲等问题；端口设置方面，存在两端设备对应的端口类型不统一问题；端口自身或中间设备方面，有集线器等硬件设备的故障等；电源方面，故障现象表现为掉电、超载、欠压等。其排查工具和措施是：使用专门的线缆测试仪对网络设备信号灯进行测试。

（2）数据链路层

数据链路层的故障主要有：数据帧的错发、重发、丢帧和帧碰撞等数据问题；流量控制问题；链路层地址的设置问题；链路协议建立的问题；同步通信的时钟问题；数据端设备链路层驱动程序的加载问题等。其排查工具和措施是：对于 TCP/IP 网络，可以使用 arp 命令检查 MAC 地址和 IP 地址之间的映射问题。

（3）网络层

网络层的故障主要有：路由协议没有加载或路由设置错误；IP 地址或子网掩码设置错误；IP 和 DNS 绑定错误等。其排查工具和措施是：路由配置错误时，可通过 route 命令来测试路由是否正确；用 ping 命令来测试连通性。

（4）传输层

传输层的故障主要有：数据包的重发问题；通信拥塞或上层协议在网络层协议上的捆绑问题；防火墙、路由器访问列表配置有误，过滤限制了服务连接等。其排查工具和措施是：使用协议分析器（如微软公司提供的网络监视器）对数据通信进行分析。

（5）应用层

应用层的故障主要有：操作系统的系统资源，例如 CPU、内存、I/O、核心进程等运行状况不正常；应用服务未开启；服务器配置不合理；安全管理、用户管理存在问题等。其排查工具和措施是：利用操作系统或应用程序本身功能进行测试。

2.分段法

分段法是指对网络源端到目的端所经过的网络路径及网络设备进行分段处理，将网络故障定位到某一段的设备或相应的连接线缆及附件上，从而采取有针对性的故障排除方法。分段法通常有迭代分段法和子网分断法。

（1）迭代分段法

从源端开始，检查源端到网络节点 2 是否正常工作，如正常，再检查源端到网络节点 3 是否正常工作，以此类推，直到检查源端到目的端点是否正常。在检查过程中，即可把网络故障定位到特定网络段，然后进行故障分析和排除。

（2）子网分断法

子网分断法是用在不同的子网互联时诊断和排除网络故障的方法。例如，有一种故障是两个子网一连接就出现问题，但断开其中一个子网，网络又工作正常。这时可以分别断开不同的子网，将故障范围缩小到一个子网内来诊断和排除。

3.替换法

替换法是检查硬件问题最常用的方法之一。当怀疑是网线问题时，可更换一根确定完好的网线试一试；当怀疑是接口模块有问题时，可更换其他接口模块试一试。因此，在确认故障是由线路的某一端引起之后，可以采取设备替换法快速准确地定位引起故障的具体位置。利用一台新的路由器、交换机等网络设备替换现有的网络设备，如果线路恢复正常，则说明该网络设备发生故障，否则需要继续查找故障。

三、常用的网络故障诊断工具

网络发生故障后，为定位网络故障环节，有时光凭"望"和"闻"是无法解决问题的，还需要一定的测试工具。合理地利用工具有助于快速准确地判断故障原因，定位故障点。

根据网络故障的分类，检测故障的工具也可分为软件工具和硬件工具两种。软件工具主要是操作系统自带的诊断工具，硬件工具主要有网络测线仪、数字万用表、网络测试仪、时域反射仪、协议分析仪和网络万用仪等。

1.操作系统自带的网络故障诊断工具

（1）ping 命令

ping 命令利用回应请求/应答 ICMP 报文来测试目的主机或路由器的可达性，进而判定网络的连通性。

在 DOS 命令提示符下，ping 命令可以有若干参数，如图 8-1 所示。

①-t。表示连续不断地对目的主机进行测试，若使用者不人为中断（按"Ctrl＋C"键或"Ctrl＋Break"键），则会不断地 ping 下去。

②-a。解析主机的 NetBIOS 主机名，如果想知道 ping 的计算机名，就要加上这个参数。

③-n count。定义用来测试所发出的测试包的个数，默认值为"4"，可灵活设定为一个具体数。

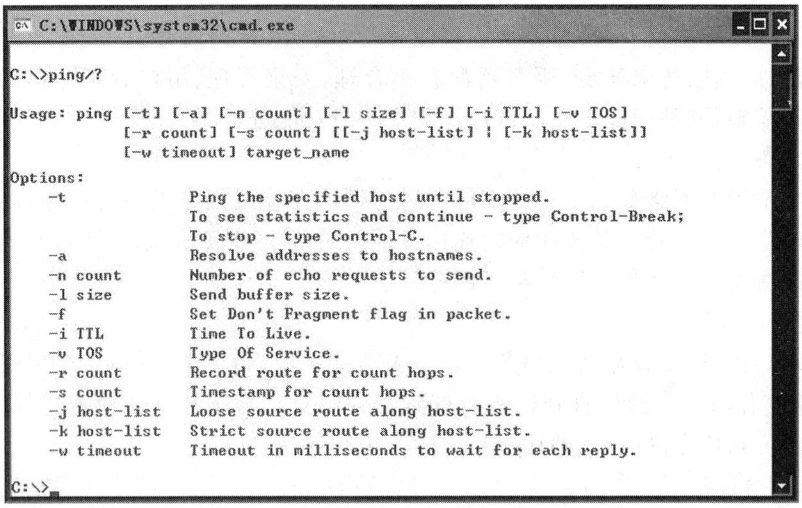

```
C:\WINDOWS\system32\cmd.exe                                    _ □ ×

C:\>ping/?

Usage: ping [-t] [-a] [-n count] [-l size] [-f] [-i TTL] [-v TOS]
            [-r count] [-s count] [[-j host-list] | [-k host-list]]
            [-w timeout] target_name
Options:
    -t              Ping the specified host until stopped.
                    To see statistics and continue - type Control-Break;
                    To stop - type Control-C.
    -a              Resolve addresses to hostnames.
    -n count        Number of echo requests to send.
    -l size         Send buffer size.
    -f              Set Don't Fragment flag in packet.
    -i TTL          Time To Live.
    -v TOS          Type Of Service.
    -r count        Record route for count hops.
    -s count        Timestamp for count hops.
    -j host-list    Loose source route along host-list.
    -k host-list    Strict source route along host-list.
    -w timeout      Timeout in milliseconds to wait for each reply.

C:\>
```

图 8-1　ping 命令参数

④target_name。可以是目的主机的主机名、IP 地址或域名(网址)。

使用 ping 命令出现的常见错误信息有：

• Unknown Host(不知名主机)：表示该远程主机的名称不能被 DNS 服务器转换成 IP 地址,故障原因可能是 DNS 服务器有故障,或者其名称不正确,或者与远程主机之间网络有故障。

• Network Unreachable(网络不能达到)：表示本机的网络配置不正确或网关上没有用户指定的 IP 地址段的路由信息或本机配置的路由段超出网关范围。

• No Answer(无响应)：远程主机没响应,可能是本地服务器没有工作、本地或服务器网络配置不正确、本地或路由器没有工作、通信线路有故障或本地服务器存在路由选择的问题。

• Request Timed Out(响应超时)：数据包全部丢失,可能是到路由器的连接问题或路由器不能通过,也可能是本地服务器已经关机或死机,还可能是对方有防火墙或已下线。

(2)ipconfig 命令

ipconfig 命令可以检查网络适配器的配置,包括网络适配器的 IP 地址、子网掩码及默认网关,利用其后不同的参数可以得到更多的网络信息。

输入 ipconfig/all 命令可获得完整的 TCP/IP 配置信息以及主机名、DNS 服务器、节点类型、网络适配器类型、MAC 地址等信息,如图 8-2 所示为 ipconfig/all 命令执行结果。

(3)netstat 命令

netstat 命令可以显示有关统计信息和当前 TCP/IP 网络连接情况,获得使用的端口和使用的协议、收到和发出的数据、被连接的远程系统的端口等信息,它可帮助用户了解网络的整体使用情况。根据 netstat 命令后面参数的不同,可以显示不同的网络连接信息,如图 8-3 所示。

①-a。显示所有连接和监听端口,使用该参数可以查看计算机的系统服务是否正常,

判断系统是否被"种"上木马。如果发现不正常的端口与服务，则要及时关闭该端口或服务。还可以作为一种实时入侵检测工具，判断是否有外部计算机连接本地计算机。

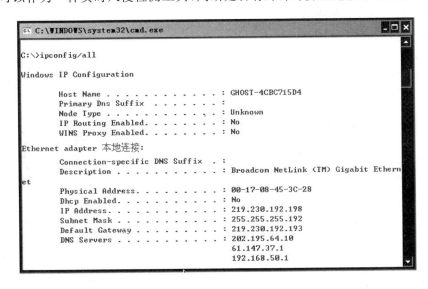

图 8-2　ipconfig/all 命令执行结果

图 8-3　netstat 命令参数

②-e。显示以太网统计信息,可与 -s 参数联合使用。

③-n。以数字形式显示本机和与本机相连的外部主机的 IP 地址和端口号。

④-r。显示路由表的内容。

⑤-s。显示每个协议的统计信息。

（4）nbtstat 命令

nbtstat 命令（TCP/IP 上的 NetBIOS 统计数据）用于提供关于 NetBIOS 的统计数据,可以查看本地或远程计算机上的 NetBIOS 名字表,如图 8-4 所示。

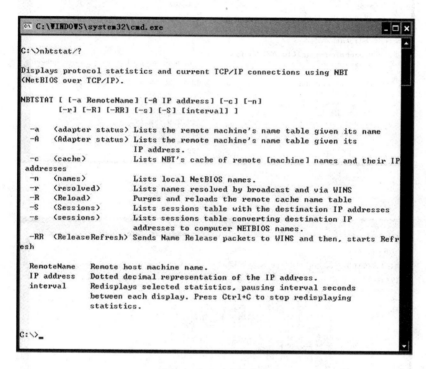

图 8-4　nbtstat 命令参数

①-a RemoteName。使用远程计算机的名称列出其名称表,并通过其 NetBIOS 名来查看当前状态。

②-A。使用远程计算机的 IP 地址列出其名称表。

③-c。列出在 NetBIOS 里缓存的连接过的远程计算机名称和 IP 地址。

④-n。列出本地计算机的 NetBIOS 名称。

（5）tracert 命令

tracert 命令可以被视为 ping 命令的扩展,它不但能够显示数据包等待和丢失等信息,还能够给出数据包达到目的主机的路径图,通过路径图显示的信息可以判断数据包在哪个路由器处堵塞。其参数含义如图 8-5 所示。

①-d。表示不要将 IP 地址解析为计算机名称。

②-h maximum_hops。表示搜寻目的可经过的最大数目跳跃区段,可显示出所历经

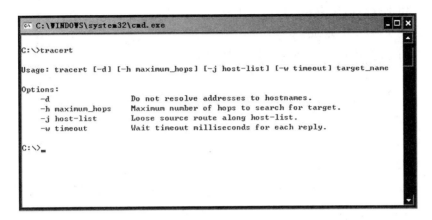

图 8-5 tracert 命令参数

的每一站路由器的反应时间、站点名称、IP 地址等重要信息,从中可判断出哪个路由器最影响物流访问速度。

③-j host-list。表示根据 host-list 来指定宽松源路由。

④-w timeout。表示根据每个回应的 timeout 所指定的微秒数来确定等候时间。

(6)arp 命令

arp 命令使用 arp 协议(地址解析协议,用于将 IP 地址转换为物理地址的协议)来显示和修改 arp 缓冲区,该缓冲区内存放 IP 地址和对应的 MAC 地址。arp 命令参数如图 8-6 所示。

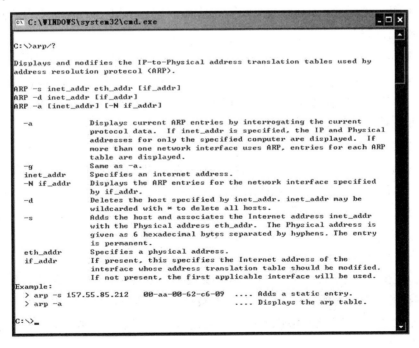

图 8-6 arp 命令参数

①-a。用于查看高速缓存中的所有项目。

②-d。用于删除 IP 地址。

③-s。用于为 MAC 地址的主机增加 IP 地址。

(7)nslookup 命令

nslookup 命令用于监视网络中 DNS 服务器能否正确实现域名解析。

①正向解析。nslookup 域名。

②反向解析。nslookup IP 地址。

2.常用硬件工具

在网络系统中,出现故障是不可避免的。要进行网络维护和网络故障诊断,就需要借助于网络测线仪、数字万用表、网络测试仪、时域反射仪、协议分析仪和网络万用仪等硬件工具。

(1)网络测线仪

网络测线仪是常用的网络故障诊断工具,是用来测试线缆连通性问题以及 RJ-45 接头是否完好的工具,可以检测双绞线和 RJ-45 接头的以太网线路,能够测试电缆的连通性、开路、短路、跨接、反接、串扰以及电缆状态等。该工具由两部分组成,分别连接网线的两端,如果测试较短的线缆,则可以直接将线缆的两端接入主测试器中;如果是较长的线路,则线路的两端接头分别插入两块测试器中。

(2)数字万用表

数字万用表也是常用的网络故障诊断工具,一般用来检查电源插座电压是否正常,测试 PC 电源、传输介质(如细缆和双绞线)、同轴电缆接头处的终端匹配器是否正常。

(3)网络测试仪

网络测试仪提供了实时的网络分析测试,可以收集网络的统计资料并用图表形式显示。它可以用于被动工作方式(出了问题再去查找),也可以用于主动方式(网络动态监测)。更高级的网络测试仪将网络管理、故障诊断以及网络安装测试等功能集中在一个仪器中,可以通过交换机、路由器监控整个网络状况。

(4)时域反射仪

时域反射仪用于检测到断点或短路点的距离,提供更多关于故障类型和位置的信息,以免用户耗费时间进行反复试验或进行不正确的电缆追踪。

(5)协议分析仪和网络万用仪

协议分析仪的大部分功能是数据包的捕捉、协议的解码、统计分析和数据流量的产生,从而查找故障源。

目前,不少公司生产的协议分析仪不但实现了协议分析,而且完成了电缆测试仪和网络测试仪的大部分功能。有一些产品甚至被称为"网络万用仪",它们不但能实现协议分析,还能对复杂的 PC 至网络连通设置问题进行诊断,例如 IP 地址、缺省网关、E-mail和 Web 服务器等。

回顾与总结

　　网络问题相当复杂,有时候会遇到一台计算机无法访问网络的问题,有时会遇到整个网络都无法工作的问题。在网络出现故障时,"望闻问切"是网络故障诊断和排除的基本思路。网络故障现象形形色色,几乎没有任何一种单一的检测方法或工具可以诊断出所有网络问题,分层法、分段法、替换法是网络故障诊断与排除最常用的三种方法。根据网络故障的分类,检测故障的工具可分为软件工具和硬件工具两种。软件工具主要是操作系统自带的诊断工具,例如 ping、ipconfig、netstat、nbtstat、tracert、arp、nslookup 命令等,硬件工具主要有网络测线仪、数字万用表、网络测试仪、时域反射仪、协议分析仪和网络万用仪等。学会使用这些工具,有助于快速准确地诊断故障,尽快排除网络故障。

小试牛刀

　　在实训室,由教师设置连通性故障和软件性故障,造成学生的机器无法访问Internet的问题,然后请同学诊断并排除该网络故障。

项目 9

网络管理与网络安全

 项目描述

项目背景

某公司网络规模不断扩大,网络结构的复杂性不断增强,必须提升其网络管理水平,以确保网络稳定、可靠和安全运行。

项目目标

通过简单网络管理协议(Simple Network Management Protocol,SNMP)服务、网络扫描、防火墙安装和使用等方法和手段,及时进行网络管理、网络维护、网络处理,保证网络正常运行,提高网络性能,确保网络数据的可用性、完整性和保密性。

任务 1 安装、配置与测试 SNMP 服务

➡ 任务描述

在安装了 Windows 操作系统的计算机上安装、配置 SNMP 服务,实现 SNMP 网络管理;用主机名和 IP 地址识别管理工作站(报告和接受);处理来自 SNMP 管理系统的状态信息请求;在发现陷阱时,将陷阱报告给一个或多个管理工作站。

➡ 任务目标

通过安装、配置 SNMP 服务,在网络的另一台计算机上创建网络管理工作站,实现 SNMP 网络管理。

工作过程

1. 安装 SNMP 服务

(1)选择"开始"→"控制面板"→"添加/删除程序"→"添加/删除 Windows 组件"命令,弹出如图 9-1 所示的"Windows 组件向导"对话框。

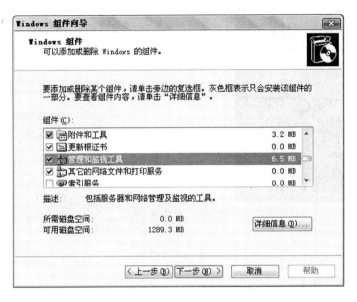

图 9-1 Windows 组件向导

(2)选择"管理和监视工具",单击"详细信息"按钮,在弹出的对话框中选择"简单网络管理协议(SNMP)",如图 9-2 所示。

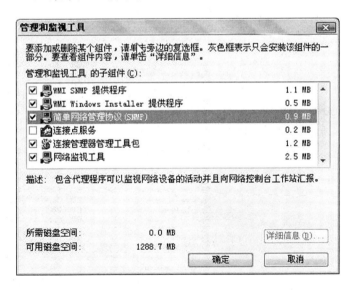

图 9-2 管理和监视工具

(3)单击"确定"按钮,返回"Windows 组件向导"对话框,单击"下一步"按钮,直至安装完成,如图 9-3 所示。

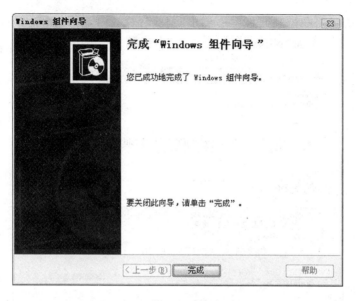

图 9-3　Windows 组件向导安装完成

2. 配置 SNMP 服务

(1)选择"开始"→"控制面板"→"管理工具"→"服务"命令,弹出如图 9-4 所示的窗口,可以看到 SNMP Service 和 SNMP Trap Service 两个服务都已经安装并启动了。

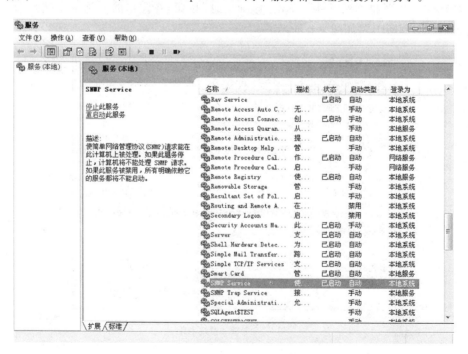

图 9-4　服务

（2）选择"SNMP Service"并单击鼠标右键，在弹出的快捷菜单中单击"属性"，弹出如图 9-5 所示的"SNMP Service 的属性（本地计算机）"对话框。

图 9-5　"SNMP Service 的属性（本地计算机）"对话框

（3）在"代理"选项卡中设置"联系人"和"位置"，如图 9-6 所示。

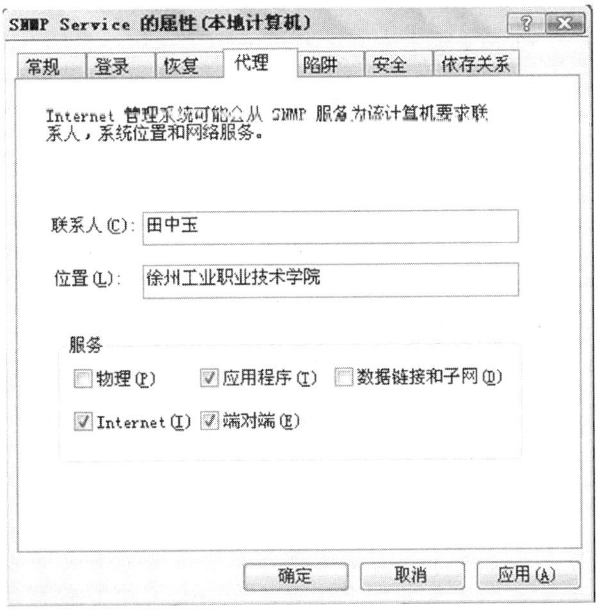

图 9-6　"代理"选项卡

（4）在"陷阱"选项卡中，设置"团体名称"为"public"，如图 9-7 所示。

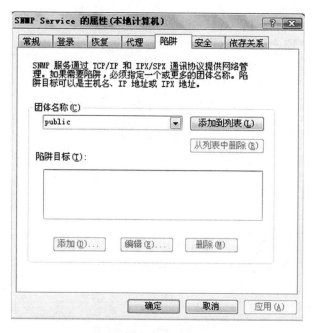

图 9-7　"陷阱"选项卡

（5）单击"添加到列表"按钮，则"陷阱目标"中的"添加"按钮变亮。单击"添加"按钮，弹出"SNMP 服务配置"对话框，填入陷阱目标的 IP 地址，即网管工作站的 IP 地址，单击"添加"按钮，如图 9-8 所示。

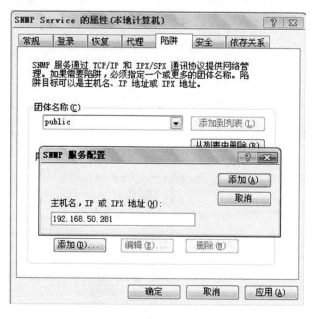

图 9-8　SNMP 服务配置（1）

(6)切换到"安全"选项卡,在"接受团体名称"中,单击"添加"按钮,在弹出的对话框中设置"团体权限"与"团体名称",如图9-9所示。

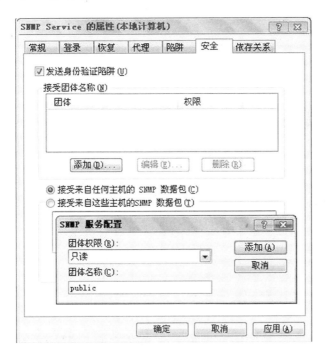

图9-9　SNMP服务配置(2)

(7)单击"添加"按钮,返回"SNMP Service 的属性(本地计算机)"对话框,选择"接受来自任何主机的 SNMP 数据包",并单击"确定"按钮,则 SNMP 服务配置完成。

3.测试 SNMP 服务

在安装好 SNMP 服务之后,可以在网络的另一台计算机上创建网络管理工作站,实现 SNMP 网络管理。基于 SNMP 的网络管理软件很多,要测试 SNMP 服务是否实现并查看管理信息库(Management Information Base,MIB)对象的值,最简单的方法是使用 MIB Browser。MIB Browser 以树型结构浏览 SNMP MIB 变量的层次,并且可以浏览关于每个节点的额外信息;同时也可以编译标准的和私人的 MIB 文件,并且浏览多个在 SNMP 代理中可以使用的数据。具体操作步骤是:

(1)从 Internet 下载 MIB Browser 工具包。

(2)双击"MIB Browser. exe"运行 MIB Browser,在 MIB 树型结构中选择要查看的 MIB 对象值,单击鼠标右键,在弹出的快捷菜单中选择要进行的操作(如"Get value"),如图9-10所示。

(3)在弹出的"SNMP GET"对话框中的"Agent(addr)"文本框中输入要查看的管理代理所在设备的 IP 地址,在"Community"文本框中输入管理代理所在的团体名,

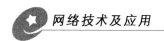

如图 9-11 所示,单击"Get"按钮,可以在"Value:"文本框中看到要查看的相应 MIB 对象的值。

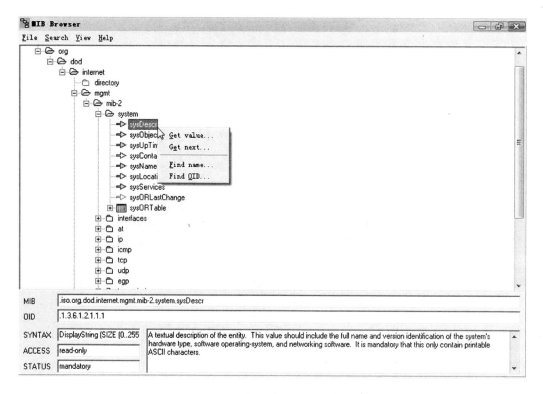

图 9-10 "MIB Browser"主对话框

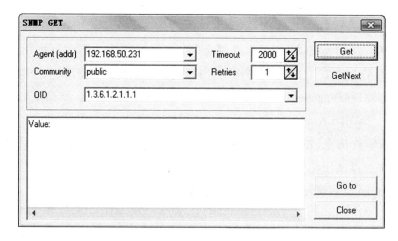

图 9-11 "SNMP GET"对话框

任务2 使用网络扫描工具

⇨ 任务描述

Shadow Security Scanner(SSS 扫描器)是一个功能强大的漏洞扫描工具,包括普通漏洞扫描、拒绝服务(DoS)扫描、自定义漏洞扫描(Base SDK)。本任务要求使用 SSS 扫描器扫描主机漏洞,并进行拒绝服务(DoS)扫描。

⇨ 任务目标

使用 SSS 扫描器进行主机漏洞扫描和 DoS 扫描,以提高网络安全性。

图 9-12 工具功能界面

⇨ 工作过程

(1)下载并安装 SSS 扫描器软件。

(2)启动 SSS 扫描器,弹出"Shadow Security Scanner"主对话框,单击工具栏中的"Tools"菜单,弹出如图 9-12 所示的工具功能界面。

(3)选择"Tools"→"Options"命令,弹出选项对话框,设置扫描线程数、扫描模式等,单击"Ok"按钮,如图 9-13 所示。

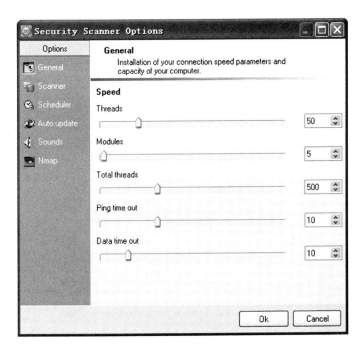

图 9-13 "Security Scanner Options"对话框

（4）单击"Security Scanner Options"主对话框左侧的"Scanner"按钮，在弹出的对话框中指定漏洞扫描策略，选择"Complete Scan"（也可以编辑扫描策略），如图9-14所示。

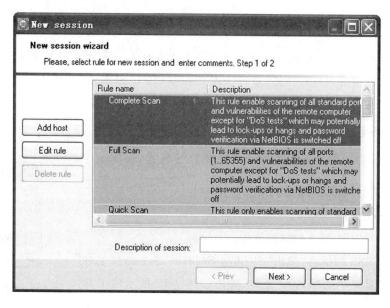

图9-14　指定漏洞扫描策略

（5）单击"Next"按钮，指定需要监测网络的范围，如图9-15所示。

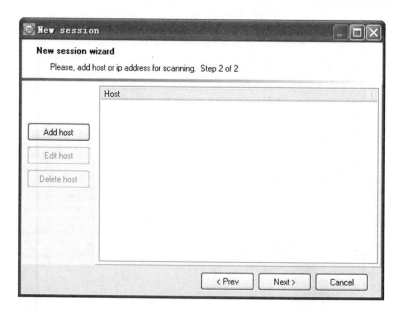

图9-15　指定需要监测网络的范围

（6）单击"Add host"按钮，弹出"Add host"对话框，输入主机IP地址、主机IP地址起止范围,也可直接从文本文件中导入需要监测的网络范围,如图9-16所示。

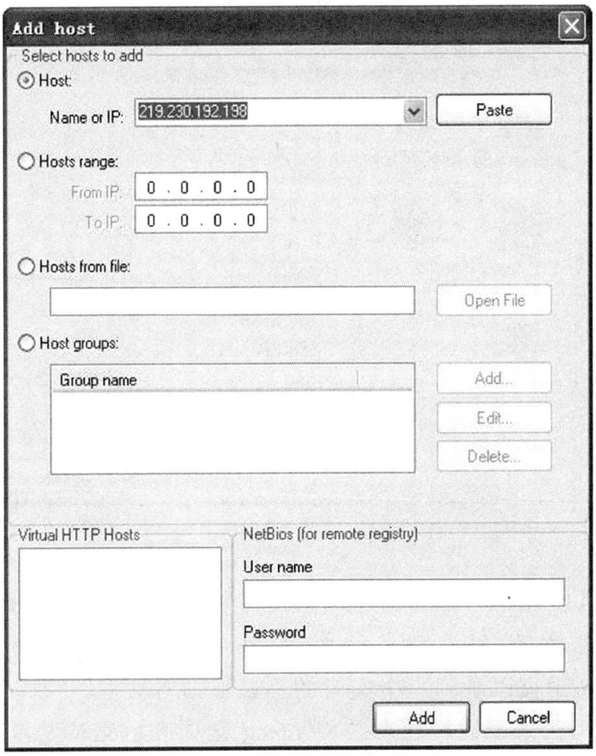

图 9-16 "Add host"对话框

(7)单击"Add"按钮,即完成扫描参数设置。

(8)返回主界面,在刚增加的需要扫描的主机处单击鼠标右键,在弹出的快捷菜单中选择"Start scan"命令,开始扫描,在主界面下方的状态栏中显示扫描进度、线程以及总共需要检测的任务数。

(9)扫描结束后,显示扫描结果:指定主机 IP 地址、主机名、开放的端口、提供的服务、共享的资源、用户以及存在的漏洞等信息,从中可以发现漏洞及其描述信息,如何修复该漏洞以及该漏洞的危险级别等信息。

图 9-17 快捷菜单

(10)单击工具栏中的"Reports"按钮,可以将刚才扫描的结果以文本报告方式保存。

(11)用户还可以直接重新扫描。在需要扫描的主机上单击鼠标右键,然后在弹出的快捷菜单中选择"Rescanning"即可,如图9-17所示。

(12)单击"Security Scanner Options"主对话框左侧"DoS Checker"按钮,弹出"DoS Checker 1.03"对话框,如图9-18所示。

255

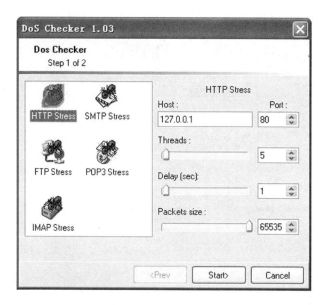

图 9-18 "DoS Checker 1.03"对话框

(13)单击"HTTP Stress"(HTTP 压力测试)图标,输入主机 IP 地址,并设置扫描线程、数据包大小等参数后,单击"Start"按钮,开始 DoS 攻击,如图 9-19 所示为 DoS Checker 的结果。从中可以看到一个实时的测试反馈对话框,"Server Status"选项表示服务器被测试的端口正处于运行状态,"Request"选项表示测试发包的数量。通过以上模拟 DoS 攻击,可以测试 Web 服务器的稳定性。

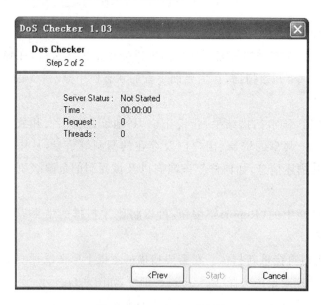

图 9-19 DoS Checker 的结果

任务3 安装与使用防火墙

⇨ 任务描述

安装和配置瑞星个人防火墙的具体要求包括：在"IP规则设置"中，放行与VPN有关的所有IP包，禁止BT下载的所有IP包，禁止ping入收到的IP包；在"端口开关"中禁止远程打印服务；在"IP包黑白名单设置"中，将IP地址为192.178.66.30～192.178.66.80的计算机列入黑名单，禁止访问本机；恶意网址拦截，在"IP包黑白名单设置"中，将"www.google.com"列入黑名单，在"防御范围"中，对本机所在网络的网关IP地址进行防御，在"编辑ARP规则"中，对本机IP地址进行防御；网络攻击拦截，在"网络攻击拦截"中，将自动屏蔽攻击来源时间设置为15分钟。

⇨ 任务目标

安装瑞星个人防火墙，通过选择适当的安全策略和规则配置，实现增强网络安全性的目的。

⇨ 工作过程

（1）下载瑞星个人防火墙软件，根据安装向导要求进行安装，直至安装完成。

（2）启动瑞星个人防火墙软件，其主窗口如图9-20所示。

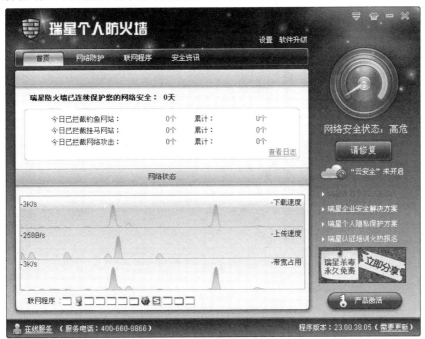

图9-20 瑞星个人防火墙主窗口

（3）单击"设置"命令，弹出"瑞星个人防火墙设置"对话框，如图9-21所示进行设置。

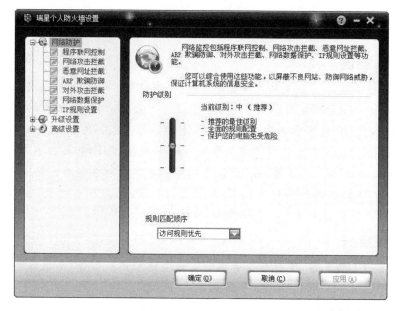

图 9-21　瑞星个人防火墙设置

（4）进行 IP 包过滤：在"IP 规则设置"中，放行与 VPN 有关的所有 IP 包，禁止 BT 下载的所有 IP 包，禁止 ping 入收到的 IP 包，如图 9-22 所示。

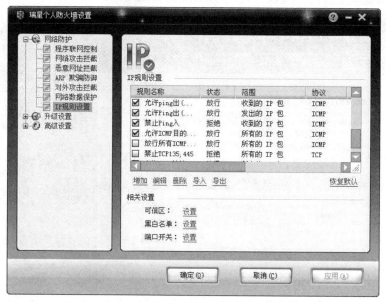

图 9-22　IP 规则设置

（5）进行端口开关设置：点击"端口开关"后面的"设置"，在弹出的"增加端口开关"对话框中，禁止远程打印服务，如图 9-23 所示。

（6）进行 IP 包黑白名单设置：在"IP 包黑白名单设置"对话框中，将 IP 地址为 192.178.66.30～192.178.66.80 的计算机列入白名单，禁止其访问本机，如图 9-24 所示。

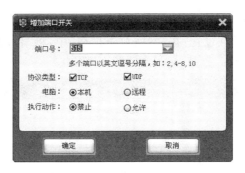

图 9-23　端口开关设置

图 9-24　IP 包黑白名单设置

(7)进行恶意网址拦截设置：在"IP 包黑白名单设置"对话框中，将"www. google. com"列入黑名单，如图 9-25 所示。

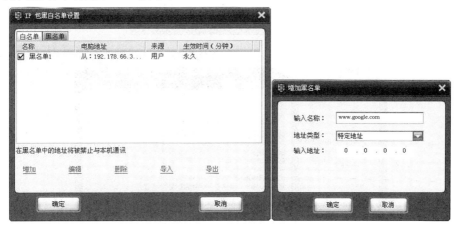

图 9-25　网站黑名单设置

(8)进行 ARP 欺骗防御设置：在"防御范围"中，对本机所在网络的网关 IP 地址进行防御，如图 9-26 所示。

(9)进行 ARP 欺骗防御设置：在"编辑 ARP 规则"对话框中，对本机 IP 地址进行防御,如图 9-27 所示。

(10)进行网络攻击拦截设置:在"网络攻击拦截"中,将"自动屏蔽攻击来源"设置为"15"分钟,如图 9-28 所示。

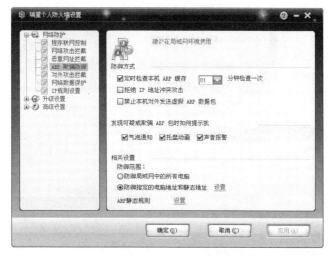

图 9-26 ARP 欺骗防御设置

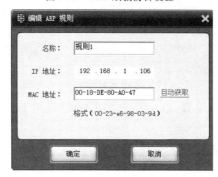

图 9-27 ARP 静态规则设置

图 9-28 网络攻击拦截设置

➡ 相关知识

一、网络管理

随着计算机网络规模的不断扩大,其复杂性不断增加,网络的异构性越来越高。一个网络往往由若干大小不同的子网组成,各子网采用的网络体系结构、网络操作系统平台、网络设备和通信设备都存在很大差异。同时,网络中还有各种各样的网络软件提供各种服务。随着用户对网络的性能要求越来越高,如果没有一个高效的网络管理系统,就很难向网络用户提供满意的服务。因此,为了保证网络的畅通,迫切需要一个能对网络实行自动监测、控制和管理的网络管理平台。网络管理是计算机网络发展中的关键技术,网络管理的质量直接影响网络的运行效率。

1. 网络管理概述

网络管理是指对网络的运行状态进行监测、组织和控制,使其能够持续、正常、稳定、安全、高效、经济地提供服务。其目标是使网络中的各种资源得到有效的利用,保证网络的持续正常运行,当网络出现故障时能及时响应和排除故障。

网络管理的核心是对网络资源的管理。网络资源包括网络中的硬件、软件以及所提供的服务等。

(1)网络管理的历史和发展趋势

网络管理是伴随着1969年世界上第一个计算机网络阿帕网(Arpanet)的产生而产生的。在TCP/IP技术早期,网络管理问题并未得到重视,直到20世纪70年代,还一直没有网络管理协议,只有TCP/IP协议簇的子协议Internet控制消息协议(ICMP),它是当时网络管理所使用的主要协议。与IP报头结合,ICMP消息可用来开发一些简单有效的管理工具,例如广泛应用的ping。随着网络的发展,ping功能已经不能满足网络管理的需求。1987年11月发布的简单网关监控协议(SGMP)成为第一个专门为网络管理提出的协议,该协议提出了直接监控网关的方法,之后逐步产生了三个网络管理协议:高层实体管理系统(HEMS)、简单网络管理协议(SNMP)、公共管理信息协议(CMIP)。

目前,SNMP已成为网络管理领域中的行业标准,并被广泛支持和应用。大多数网络管理系统和平台都是基于SNMP的。

随着网络技术的不断发展,管理系统也必须能够提供动态的支持服务。它必须提供足够的灵活性以管理网络的空前发展;它必须提高服务质量和市场化速度,同时降低运营成本;它必须能够管理智能网络中的各种网络元素和应用服务器。因此,智能化、综合化和标准化是未来网络管理的发展趋势。

(2)网络管理系统的组成

一个典型的网络管理系统主要由网络管理员、管理代理、管理信息库和被管资源组成。

①网络管理员(Manager)。定期查询管理代理采集到的被管资源的有关信息,例如系统配置信息、运行状态信息和网络性能信息等。网络管理员利用这些信息来判断整个网络、网络中的独立设备以及局部网络的运行状态是否正常,它是整个网络系统的核心。

②管理代理（Agent）。网络设备的管理代理简称管理代理，它是驻留在网络设备（网络计算机、网络打印机、路由器、交换机等）上的一种特殊软件（或硬件）。管理代理可以把网络管理员发出的命令按照标准的网络格式进行转化，收集网络设备的运行状况、设备特性、系统配置等相关信息，之后返回正确的响应。在某些情况下，网络管理员也可以通过设置某个 MIB 对象来命令系统进行某种操作。

③管理信息库（MIB）。管理信息的集合称为管理信息库，它存储在被管设备上，由多个（可达数千个）对象的各种数据信息组成，例如设备的配置信息、数据通信的统计信息、安全性信息和设备特有信息。网络管理员可以通过直接控制这些数据对象去控制、配置或监控网络设备。目前有几种 MIB 可以支持简单网络管理协议，使用最广泛、最通用的 MIB 是 MIB-Ⅱ。为了利用不同的网络组件和技术，又开发了一些其他种类的 MIB，它们在 RFC 中有所记录。

④被管资源。网络中所有可被管理的网络设备，例如主机、工作站、文件服务器、打印服务器、终端服务器、路由器、交换器、集线器、网卡、网桥、中继器等，都属于被管资源。

（3）网络管理模式

国际上的网络管理模式可以分为集中式网络管理、分布式网络管理、集中式与分布式管理模式的结合三种类型，这三种类型各有其优缺点。

①集中式网络管理。集中式网络管理是指所有管理代理在网络管理器的监视和控制下，协同工作以实现集成的网络管理。全网所有需要管理的数据均存储在一个集中的数据库中。这种系统的优点是将网络管理系统置于高度集中、易于全面做出决断的最佳位置，易于管理、维护和扩容，网络升级时仅需要处理这一点即可。它的缺点是一旦出现故障，将导致全网瘫痪。同时，建设网络管理系统的链路承载的业务量很大，有时将超出负荷能力。采用这类管理方式的系统有 HP 公司的 OpenView、Cabletron 公司的 Spectrum 和 Sun 公司的 NetManager 等。

②分布式网络管理。将信息管理和智能判断分布到网络各处，将数据采集、监视以及管理分散开来，它可以从网络上的所有数据源采集数据而不必考虑网络的拓扑结构。

③集中式与分布式管理模式的结合。部分集中、部分分布。处理能力较强的中、小型计算机节点仍按分布式管理模式配置，它们之间相互协同配合以保证网络的基本运行。同时，在网络中设置了专门的网络管理节点，重点管理专用网络设备，同时也对全网的运行进行监控。

2. 网络管理的功能

网络管理的目的是协调、保持网络系统的高效、可靠运行。当网络出现故障时，能及时报告和处理，国际标准化组织（ISO）建议网络管理应包含以下基本功能：故障管理、计费管理、配置管理、性能管理和安全管理。

（1）故障管理（Fault Management）

故障管理是网络管理中最基本的功能之一，是指系统出现异常情况时的管理操作，简单地说，就是尽可能快地找出故障发生的确切位置并进行恢复。其目标是自动监测、记录网络故障并通知用户，以确保网络有效运行。故障管理包括故障诊断、故障隔离和

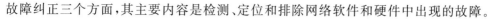

故障纠正三个方面,其主要内容是检测、定位和排除网络软件和硬件中出现的故障。

故障管理系统通常包括以下基本功能模块:

①检测故障模块。通过收集管理对象的有关数据来确定故障位置和性质。对网络组成部件状态的监测是网络故障检测的依据。

②隔离故障模块。将网络其他部分与故障部分隔离,以确保网络其他部分能不受干扰地继续运行。可以通过诊断、测试来辨别故障根源,对根源故障进行隔离。

③故障修复模块。不严重的简单故障或偶然出现的错误通常由网络设备通过本身具有的故障检测、诊断和恢复措施予以解决,而严重一些的故障则需要发出报警信息。网络管理器必须具备快速和可靠的故障监测、诊断和恢复能力。

④故障记录模块。记录故障的检测过程及其结果。

(2)计费管理(Accounting Management)

计费管理负责记录网络资源的使用情况,以便控制和监测网络操作的费用和代价。计费管理对一些公共商业网络尤为重要,它可以估算出用户使用网络资源可能需要的费用和代价以及已经使用的资源情况。网络管理员还可以规定用户可使用的最大费用,从而控制用户不会过度占用和使用网络资源。为了实现合理计费,计费管理必须和性能管理相结合。

计费管理包括以下主要功能:

①计算网络建设及运营成本。主要成本包括网络设备成本、网络服务成本、人工费用等。

②统计网络及其所包含的资源的利用率。为确定各种业务在不同时间段的计费标准提供依据。

③联机收集计费数据。根据采集的拨号数据统计通信线路的使用次数、传送的信息量等,并把这些数据存储在用户账户中,以供用户查询、核算、统计之用。

④计算用户应支付的网络服务费用。

⑤账单管理。保存收费账单及必要的原始数据,以备用户查询和置疑。

(3)配置管理(Configuration Management)

配置管理就是定义、收集、监测和管理系统的配置参数,其目标是为了实现特定的网络功能或使网络的性能达到最优。配置管理的目的在于随时了解系统网络的拓扑结构以及所交换的信息。

配置管理的功能包括:识别被管理网络的拓扑结构;监视网络设备的运行状态和参数;自动修改指定设备的配置;动态维护网络配置数据库;根据请求向网管中心反馈特定的数据等。

(4)性能管理(Performance Management)

性能管理的主要内容是收集和统计数据(如网络的吞吐量、用户的响应时间和线路的利用率等),以便评价网络资源的运行状况和通信效率等系统性能,平衡系统之间的负载。性能管理的目的是,在使用最少的网络资源和具有最小延迟的前提下,确保网络能提供可靠、连续的通信能力,并使网络资源的使用达到最优化的程度。网络性能管理的目标是通过对系统有关性能参数的实时监控、调整和优化管理,使系统不仅有较高的应用服务质量,也能有合理的系统资源利用率。性能管理的结果可能会触发某个诊断测试过程,或者引起网络重新配置以维持网络预定的性能。

性能管理的主要功能有:

①收集和统计被管对象的各种性能参数。

②对当前数据进行统计分析,检测性能故障,产生性能报警,报告与性能有关的事件。

③比较当前数据与历史模型,预测发展趋势。

④形成和改进网络性能评价的规则和模型。

(5)安全管理(Security Management)

安全管理是指按照本地的要求来控制对网络资源的访问,以保证网络不被侵害(有意识的或无意识的),并保证重要信息不能被未授权用户访问。其主要内容是对网络资源和信息访问进行约束和控制,包括验证和控制网络用户的访问权限和优先级,同时还应检测和记录未经授权的用户对网络实施的非正常企图和操作。

3.简单网络管理协议

协议是指一套保证数据传送和接收的规则,网络管理系统中最重要的部分就是网络协议,它定义了网络管理器与管理代理之间的通信方法。目前最有影响的网络管理协议有两个:一个是简单网络管理协议,另一个是公共管理信息服务/公共管理信息协议(CMIS/CMIP)。

ISO早在提出OSI/RM的同时,就提出了网络管理标准的框架,并制定了基于开放系统互联参考模型的CMIS/CMIP。然而由于种种原因,符合OSI网络管理标准的可供使用的产品几乎没有。后来,Internet工程任务组(IETF)为了管理以几何级数增长的Internet,决定采用基于OSI的CMIP协议作为Internet的管理协议,并对它做了修改,修改后的协议被称为CMOT。但由于CMOT迟迟未能出台,所以IETF决定把已有的SGMP进一步修改后作为临时解决方案,这个在SGMP基础上开发的解决方案就是SNMP,也称SNMPv1。

SNMP最大的优点就是简单,比较容易在大型网络中实现且成本低,即使在被管资源发生严重错误时,也不会影响网络管理员的正常工作。这体现了实现网络管理系统功能的一个重要准则,即网络管理功能的实现对网络正常功能的影响要越小越好。它的另一个优点是可扩展性,SNMP可管理绝大部分符合Internet标准的设备,通过定义新的被管资源,可以非常方便地扩展管理能力。

近年来,SNMP发展很快,并得到了众多网络产品生产厂家的广泛支持,已逐步成为事实上的网络管理行业标准。支持SNMP的产品中最常用的是IBM公司的NetView、Cabletron公司的Spectrum和HP公司的OpenView。除此之外,许多其他生产网络通信设备的厂家,例如Cisco、Crosscomm、Proteon、Hughes等也都提供基于SNMP的实现方案。相对于OSI标准,SNMP简单而实用。

如同TCP/IP协议簇的其他协议一样,最初的SNMP没有考虑安全问题,为此许多用户和厂商提出了修改 SNMPv1、增加安全模块的要求。IETF 也在 1992 年开始了 SNMPv2 的开发工作。它当时宣布计划中的 SNMPv2 将在提高安全性和更有效地传递管理信息方面加以改进,具体包括提供验证、加密和时间同步机制以及 GetBulk 操作并提供一次取回大量数据的能力等。不过,由于种种原因,只形成了现在的 SNMPv2 草案标准。1997 年 4 月,IETF 成立了 SNMPv3 工作组。SNMPv3 的重点是提供安全、可管理的体系结构和远程配置。目前 SNMPv3 已经是 IETF 提议的标准,并得到了供应商们的强有力支持。

由于 SNMP 首先是 IETF 的工作组为了解决在 Internet 上的路由器管理问题提出的,所以许多人认为 SNMP 在 IP 上运行的原因是 Internet 使用的是 TCP/IP 协议,但事实上,SNMP 是被设计成与协议无关的。因此,它可以在 IP、IPX、AppleTalk、OSI 以及其他传输协议上使用。

SNMP 是由一系列协议和规范组成的,它们提供了一种从网络上的设备中收集网络管理信息的方法。从被管设备中收集数据有两种方法:一种是轮询方法,另一种是基于中断的方法。SNMP 使用嵌入网络设备中的管理代理来收集网络的通信信息和有关网络设备的统计数据。管理代理不断地收集统计数据,并把这些数据记录到 MIB 中。网络管理器是通过向代理的 MIB 发出查询信号得到这些信息的,这个过程称为轮询。轮询方法的缺点在于信息的实时性,尤其是错误的实时性。多久轮询一次、轮询时选择什么样的设备顺序都会对轮询的结果产生影响。轮询的间隔太小,会产生太多不必要的通信量;若间隔太大,而且轮询时顺序不对,那么关于一些大的灾难性事件的通知又会太慢,这就违背了积极主动的网络管理目的。与之相比,当有异常事件发生时,基于中断的方法可以立即通知网络管理工作站,实时性很强。但这种方法也有缺点。产生错误或自陷需要系统资源,如果自陷必须转发大量的信息,那么被管理设备可能不得不消耗更多的事件和系统资源来产生自陷,这将会影响到网络管理的主要功能。

SNMP 设计为一种基于用户数据报协议 UDP 的应用层协议,是一种无连接协议,它采取客户/服务器模式。客户进程在网络管理站上运行,称为管理员(Manager)。服务器进程在网络被管设备上运行,称为管理代理(Agent)。SNMP 利用 UDP 的两个端口(161 和 162)实现管理员和管理代理之间的管理信息交换。UDP 端口 161 用于数据收发,UDP 端口 162 用于代理报警(发送 Trap 报文)。每一个支持 SNMP 的网络设备中都包含一个管理代理,该代理随时记录网络设备的各种情况,管理员再通过 SNMP 通信协议查询或修改代理所记录的信息。从狭义上说,SNMP 是指 Manager 和 Agent 之间的通信协议;从广义上说,SNMP 是组成网络管理系统的框架和基本协议的统称。

SNMP 的工作方式十分简单:管理代理不断地收集统计数据,并把这些数据记录到 MIB 的数据结构中,每隔一段时间,管理员通过轮询所有代理来了解某些关键信息,一旦了解到了这些信息,管理员可以不再进行轮询。同时,每个代理负责向管理员通知可能出现的异常事件,这些事件通过 SNMP Trap 传递消息。例如,直接轮询报告该事件的代理或同时轮询与该代理邻近的一些代理,以便取得更多有关该意外事件的特定信息。由 SNMP Trap 导致的轮询有助于节省大量网络带宽,降低代理的响应时间,尤其是管理站不需要的管理信息不必通过网络传递,代理也可以不用频繁响应无关请求。

SNMP 的报文总是源自每个应用实体的,其报文中包括该应用实体所在的共同体的名称。共同体名称是在管理进程和管理代理之间交换管理信息报文时使用的。管理信息报文中包括以下两部分内容:

(1)共同体

共同体即共同体名称+发送方的一些标志信息(附加信息),用以验证发送方确实是共同体中的成员,实际上就是用来实现管理应用实体的身份鉴别。

(2)数据

数据是指两个管理应用实体之间真正需要交换的信息。

在第 3 版前的 SNMP 中只实现了简单的身份鉴别,接收方仅凭共同体名称来判定收发双方是否在同一个共同体中,而前面提到的附加信息尚未应用。接收方在验明发送报文的管理代理或管理进程的身份后要对其访问权限进行检查。

SNMP 在其 MIB 中采用了树状命名方法对每个管理对象实例命名。每个对象实例的名称都由对象类名称加上一个后缀构成且不会相互重复。SNMP 在共同体的管辖范围内使用 get-next 操作符,依次从一个对象找到下一个对象。

4.典型的网络管理软件

网络管理技术是伴随着计算机、网络和通信技术的发展而发展的,它可分为:对网路的管理,即针对交换机、路由器等主干网络进行管理;对接入设备的管理,即对内部计算机、服务器、交换机等进行管理;对行为的管理,即针对用户的使用进行管理;对资产的管理,即统计 IT 软、硬件的信息等。根据网络管理软件的发展历史,可以将网络管理软件划分为三代:

第一代网络管理软件就是最常用的命令行方式,并结合一些简单的网络监测工具。它不仅要求使用者精通网络的原理及概念,还要求使用者了解不同厂商的不同网络设备的配置方法。

第二代网络管理软件有着良好的图形化对话框。用户无须过多了解设备的配置方法,就能对多台设备同时进行配置和监控,大大提高了工作效率。但仍然存在由于人为因素造成的设备功能使用不全面或不正确的问题,从而容易引发误操作。

第三代网络管理软件相对来说比较智能,是真正将网络和管理进行有机结合的软件系统,具有自动配置和自动调整功能。对网络管理人员来说,只要把用户情况、设备情况以及用户与网络资源之间的分配关系输入网络管理系统,系统就能自动地建立图形化的人员与网络的配置关系,并自动鉴别用户身份,分配用户所需的资源(如电子邮件、Web、文档服务等)。目前,典型的网络管理软件有:

(1)UnicenterTNG

CA 公司的 UnicenterTNG 不仅可以管理复杂的 Web 网络、操作系统、桌面系统、应用程序和数据库,还可以管理非信息技术设备,例如,POS 机、自动柜员机(ATM)、制造设备、环境设备、医院设备和电源线等,从而能够提供真正的端到端的企业管理。

用户通过 UnicenterTNG 可以实现的功能和特性包括:Web 服务器管理、改进服务水平、全面的企业安全管理、实现网络智能化、简化桌面系统和服务器管理、将可管理性用于应用等。目前该产品主要应用在电力、政府、制造业、汽车、邮政、电信、金融、保险等领域。

（2）OpenView

HP 公司是最早开发网络管理产品的厂商之一，其 OpenView 集成了网络管理和系统管理各自的优点，形成一个单一而完整的管理系统。OpenView 解决方案实现了网络运作从被动无序到主动控制的过渡，使 IT 部门及时了解整个网络当前的真实状况，实现主动控制，而且 OpenView 解决方案的预防式管理工具——临界值设定与趋势分析报表，可以让 IT 部门采取更具预防性的措施管理网络的健全状态。OpenView 系列产品可提供统一管理平台、全面的服务和资产管理、网络安全、服务质量保障、故障自动监测和处理、设备搜索、网络存储、智能代理、Internet 环境的开放式服务等丰富的功能特性。目前该产品主要应用在金融、电信、交通、政府、公用事业、制造业等领域。

（3）Transcend

Transcend 应用软件通过图形界面把各种管理功能集成于 Smart Agent 管理代理软件、3Com 网络管理产品中，可以使用户迅速确定应及时处理的工作或根据预定标准去自动处理相应的任务。Transcend 对所有应用软件和网络设备类型都提供同样的对话框，因而管理信息的比较和分析大为简化。目前该产品主要应用在政府、服务业、教育、邮政、电信、金融、保险、医院等领域。

二、网络安全

随着 Internet 的发展，网络在为社会和人们的生活带来极大便利和巨大利益的同时，网络犯罪的数量也与日俱增，许多企业和个人也因此而遭受了巨大的经济损失。

一连串的网络非法入侵改变了中国网络安全犯罪空白的历史。据公安部的资料介绍，1998 年中国共破获电脑黑客案件近百起，利用计算机网络进行的各类违法行为在中国正以每年 30% 的速度递增。黑客的攻击方法已超过计算机病毒的种类，总数达近千种。目前已发现的黑客攻击案约占总数的 15%，多数事件由于没有造成严重危害或商家不愿透露而未被曝光。有媒介报道，中国 95% 的与 Internet 相连的网络管理中心都遭到过黑客的攻击或侵入，其中银行、金融和证券机构是黑客攻击的重点。针对银行、证券等金融领域的黑客犯罪案件总涉案金额已高达数亿元，针对其他行业的黑客犯罪案件也时有发生。近年来公安机关受理的黑客攻击破坏案件数量每年增长均超过 80%，严重危害了国家信息网络安全。

面对日益严重的危害计算机网络的种种威胁，人们认识到必须采取有效措施来保证计算机网络的安全性。于是，世界各国纷纷颁布了计算机网络的安全管理措施和规定，我国也颁布了《计算机网络国际互联网安全管理办法》，用来制止网络污染，阻止危害国家安全、泄露国家机密、侵犯国家和他人利益的行为发生。

1. 网络安全概述

网络安全是指网络系统的软件（如操作系统、数据库系统、应用软件和开发工具）、硬件（如服务器、交换机、路由器、集线器、防火墙和存储设备）及其系统中的数据受到保护，不因偶然的或者恶意的原因而遭到破坏、更改、泄密,并保证系统连续、可靠、正常地运行,网络服务不中断。从技术角度看,网络安全是一个涉及计算机科学、网络技术、通信技术、密码技术、信息安全技术、应用数学、信息论等多种学科的边缘性综合学科。广义来说,凡是涉及网络上信息的保密性、完整性、可用性、真实性、实用性和占有性的相关技术和理论都是网络安全的研究领域。网络安全威胁主要包括以下几种类型:

(1)故意攻击

危害 Internet 安全的主要有三种人:黑客(Hacker)、骇客(Cracker)和不遵守规则者(Vandal)。Hacker 源于英文单词 Hack,意为劈、砍,引申为喜欢探索软件程序奥秘,并从中增长了其个人才干的人。一般认为,黑客起源于 20 世纪 50 年代麻省理工学院的实验室中,他们精力充沛,热衷于解决难题。自 20 世纪 60 年代起,黑客一词极富褒义,从事黑客活动意味着对计算机的最大潜力进行智力上的自由探索。现在黑客使用的侵入计算机系统的基本技巧,例如破解口令、开天窗(Trap Door)、走后门(Back Door)、安放特洛伊木马等,都是在这一时期发明的。到了 20 世纪 80 年代,黑客一词有了新的寓意,一部分黑客专门利用网络漏洞破坏网络,这部分人被称为骇客。他们以非法手段侵入他人系统,窃得对数据的使用权,删除、修改、插入或重发某些重要信息,恶意添加、修改数据,以干扰用户正常使用网络。与黑客不同的是,骇客以破坏为目的。不遵守规则者介于黑客与骇客之间,他们企图访问不允许访问的系统,这种人可能仅仅是到网上浏览一下或者查找一些资料,也可能想盗用别人的计算机资源。

(2)无意危害

无意危害包括操作失误、失职、自然灾害等。例如雷击、软硬件故障、线路拆除、丢失口令、非法操作、资源访问控制不合理、管理员安全配置不当、疏忽大意允许不应进入网络的人登录、用户安全意识不强、密码选择不当、用户与他人共享账号等都会对网络安全构成威胁。

(3)计算机病毒感染

从蠕虫病毒开始到 CIH、爱虫病毒,计算机病毒一直是计算机系统安全最直接的威胁,网络更是为计算机病毒提供了迅速传播的途径。计算机病毒可以很容易地通过代理服务器以软件下载、邮件接收等方式进入网络,然后对网络进行攻击,造成很大的损失。

(4)系统漏洞

操作系统及网络软件不可能是百分之百无缺陷、无漏洞的。此外,编程人员常常为自便而在软件中留有后门,一旦该漏洞及后门为外人所知,就会成为整个网络系统受攻击的首选目标和薄弱环节。大部分黑客入侵网络事件就是由系统漏洞和后门所造成的。

(5)信息泄露或丢失

隐私和机密资料在存储或传输中都有可能被有意或无意地泄露或者丢失。

(6)有害信息的侵入

在网上传播一些不健康的黄色或封建迷信内容,进行网上欺诈,发布虚假信息,发送垃圾邮件以及在网上发表不负责任的消息。

（7）恶意网站设置的陷阱

有些网站恶意编制一些盗取他人信息的软件，只要用户登录就会被其控制，该软件会长期存储在用户的计算机中，操作者并不知情。

（8）网络内部工作人员

网络内部工作人员的误操作、资源滥用和恶意行为也有可能对网络安全造成巨大的威胁。

（9）信息战的威胁

间谍活动是由竞争对手或他国政府资助的、正规的、高投入的活动，主要是窃取或者毁坏对方的政治、军事、商业秘密以及专利技术等，能够瓦解企业或组织的服务功能。这种入侵在 Internet 上比较多，主要采用拒绝服务并恶意攻击的方式，它并不能直接获得数据的访问权，但能让企业提供的服务不正确，或者企业根本无法提供服务。

2.网络安全的要求

（1）安全性

安全性包括内部安全和外部安全。内部安全是指在计算机和网络系统及相关设施上，利用软、硬件等技术实现的保护，包括对用户进行身份认证、防止非授权用户访问系统、对用户的行为进行实时监控和审计、对入侵的用户进行跟踪等。外部安全是指对硬件设施实施保护，加强系统的物理安全，防止非授权用户直接访问系统；保证人事资料安全，加强安全教育，完善工作制度，防止用户（特别是内部用户）泄密。

（2）完整性

完整性是指信息在存储或传输时不被修改、破坏及信息包的丢失、乱序等。它包括软件完整性和数据完整性。由于软件自身的复杂性和专业性，软件设计缺陷或源代码的泄露都有可能使系统面临巨大的威胁。通常，人们应该选择值得信任的软件产品，同时要有相应的软件测试工具来检查软件的完整性，以保证软件的可靠性。数据完整性是指信息在存储、传输和使用过程中不被删改或被意外事件破坏。通常，造成数据完整性被破坏的原因有：误操作、自然灾害、硬件或软件故障、网络通信错误、程序设计中的缺陷以及人为破坏等。

（3）保密性

保密性是指保护信息不泄露给非授权用户、实体及不供其利用的特性。加密是保护数据的有效手段之一，数据通过加密可以保证在存取与传输过程中不被非法查看、篡改、窃取等。

（4）可用性

可用性通常是指无论何时，只要用户需要，网络中的资源就必须是可用的，尤其是当计算机及网络遭到非法攻击时，它必须仍然能够为用户提供正常的系统功能或服务。例如，2000 年 2 月 7 日，美国 Yahoo、eBay 等几个著名的大型商业网站连续遭到黑客的袭击,造成长达数小时的网络瘫痪,妨碍了用户正常使用网站。因此,为了保证系统和网络的可用性,必须解决网络和系统中存在的各种破坏可用性的问题。

（5）占有性

占有性是指存储信息的主机、磁盘等信息载体被盗用,导致对信息占用权的丧失。保护信息占有性的方法有:使用版权、专利;提供物理和逻辑的存取限制方法;维护和检查有关盗窃文件的审计记录、使用标签等。

3. 网络安全的保障策略

保护计算机网络安全的策略主要包括:

（1）创建安全的网络环境

创建安全的网络环境包括对用户身份的核实,对文件读写的存取控制,身份认证/授权,审核日志,监视路由器,使用防火墙等。

（2）数据加密

数据加密是一种主动的信息安全防范措施,其原理是利用一定的加密算法,将明文转换成为无意义的密文,阻止非法用户理解原始数据,从而确保数据的保密性。

（3）确保调制解调器的安全

调制解调器提供了进入用户网络的一个入口点,给非法用户绕过防火墙进入内部网络提供了一条途径。有些调制解调器,其配置和验证信息存储其中,如果这些信息得不到保护,那么也容易被非法用户利用。此外,有些调制解调器存在安全漏洞,黑客能够关闭该设备、监控数据流并实施攻击,还能在调制解调器中安装恶意代码,例如监控 LAN 流量的网络嗅探器。黑客还能将调制解调器用于 DDoS 攻击。因此,需要采用相应技术加强调制解调器的安全性。

（4）制订灾难和意外计划

自然灾害、突发事件、计算机病毒、网络攻击、设备故障以及人为因素造成的灾难,会造成计算机软硬件设备、附属设备、电子数据或机房环境的损坏,以至于严重影响网络的正常运行。因此,应该事先确立灾难预防及应急响应机制,具体包括数据备份方案、灾难恢复设施的需求分析、灾难恢复计划的制订与更新、测试的执行以及必要时进行实际的灾难恢复及其他应急策略。当发生灾难或遇到安全威胁时,就能及时和有效地应对,确保在灾难发生后可以以最快速度恢复网络的保密性、完整性和可用性,以阻止和减少不安全事件带来的影响。

（5）使用防火墙技术

防火墙可以根据安全策略规定的规则,仅仅允许许可的服务和授权的用户通过。因此,它可以有效地控制用户的访问。

4. 网络安全的脆弱点

安全问题之所以重要,是因为信息资源的特点和信息技术的脆弱性,主要表现在:

（1）计算机和网络设备的脆弱性

计算机和网络设备的脆弱性包括计算机硬件和通信设备极易遭到自然环境（如温度、湿度、洁净度、静电、雷电和电磁场）、自然灾害（如洪水、地震、台风）、意外事故或人为破坏;电子器件容易老化导致故障;对电力供应的依赖;产生电磁辐射而泄露信息;通信设备因各种电磁干扰或强电干扰而受损;存储介质受到损坏造成大量信息的丢失,存储介质中的残留信息泄密等。

作为通信链路的有线信道(同轴电缆、架空明线或光缆等)和无线信道(卫星信道、微波等)很容易受到非授权用户搭线窃听、攻击侵入甚至插入、删除信息以及因噪声干扰而导致误码率增加。

(2)软件系统的脆弱性

软件系统的脆弱性包括操作系统、数据库以及通信协议等存在安全漏洞和隐蔽信道;可能隐藏恶意代码,易受计算机病毒侵袭,可被蓄意或无意删除;软件资源和数据信息极易因被非法窃取、复制、伪造、篡改而被破坏;硬件或电力系统运行不稳定、人为操作失误等都可能造成软件系统的损坏;由于有意或无意地插入了无用数据、删除了有用数据、破坏了数据信息的结构和内容,所以会导致软件运行异常;操作系统的程序允许动态链接,提供后台驻留软件,为黑客攻击奠定了基础;Internet的共享性和开放性使网上信息安全存在先天不足,TCP/IP网络协议提供的文件传输协议、电子邮件、远程过程调用(RPC)和网络文件系统(NFS)均包含不同程度的不安全因素,而这些漏洞在各种安全扫描工具的测试下会暴露无遗。

(3)数据的脆弱性

数据的脆弱性包括数据易被篡改、删除、窃取;自然灾害、温度、湿度、电力系统故障、操作失误、故意破坏都会使存储在硬件设备上的数据信息遭到破坏而损失;电子辐射、电路感应、磁场效应等都可能造成数据信息丢失或破坏。

(4)管理和技术方面的漏洞

管理和技术方面的漏洞包括:人员素质问题引起的安全缺陷,系统内部人员的侵袭、破坏或泄露机密,外部人员通过贿赂或其他非法手段通过内部人员窃取或盗用网络资源;由技术被动性引起的安全缺陷;引进的外国设备也存在安全隐患;新技术潜在的漏洞;缺乏自主知识产权的计算机网络和软件核心技术,CPU芯片、操作系统、数据库系统以及网关软件大多依赖进口;缺乏安全标准所引起的管理上的混乱和安全缺陷;网络安全管理方面人才匮乏,缺乏制度化的防范机制等。

5.网络安全的计划与管理

尽管有许多可用的技术用来保护网络,但是如果没有详细的安全计划,没有安全管理网络的策略,那么无论使用何种技术都可能会顾此失彼。因此,要确保网络安全,建立起有效的系统计划和管理就显得十分必要。

制订一个网络系统的安全计划与管理策略时应考虑的因素包括:网络的体系结构和拓扑结构是否合理?其可扩展性如何?都有哪几类服务器对外提供服务?这些服务器是否受到了安全保护?是否具有系统备份和恢复系统功能?进入内部网络的入口有几个?防火墙布置在什么位置?不同级别用户的权限设置是否合理?离职员工还能访问系统吗?安全管理制度、审计制度和安全操作规范是否存在不足?

6.常用的网络安全工具

（1）防火墙

防火墙是在内部网和外部网之间执行访问控制策略的一个或一组系统,用于确定哪些内部资源允许外部访问,以及允许哪些内部网用户访问哪些外部资源及服务。其准则是:一切未被允许的都是禁止的;一切未被禁止的都是允许的。

（2）信息认证

信息认证的目的是防止假冒和篡改,可利用报文鉴别、身份认证、数字签名等来执行信息认证。

①报文鉴别。报文鉴别是一个过程,它使得通信的接收方能够验证所收到的报文(发送者、报文内容、发送时间、序列等)的真伪。报文鉴别的一种方法是使用报文鉴别码。报文鉴别码是通过对报文进行某种运算后得到的一个小数据块,追加在报文的后面,接收者在收到报文后,用相同的算法再对报文(不包括报文鉴别码)计算一次报文鉴别码,并与收到的报文鉴别码相比较。如果一致,则认为该报文是真的。

②身份认证。身份认证主要通过标志和鉴别用户的身份,防止攻击者假冒合法用户获取访问权限。目前使用较多的有利用口令、数字签名或者像指纹、声音、视网膜等个人独有的特征进行验证等方法。

③数字签名。数字签名是指只有发送者才能产生的别人无法伪造的一段数字串,这段数字串同时也是对发送者发送的信息真实性的一个证明。数字签名机制提供了一种鉴别方法,以解决伪造、抵赖、冒充和篡改等问题。目前广泛使用的数字签名技术是非对称密钥加密算法,考虑到安全性问题,人们也提出了利用对称密钥加密算法的数字签名要求。

（3）访问控制技术

访问控制的主要任务是防止非法用户进入系统及合法用户对系统资源的非法使用。目前的主流访问控制技术有自主访问控制、强制访问控制和基于角色的访问控制。自主访问控制允许合法用户以用户或用户组的身份访问策略规定的资源,同时阻止非授权用户访问资源,某些用户还可以自主地把自己所拥有的资源的访问权限授予其他用户。强制访问控制则是用户和资源都被赋予一定的安全级别,用户不能改变自身和资源的安全级别,只有管理员才能够确定用户和组的访问权限。系统对访问主体和受控对象实行强制访问控制,系统事先给访问主体和受控对象分配不同的安全级别属性,在实施访问控制时,系统先对访问主体和受控对象的安全级别属性进行比较,再决定访问主体能否访问该受控对象。基于角色的访问控制是通过确定访问者的身份来确定访问者在系统中对哪类信息有什么样的访问权限。一个访问者可以充当多个角色,一个角色也可以由多个访问者担任。角色访问控制具有以下优点:便于授权管理;便于赋予最小特权;便于根据工作需要分级;便于任务分担;便于文件分级管理;便于大规模实现。此外,文件本身也可分为不同的角色,例如文本文件、报表文件等,由不同角色的访问者分别拥有。

（4）加密技术

计算机密码学是研究计算机信息加密、解密及其变换的科学,是数学和计算机的交叉学科。密码是实现秘密通信的主要手段,是隐蔽语言、文字、图像的特殊符号。加密技术是信息安全的核心和关键技术,它可以在一定程度上提高数据传输的安全性,保证传输数据的完整性。一个数据加密系统由明文、密文、加密算法以及密钥组成。加密算法是将明文与一个数字串(密钥)相结合,产生不可理解的密文的过程。加密算法通常分为对称密钥加密(私人密钥加密)算法和非对称密钥加密(公开密钥加密)算法两类。对称密钥加密中加密和解密使用同样的密钥,并且从加密过程能够推导出解密过程。目前广泛采用的对称密钥加密标准是 DES 算法,它采用 64 位密钥加密信息。DES 算法的优点是加密和解密速度快、算法易实现、安全性好;缺点是密钥太短,拥有加密能力就可以实现解密,因此,必须加强对密钥的管理。非对称密钥加密需要两个密钥:公钥和私钥。如果用公钥对数据进行加密,则只有用对应的私钥才能进行解密;如果用私钥对数据进行加密,那么只有用对应的公钥才能解密。因为加密和解密使用的是两个不同的密钥,所以这种算法被称为非对称加密算法。其中最具有代表性的是 RSA。RSA 的基础是数论的欧拉定理,它的安全性依赖于大数的因数分解的困难性。非对称加密算法的优点是能适应网络的开放性要求,密钥管理简单,并且可方便地实现数字签名和身份认证等功能;其缺点是算法复杂,加密和解密速度慢。因此在实际应用中,通常将对称加密算法和非对称加密算法结合使用,利用 DES 或者 IDEA 等对称加密算法来进行大容量数据的加密,而采用 RSA 等非对称加密算法来传递对称加密算法所使用的密钥,通过这种方法可以有效地提高加密效率并能简化对密钥的管理。

(5)安全审计

安全审计是对网络上发生的各种访问情况进行完整记录,包括事件发生的日期和时间、产生这一事件的用户、操作的对象、事件的类型以及该事件成功与否等,目的是对事件进行统计分析,从而对资源使用情况进行事后分析,以便发现和追踪事件。审计的主要对象是用户、主机和节点,主要内容是访问的主体、客体、时间和成败等。

(6)入侵检测系统

入侵检测是对入侵行为的检测,它通过收集和分析计算机网络或计算机系统中若干关键点的信息,检查网络或系统中是否存在违反安全策略的行为和被攻击的迹象。入侵检测系统(IDS)是入侵检测软件与硬件的组合,IDS 扫描当前网络的活动,监视和记录网络的流量,对用户的非法操作或误操作进行实时监控,并且将该事件报告给管理员。入侵检测系统处于防火墙之后,是防火墙的延续。

入侵检测系统可分为基于网络的 IDS 和基于主机的 IDS 两种。基于网络的 IDS 使用原始的网络分组数据包作为进行攻击分析的数据源,一般利用一个网卡来实时监视和分析所有通过网络进行传输的通信。一旦检测到攻击,IDS 应答模块通过通知、报警以及中断连接等方式来对攻击做出反应。基于主机的 IDS 一般监视 Windows NT 上的系统、事件、日志以及 Unix 环境中的 Syslog 文件。一旦发现这些文件发生任何变化,IDS 将比较新的日志记录与攻击签名以发现它们是否匹配。如果匹配的话,入侵检测系统就向管理员发出入侵报警并且采取相应的行动。

（7）安全扫描技术

系统安全漏洞是指计算机系统在硬件、软件、协议的设计、具体实现以及系统安全策略上存在的缺陷和不足。安全漏洞的存在，使得非法用户可以利用这些漏洞获得某些系统权限，进而对系统执行非法操作，导致安全事故的发生。漏洞检测就是希望能够防患于未然，在漏洞被利用之前发现漏洞并修补漏洞，进而从根本上提高信息系统的安全性，减少安全事故的发生。基于网络的安全扫描技术主要用于检测网络内的服务器、路由器、网桥、交换机、访问服务器、防火墙等设备的安全漏洞，并构造模拟攻击，探测系统是否真实存在可以被入侵者利用的系统安全薄弱之处，同时评价系统的防御能力。

借助于扫描技术，人们可以发现网络和主机存在的对外开放的端口、提供的服务、某些系统信息、错误的配置、已知的安全漏洞等。系统管理员利用安全扫描技术，可以发现网络和主机中可能会被黑客利用的薄弱点，从而想方设法地对这些薄弱点进行修复，以加强网络和主机的安全性。

7. 常见的网络攻击及解决方法

（1）特洛伊木马

特洛伊木马（Trojan Horse）简称木马，这个名称来源于希腊神话《木马屠城记》。木马是一种计算机程序，表面上有某种有用的功能，而实际上却暗含控制用户计算机系统安全的功能。木马一般依附在可以从网上下载的应用程序之中，一旦用户运行该程序，那么依附于其中的木马就被激活，从而完成黑客指定的任务。木马属于客户机/服务器模式，一般由两部分组成，一个是服务器程序，另一个是控制器程序。中了木马就是指在用户计算机上安装了木马的服务器程序，当用户上网时，这个程序就会将用户计算机的IP地址以及预先设定的端口通知黑客，黑客再利用控制器程序就可以执行其恶意行为（如格式化磁盘、复制文件、删除文件、窃取密码等），从而达到控制用户计算机的目的。典型的木马有 NetBus、BackOrifice、BO2k、冰河、netcat、VNC、pcAnywhere 等。

解决木马程序的基本思想是采用数字签名为每个文件生成一个标志，在程序运行时通过检查数字签名来发现文件是否被修改过，从而保证了软件的正确性和完整性。

（2）拒绝服务

拒绝服务（Denial of Service，DoS）是一种破坏性攻击，它并非以获得网络或网络上信息的访问权为目的，其攻击主要针对某一特定目标发送大量或异常信息流，使该目标无法提供正常服务。虽然攻击者不会得到任何好处，但是拒绝服务攻击会给正常用户和站点的形象带来较大的影响。这类攻击有 ping of Death、SYN Flooding 等。

ping of Death 是向主机发送 ICMP 的回答请求报文，它封装在 IP 数据报中。IP 数据报最大长度是 65 535 字节。若攻击者发送的报文总长度超过 65 535 字节，IP 层在发送此报文时就会分段，目标主机在段重组时会因缓冲区溢出而瘫痪。

TCP 连接的建立需要三次握手，它以发起方的同步数据片 SYN 开始，以发起方的确认数据片 ACK 结束。攻击者向某目标的某 TCP 端口发送大量的同步数据片 SYN，但在收到接收方的 ACK 和 SYN 后，不发送作为第三次握手的 ACK 数据片。这样就使大量

TCP连接处于半建立状态,最终将超过TCP接收方设定的上限,而使它拒绝后续连接请求,这就是SYN Flooding攻击。

（3）邮件炸弹

邮件炸弹指的是用伪造的IP地址和电子邮件地址向同一邮箱反复发送垃圾邮件(Spam),目的是加剧网络连接负担,进而造成正常用户的访问速度急剧下降,邮件容量一旦超过限定容量,系统就会拒绝服务。解决邮件炸弹的方法有:升级至高版本的服务器软件;利用软件自身的安全功能限制垃圾邮件的大量转发或订阅反垃圾邮件服务;配置计算机病毒网关、计算机病毒过滤、拒绝源端口主机发送的邮件等。

（4）过载攻击

过载攻击是指使一个共享资源或者服务由于需要处理大量的请求,以至于无法满足其他用户的请求。过载攻击包括进程攻击和磁盘攻击等。

①进程攻击。进程攻击是最简单的拒绝服务攻击。如果一个用户生成了大量进程,这些进程需要消耗大量的CPU时间,以至于CPU不能快速响应其他用户的请求。解决方法为:限制单个用户能拥有的最大进程数,并监视进程的运行情况,必要时切断一些耗时进程,以保证系统的可用性。

②磁盘攻击。磁盘攻击包括磁盘满攻击、索引节点攻击、树结构攻击、交换空间攻击、临时目录攻击等。磁盘满攻击是对磁盘写入足够的数据,使其他用户无空间可用。索引节点攻击是产生大量的小的或空的文件,消耗磁盘索引节点,导致新文件无索引节点可用。树结构攻击是产生一些很深的目录,并在这些目录中存放足够的文件,使删除文件变成一件很烦琐的工作。交换空间是一些大程序运行时所必需的,交换空间攻击是占用交换空间,阻止这些程序的运行。临时目录攻击是用完临时目录空间,使某些程序不能运行。解决方法为:监视用户的磁盘使用情况,终止消耗大量磁盘空间进程的运行;删除无用文件,为用户提供更多的可用空间。

（5）缓冲区溢出

缓冲区溢出是目前最为常见的安全漏洞,也是黑客利用最多的攻击漏洞。所谓缓冲区溢出,是指程序将一个超过缓冲区长度的字符串复制到缓冲区中,导致缓冲区相邻的内存区域被覆盖,从而破坏程序堆栈,使程序转而执行其他指令,进而得到被攻击主机的控制权,以达到攻击的目的。大多数蠕虫病毒(如冲击波、震荡波)均使用了这个方法来传播。常见的解决缓冲区溢出的方法有:强制使用编写正确代码的方法;通过操作系统使得缓冲区不可执行,从而阻止攻击者植入攻击代码;利用编译器的边界检查来实现对缓冲区的保护;在程序指针失效前进行完整性检查。

（6）欺骗类攻击

欺骗类攻击的主要方式有IP地址欺骗、ARP欺骗、DNS欺骗、Web欺骗、电子邮件欺骗、源路由欺骗等。

（7）信息窃取

网络监听可以监视网络的状态、数据流动情况以及网络上传输的信息,是网络管理员监视和管理网络的常用方法,但网络监听工具也是黑客们经常使用的工具。在广播式网络中,每个网络接口通常只响应两种数据帧:目的地址是自己或广播地址的数据帧;否则,丢弃该帧。但是,有些网络接口支持混杂模式,在这种模式下,网络接口可以监视并接收网络上传输的所有数据帧。网络监听可以在网上的任何一个位置实施,例如局域网中的主机、网关或远程网的调制解调器之间等。

嗅探器(Sniffer)就是一种网络监听工具,它可以把网络接口设置成混杂模式,并可实现对网络上传输的数据帧的捕获与分析。可以从两个层次解决信息嗅探问题:将关键网络设置成一个独立的网段,切断嗅探器的信息获取来源;对传输的数据进行加密。

(8)口令破解

有两种方法可以破解口令,第一种称为字典穷举法,就是通过程序自动地从字典中取出单词作为用户的口令进行试探,若口令错误,则按序取出下一个单词继续进行尝试,直到找到正确的口令或单词试完为止。由于这个破译过程由计算机程序自动完成,所以一般几个小时就可以试完字典中的所有单词,实践证明这是一种非常有效的攻击手段。另一种方法是根据加密算法破解,目前发明的加密算法绝大多数都能被破解。

(9)计算机病毒

计算机病毒实际上是一段带有恶意的可执行程序,它常常隐藏在正常程序中,一旦用户运行了被计算机病毒感染的程序,它就会隐藏在系统中不断感染内存或硬盘上的程序,只要满足计算机病毒设计者预定的条件,计算机病毒就会发作并破坏数据或系统。目前全球有20多万种计算机病毒,并且仍以平均每天20种左右的速度递增。

计算机病毒的分类方法有许多种,按照基本类型划分,可归结为6种类型:

①引导型病毒。引导型病毒是指寄生在磁盘引导区或主引导区的计算机病毒。这种计算机病毒在系统启动时能获得优先执行权,从而达到控制整个系统的目的,例如大麻病毒、小球病毒、Girl病毒、AntiCMOS、GENP/GENB、Torch等。

②文件型病毒。文件型病毒是指能够寄生在文件中的计算机病毒。它主要感染可执行文件,例如DIR-Ⅱ、CIH等。

③复合型病毒。复合型病毒是指具有引导型病毒和文件型病毒寄生方式的计算机病毒。它既感染磁盘的引导记录,又感染可执行文件,例如Flip病毒、新世纪病毒等。

④宏病毒。宏病毒是指用VBA宏语言编制的计算机病毒。仅感染Office文档,例如Concept、7月杀手、Melissa病毒等。

⑤网络型病毒。网络型病毒又分为特洛伊木马、邮件病毒、手机病毒、网上炸弹、蠕虫病毒等。蠕虫病毒以尽量多地复制自身(像虫子一样大量繁殖)而得名,通过计算机网络传播,不改变文件和资料信息。它利用网络从一台机器的内存传播到其他机器的内存,占用系统、网络资源,造成PC机和服务器负荷过重而死机,例如爱虫病毒、尼姆达病毒、冲击波、震荡波等。

⑥脚本病毒。脚本病毒是指利用VBScript、JavaScript和ActiveX的特性撰写的计算机病毒。脚本病毒一般是直接通过自我复制来感染文件,其中的绝大部分代码都可以直接附加在其他同类程序中,通过网络窃取秘密信息或使计算机系统资源利用率下降,进而造成死机等现象,例如欢乐时光、情人节等。

防治计算机病毒首先要定期对系统进行扫描以检查计算机病毒。此外,还必须对计算机病毒的入侵做好实时监视,设置在线报警系统,防止其进入系统,彻底避免计算机病毒的攻击。

8.网络安全的防卫模式

目前,在 Internet 网络安全方面有以下几种防卫模式:

(1)无安全防卫

无安全防卫是最简单的防卫模式。用户只使用由销售商提供的安全防卫措施,不采用其他安全措施。

(2)模糊安全防卫

采用模糊安全防卫模式的网站管理者认为自己的站点规模小,没有人知道这个站点或对攻击者没有吸引力。事实上,有许多黑客工具可以帮助攻击者发现该站点。入侵者可以将小公司或个人站点作为其攻击其他系统的桥梁,以达到掩盖身份的目的。因此,模糊安全防卫是不可取的。

(3)主机安全防卫

主机安全防卫是最常用的一种安全防卫模式,网络上的每台机器都要加强安全防卫。它的优点是访问控制细化到了每一台主机。但由于环境的复杂性和多样性,例如操作系统的版本、配置以及服务和子系统不同都会带来各种安全问题。对网络管理员来说,预先要进行大量的配置工作,在运行过程中,还要不断维护主机的安全,这给网络管理员带来了极大的不便。而且就算这些安全问题都解决了,主机防卫还会受到生产厂商软件缺陷的影响。

(4)网络安全防卫

网络安全防卫是目前 Internet 上普遍采用的一种安全防卫模式,这种防卫模式将注意力集中在控制不同主机之间的网络通道和所提供的服务上,这样做比对单个主机进行防卫更有效。网络安全防卫包括建立防火墙来保护内部网络和系统,运用各种可靠的认证手段,对敏感数据进行加密传输等。

9.常用的网络安全保护原则

安全保护原则是指一个网络对安全问题所遵循的原则,即对安全使用网络资源的具体要求以及保证网络系统安全运行的策略。常用的网络安全保护原则有:

(1)最小特权(授权)原则

最小特权(授权)原则是指对任何一个系统而言,其对象(用户、管理者、程序或系统)应该只具有执行某些特定任务所需要的最小权限。例如,对于知道根口令的网络管理员来说,并不是执行每项操作都需要最高权限,因此,可以为该网络管理员建立多个账户,当进行一般操作时,只用一般权限的账户注册。最小特权(授权)原则的使用可以尽量避免系统被非法入侵,可以减少由此带来的破坏。在执行最小特权(授权)原则时应当注意两点:首先要确认系统成功地应用了最小特权(授权)原则;其次要保证不能因为最小特权原则的使用而影响用户或系统的正常工作。

（2）建立多种安全机制

系统不能仅依赖一种安全机制，而应该建立多种安全机制相互协作、相互补充，提供有效的冗余和备份技术，以防止由于一种安全机制的失效而引发的危害。

（3）确保控制点安全

控制点是指可以对攻击者进行监视和控制的通道。例如，连接在内部网与外部网之间的防火墙就是一个控制点。因为任何想从外部攻击内部网的入侵者都必须通过这个通道。用户可以通过监控控制点，发现可疑行为，并及时做出响应。当然，如果攻击者能采用其他办法绕过防火墙（控制点），则控制点就失去了作用。因此，网络系统必须保证控制点是用户进入网络的唯一途径。

（4）解决系统弱点

任何网络系统中都存在薄弱环节，这常成为入侵者首先攻击的目标。因此，必须全面评价系统弱点，尽可能地消除隐患，提高系统的安全性。对于无法消除的系统弱点，要采取措施严加防范。

（5）建立失效保护机制

失效保护机制是指一旦安全保护失效，仍能保证系统的安全。在应用失效保护原则时，可以使用默认拒绝和默认允许两种准则。

（6）全员参与

建立相应的网络安全管理办法，加强内部管理和安全教育，强化安全防范意识，建立安全审计和跟踪体系，提高整体网络安全意识。

 回顾与总结

网络管理是指对网络的运行状态进行监测、组织和控制，使其能够持续、正常、稳定、安全、高效、经济地提供服务。国际标准化组织（ISO）建议的网络管理具有 5 个基本功能：故障管理、计费管理、配置管理、性能管理和安全管理。目前获得最广泛支持的网络管理协议是 SNMP，它的特点是使用简单、可扩展性好。

网络安全是指保证网络系统的软件、硬件及其系统中的数据受到保护，不因偶然的或者恶意的原因而遭到破坏、更改、泄密，且系统连续、可靠、正常地运行，网络服务不中断。计算机网络的保护策略包括创建安全的网络环境、数据加密、使用防火墙技术等。网络安全的弱点主要表现在软硬件、数据、管理和技术等方面。设计防火墙应遵循的两个准则是：未被允许的都是禁止的；未被禁止的都是允许的。常见的网络攻击有特洛伊木马、拒绝服务、邮件炸弹、缓冲区溢出、欺骗类攻击、信息窃取、口令破解、计算机病毒等。同时提出了 4 种网络安全的防卫模式及 6 条网络安全保护原则。

小试牛刀

Windows 防火墙使用全状态数据包检测技术，能把所有由本机发起的网络连接生成一张表格，并用这张表格与所有的入站数据包进行对比，如果入站的数据包是为了响应本机的请求，那么就允许其进入。除非特例，所有其他数据包都会被阻挡。请学生自主配置 Windows 操作系统自带防火墙，允许 QQ 程序运行，不允许 ping 连接，以实现安全防护。

参考文献

[1] 刘文毓.计算机网络基础与实训教程.北京:研究出版社,2010

[2] 张宜.网络工程组网技术实用教程.北京:中国水利水电出版社,2013

[3] 满昌勇.计算机网络基础.北京:清华大学出版社,2010

[4] 聂俊航等.网络互联与实现.北京:中国铁道出版社,2013

[5] 田丰,王自强.网络工程与实训.北京:冶金工业出版社,2010

[6] 刘远生.计算机网络教程.北京:电子工业出版社,2012

[7] 易容.计算机网络基础与实训.北京:冶金工业出版社,2007

[8] 胡远萍.计算机网络技术及应用.北京:高等教育出版社,2009

[9] 于鹏,丁喜纲.计算机网络技术项目教程.北京:清华大学出版社,2009

[10] 程书红.网络操作系统管理与配置:Windows Server 2008.北京:中国铁道出版社,2013

[11] 杨文斌.电子商务应用实训.大连:大连理工大学出版社,2010

[12] 钱燕.实用计算机网络技术:基础、组网和维护.北京:清华大学出版社,2011

[13] 曾宇等.计算机网络技术.北京:机械工业出版社,2013

[14] 邱建新.计算机网络技术.北京:机械工业出版社,2012

[15] 梁永生.电子商务安全技术与应用.大连:大连理工大学出版社,2011